SHENXIN
HEYI
KUAILEXUE

身心合一快乐学

甘永祥 ◆著

重慶出版集團 重慶出版社

图书在版编目(CIP)数据

身心合一快乐学/甘永祥著. —重庆：重庆出版社，2015.5(2016.4重印)
ISBN 978-7-229-09920-6

Ⅰ.①身… Ⅱ.①甘… Ⅲ.①人生哲学—通俗读物 Ⅳ.①B821-49

中国版本图书馆CIP数据核字(2015)第098842号

身心合一快乐学
SHENXIN HEYI KUAILEXUE
甘永祥　著

出　版　人：罗小卫
责任编辑：别必亮　林　郁
责任校对：夏　宇
装帧设计：重庆出版集团艺术设计有限公司·卢晓鸣

重庆出版集团　出版
重庆出版社

重庆市南岸区南滨路162号1幢　邮政编码：400061　http://www.cqph.com
重庆出版集团艺术设计有限公司制版
重庆川外印务有限公司印刷
重庆出版集团图书发行有限公司发行
E-MAIL:fxchu@cqph.com　邮购电话：023-61520646
全国新华书店经销

开本：787mm×1092mm　1/16　印张：27.75　字数：303千
2015年5月第1版　2016年4月第2次印刷
ISBN 978-7-229-09920-6
定价：49.00元

如有印装质量问题，请向本集团图书发行有限公司调换：023-61520678

版权所有　侵权必究

《重咨研究丛书》编委会

主　编：杨树维
副主编：贾建国
编　委：杨　彬　熊　伟　刘卫旗　岳中志　宾世清
　　　　谢纯敏　马　键　杨通穆　江筱岚　夏　波
　　　　张一川　于大钧

编辑部

主　任：张一川
副主任：于大钧　陈　茁
编　辑：黄　捷　覃译徽　李坤仑　田　雯

快乐,真的很好(代序)

每当黎明拂晓、旭日东升的时候,人们便起床洗漱,梳妆打扮,吃过早点便夺门而走。他们去干什么?你可能会说去工作、去学习、去访友、去恋爱……每个人的去向都可以得到某种解释,但我如果把这些行为概括为去寻求满足、获取快乐,你会相信吗?

是的,他们的确是去寻求满足、获取快乐的。行为科学告诉我们,人们的每一行为都有特定的起因或目的,都是为满足自身某种需求之所为。这些需求,有物质性的,有社会性的,但最终表现为精神性的。人对精神需求的满足,是通过各种物质或现实成果以及各种社会成就来实现的。这种精神性需求的满足,便会使人感到满足、得到愉快与欢乐。可以说,人所发生的一切行为,最终都是为了实现各自精神上的快乐满足,都是在一定的精神快乐需要支配下而产生、而展开。人们希望吃好的、听悦耳的、看舒适的,是为了满足味觉中枢、听觉中枢、视觉中枢的快乐需要;喜欢结友、创造、奋斗,是为了满足友谊、创新意识、自我实现的需要,而这一切满足都表现为人们精神上获得了快乐。

也许你会说,有些人之所为,并非之所乐,他所干的事,并非自己所情愿、所向往,这难道也是在寻求快乐?应该说,仍是。快乐既是绝对的,也是相对的。一个人去从事他们不愿从事的工作,是为了避免干与这相比较更不愿干的事。"两苦相权取其轻",正是人的避苦趋乐本能之写照。再极而言之,人生之极乃为死,有的人可生不死,但偏取其死,这也是在寻求快乐。壮烈的死,比苟且的生,应该说,是一种快乐,不少先烈志士,面对敌人屠刀,慷慨就义,对他们来说,坚持正义、舍生取义就是快乐。

也许你还要问,有些事情,人们认为是苦差事,而有的人则偏要去干,这也是在寻求快乐?回答曰,仍是。快乐是客观的,也是主观的,更多的是主观感受。每一个人都在追求快乐,但每个人对快乐的理解又不都是一样的,有的人认为自身的一切行为都是为了个人的幸福,因而让个人的各种需求都得到最大的满足,而不顾及其他人;而有的则将自身的快乐紧系于他人的快乐,"先天下之忧而忧,后天下之乐而乐"。因此,两者对对方的行为常是不能相互理解的,但对双方本身来说,则正是在追求自己所认同的快乐。

追求快乐,乃人之本性,各种行为目的之归集。

快乐是一种精神上的愉悦。有了快乐,就有了愉快的心理和情绪,就拥有了一个美好的世界。快乐让我们开心,让我们喜悦:看天是那么的蓝,看水是那么的清,看人是那么的好,干活是那么的有劲。快乐不仅给了我们一个愉悦的心情,还给了我们一个美好的世界。如果,失去快乐,这一切还有吗?

于是,在世纪之交,源自于美国,盛行于华夏,在世界范围内风靡起一种寻找快乐的运动,即积极心理学的兴起。

积极心理学重在从心理资本积累以及幸福感受的寻觅来创建一种积极的心理,对人生的快乐是极具意义的。人是一个整体,必须用整个身心才能承接、感知快乐与幸福。为此,快乐的人不仅有积极的心态,还得有智慧的脑;不但善于与人相交,还得沟通自己;不但善于管理压力,还得善于驱逐烦恼。而所有的快乐都必须立足一个基础——健康。除了心理及人格健康,最重要的还有身体健康。否则,皮之不存,毛将焉附?于是,幸福不再仅源于积极的心,更源于快乐的人。于是,我把积极心理学演绎为身心合一快乐学。

快乐的人,是浑身"充满着快乐"的人,是"幸福感满满"的人。他将用身心的每一个部分,去追求快乐、感知幸福。唯有此,快乐才是真实而全面的,幸福才是有据而充盈的。

这,就是对本书的诠释,也是本书写作的希望,更是对快乐追逐者的一种衷心祝福。

我是快乐的,希望您也是快乐的,祝愿更多的他同样是快乐的。

快乐,真的很好!

目 录/ CONTENTS

快乐,真的很好(代序) /1

第一编　积极的心,智慧的脑,快乐到来了
第一章　积极心理者快乐 /3
第一节　积极心理与快乐情绪 /3
一、积极心理 /3
二、管理情绪 /6
三、积极情绪的培养 /11
第二节　心理资本助快乐 /14
一、永远葆有希望 /14
二、提高自我效能 /17
三、强化心理韧性 /21
四、乐观面对一切 /27
第三节　有幸福更快乐 /33
一、幸福是一种愉悦的感受 /33
二、幸福是可寻可觅的 /36
第二章　智慧人生者快乐 /43
第一节　知因果、明进退、道法自然 /43
一、知因果 /43

二、明进退 /49

三、道法自然 /54

第二节 懂规矩、能屈伸、晓知方圆 /59

一、懂规矩 /59

二、能屈伸 /62

三、晓知方圆 /65

第三节 善取舍、乐知足、宁静致远 /69

一、善取舍 /69

二、乐知足 /72

三、宁静致远 /76

第二编 对外与人善沟通，其乐融融中

第三章 人际沟通，缘在彼此心相通 /83

第一节 交往愉悦须用心 /83

一、交往沟通是人的基本需求 /83

二、交往沟通可满足情感需要 /86

三、成功沟通须用心 /89

第二节 知人知面要知心 /95

一、学会读懂颜色 /96

二、善观体型面貌 /98

三、关注举手投足 /102

四、把握人际距离 /108

第三节 进退有据善攻心 /111

一、熟悉沟通对象，善用人性弱点 /112

二、适度暴露，进退有据 /116

三、顺其自然，留有余地 /121

第四章 因人而异与障碍克服 /125

第一节 不同社会群体的沟通 /125

一、不同年龄者的沟通 /125

二、不同性别者的沟通 /128

三、不同职场关系者的沟通 /130

第二节 不同心理类型的沟通 /138

一、不同气质性格者的沟通 /138

二、不同行为风格者的沟通 /142

三、与不善打交道者沟通 /148

第三节 克服障碍沟通更畅通 /159

一、克服来自自身的障碍 /159

二、克服来自对方的障碍 /161

三、克服沟通双方的差异造成的障碍 /164

第三编 对内与己能相通，快乐亦轻松

第五章 主我与客我的沟通 /169

第一节 主我客我都是我 /169

一、既是一个我又是两个"我" /169

二、两个"我"沟通的渠道 /173

三、沟通效果制约情感心态 /177

第二节 主客我沟通之主题 /181

一、正确认识自我 /181

二、正确评价自己 /186
　　三、协调处理内心冲突 /190
　第三节　主我客我善沟通,人生真轻松 /192
　　一、良好的自我体验 /193
　　二、适度的自我增力 /197
　　三、有效的自我控制 /203

第六章　意识与潜意识的沟通 /209
　第一节　意识与潜意识 /209
　　一、水面上的意识 /209
　　二、弗洛伊德的个人潜意识 /212
　　三、荣格的集体潜意识 /215
　第二节　潜意识制约情感心态 /219
　　一、潜意识的确存在着 /219
　　二、潜意识蕴藏着巨大的潜能量 /222
　　三、潜意识制约着情感与心态 /225
　第三节　沟通潜意识,培养好心态 /229
　　一、沟通潜意识应有遵循 /230
　　二、沟通潜意识的渠道 /231
　　三、沟通潜意识常用的手法 /232

第四编　左手管压力,右手驱烦恼,快乐回来了
第七章　善管理压力者快乐 /251
　第一节　压力是柄"双刃剑" /251
　　一、压力适度是必需的 /251

二、压力过大是有危害的 /255

三、压力需要管理 /257

第二节 压力的自我管理 /260

一、找准压力源 /261

二、压力察觉及判断 /264

三、妥善处置压力 /269

第三节 压力的机构管理 /277

一、员工压力管理重在趋利避害 /277

二、员工压力管理既突出重点又兼顾各方 /280

三、员工压力管理的EAP /282

第八章 善驱烦恼者快乐 /290

第一节 负面情绪因烦恼生 /290

一、负面情绪害处大 /290

二、不快乐是种负面情绪 /294

三、烦恼使人不快乐 /296

第二节 烦恼的缘由 /299

一、烦恼来自于人的欲望 /299

二、烦恼来自于自我的纠结 /303

三、烦恼来自于心理冲突 /307

第三节 驱逐烦恼,寻找快乐 /309

一、去贪、嗔、痴,走"八正道" /309

二、内外协调,自我平衡 /314

三、妥善处理内心冲突 /318

第五编　唯有健康常相守，方可快乐常相伴

第九章　人格健康者快乐 /327

第一节　人格及发展 /327

一、人格是什么 /327

二、人格发展之经典模式 /329

三、人格发展是社会化与个体化的统一 /334

第二节　人格健康与人生快乐 /340

一、大师眼中的健康人格 /340

二、健康人格是对立统一的有机体 /349

三、人格健康与人生快乐 /352

第三节　健康人格的培养 /354

一、健康人格的社会培养 /354

二、健康人格的自我培养 /357

第十章　身体健康者快乐 /364

第一节　快乐基于身体健康 /364

一、身不健，乐何来 /364

二、自己身体知多少 /366

三、健康身体的标准 /375

第二节　养生学说与道术 /377

一、养生之学 /377

二、养生之道 /378

三、养生之术 /382

第三节　我的健康我负责 /390

一、熟悉体质，因质施养 /390

二、健康生活养健康身体 /394

三、加强健康管理,适时对身体维护检修 /402

四、与健康常相守,与快乐常相伴 /410

参考文献 /416

后　记 /420

第一编
积极的心,智慧的脑,快乐到来了

如果问人的哪个部位最重要,多数人都会说心与脑,心是生命动力的来源,脑是思想与行为的指挥中心。如果问什么地方对人的快乐与否影响最大,仍然是心与脑,这就是快乐必须具备一颗积极的心和一个智慧的脑。如果拥有一颗积极的心和一个智慧的脑,快乐就到来了。

第一章　积极心理者快乐

积极心理，即指人的内心坚强，具有较强和优秀的心理素质。他们心态正面积极，充满着幸福感，心理资本雄厚，对人生态度有自己的思考，不为他人所左右，常能感受到阳光和快乐。为此，要追求快乐，就必须首先让自己的内心强大起来，感受快乐，感受幸福。

第一节　积极心理与快乐情绪

积极的心理与快乐的情绪是快乐的人应具备的首要条件。

一、积极心理

积极心理来源于心理学界当前的一场革命，即积极心理学的兴起。

（一）积极心理学的含义及发展

积极心理学是20世纪末首先在美国兴起的一场心理学运动，发起者是美国当代著名心理学家马丁·塞里格曼博士，他是积极心理学的始祖，40余年来一直致力于乐观心态以及压力管理的研究。在1997年曾以史上最高票的纪录，当选为美国心理学协会的主席。积极心理学是指利用心理学目前已比较完善和有效的实验方法与测量手段,来研究人类的力量和美德等积极方面的一个心理学思潮。研究对象是平均水平的普通人,它要求心理学家用一种更加开放的、欣赏性的眼光去看待人类的潜能、动机和能力等。相对于长期以来心理学主要针对心理障碍、问题、痛苦、困惑等消极心理状态进行治疗的模式而言,积极心理学倡导人类要用一种积极的心态来对人的许多心理现象作出新的解读,并以此来激发每个人自身所固有的某些实际或潜在的积极品质和积极力量,从而使每个人都能顺利地走向属于自己的幸福彼岸。因此,积极心理学主张以人的积极力量为研究对象,强调心理学不仅要帮助处于某种逆境条件下的人们知道如何求得生存和发展,更要帮助那处于正常境况下的人们学会怎样建立起高质量的个人生活与社会生活。

(二)积极心理研究的层次

积极心理学的研究分为三个层面。在主观的层面上是研究积极的主观体验:成就感和满足(对过去)、希望和乐观主义(对未来),以及快乐和幸福(对现在),包括它们的生理机制以及获得的途径。在个人的层面上,研究积极的个人特质:爱的能力、工作的能力、勇气、人际交往技巧、对美的感受力、毅力、宽容、创造性、关注未来、灵性、天赋和智慧。目前,这方面的研究集中于这些品质的根源和效果上。在群体的层面上,研究公民美德和使个体成为具有责任感、利他主义、有礼貌、宽容和有职业道德的公民的社会组织,包括健康的家庭、关系良好的社区、有效能的学校、有社会责任感的媒体等。积极心理学的研究已经证实,和一般人相比,那些具有积极观念的人具有更良好的社会道德和更佳的社会适应能力,他们能更轻松地面对压力、逆境和损失,即使面临最不利的社会环境,他们也能应付自如。

积极心理的研究，近年来引起了心理学界的广泛兴趣。1999年，美国心理学家开始举办全美积极心理学年会，并将积极心理学称为当代心理学的最新进展之一。目前，全美共有100余所高校开设了"积极心理学"课程。由本-沙哈尔教授的积极心理学从在哈佛大学开课以来，已经成为该校上座率最高的课程之一。当前，积极心理学已成为世界性的心理学运动。在短短几年内，已从美国扩展到加拿大、日本、欧洲和澳大利亚等地，成为一种世界性潮流，受到越来越多心理学家的关注。

鉴于积极意义，积极心理学很快被各国学界及社会所接受并较为广泛地推广。2010年8月，清华大学举办了首届"中国国际积极心理学大会"。大会以"社会转型期的经济发展和国民幸福"为主旨，进行了广泛的探讨，理论联系实际，学术贴近现实，以积极心理学促进和谐社会建设，构建国民积极心态，产生了积极广泛的社会影响。并在2012年11月，以"积极心态，幸福中国"为主题，召开了第二届"中国国际积极心理学大会"。会议吸收中外积极心理学研究成果，直面当前社会各项热点问题，倡导、推广和加强积极心理学在国民心理素质建设、国民个体幸福追求与构建和谐社会中的作用，就推动社会进步、促进国民幸福等方面进行了广泛的探讨，取得诸多重要成果。

当前，积极心理学的研究及推广在我国方兴未艾。而要说明的是，积极心理学在不同地区译法有所差异：大陆地区译为"积极心理学"，台湾地区译为"正向心理学"，香港地区译为"正面心理学"。

积极心理学研究的对象很明确，即普通的社会成员，但领域却较为宽泛：既有过去，也有现在和将来；既有个体，也有积极的社会环境等。由于本书探讨的是个体对快乐的追求，就不可能对其各项领域面面俱到，重点探讨积极的情绪体验，尤其是对快乐的追求。

具备积极心理，是追求快乐的前提条件，这就成了为什么要把它放在第一章的理由。而快乐作为一种心理感受，情绪又具有重要的作用。

二、管理情绪

积极的情绪及体验，是积极心理学探讨的主要课题之一，同时，也是我们追求快乐的重要方式之一。试想，一天都处在消极情绪中的人，能快乐起来吗？而积极的情绪，则可以营造快乐的心境。

（一）情绪对个体有重要的影响

情绪，是一个人各种感觉、思想和行为的一种心理和生理状态，是对外界刺激所产生的心理反应，以及附带的生理反应，包括喜、怒、忧、思、悲、恐、惊等情绪表现。比如，高兴的时候会手舞足蹈，发怒的时候会咬牙切齿，忧虑的时候会茶饭不思，悲伤的时候会痛心疾首……这些都是情绪在身体上的反映。

现代医学已经证实，情绪源于心理，它左右着人的思维与判断，进而决定人的行为，影响人的生活。正面情绪使人身心健康，并使人上进，能给我们的人生带来积极的动力；负面情绪给人的体验是消极的，身体也会有不适感，进而影响工作和生活。

同时，情绪还通过心境、激情、应激等各种形式，直接地制约着我们的心情与生活，让我们快乐或不快乐。

首先，它对个体的生理状况有直接的影响。美国生理学家艾尔玛做了个试验，将玻璃管插在零摄氏度冰和水的混合容器里，收集人在不同情绪下呼出的"气水"。结果发现：悲痛时呼出的气冷凝成水后有白色沉淀；心平气和时呼出的气，凝成的水澄清、透明、无杂质；生气时则出现紫色的沉淀。将"生气水"注射到老鼠身上，老鼠居然死了，可见，生气对健康影响非同一般。人，真能被"气死"的。艾尔玛通过研究发现，人生气10分钟耗费掉的精力不亚于1次3000米赛跑。人生气时的生理反应十分剧烈，分泌物十分复杂，且有毒性。爱生气的人很难健康，更难长寿。情感失调的人，生病的风险是其他人的2倍。由此专家发出了"生气等于自杀"的警告。专家认为，虽然生气和长跑同样会造成人的血压上升、心跳加快，但长跑是缓慢血压上升且心跳加快，回落的过程同样也是缓慢的，而生气是瞬间上升，身体不好的人或老人，很容易出现脑出血、心脏病、心肌梗死。此外，当人的内心产生矛盾、不良情绪无法释放时，内分泌就会失调，随之而来的是血压升高、心跳加快、消化液分泌减少等，还伴有头晕、多梦、失眠等，这些心理和生理的异常因素如果相互影响，会带来恶性循环，诱发疾病。而一个人有了良好的心理状态，即便得了疾病，也会增强抗病能力，早日痊愈。

其次，情绪失控还可做出些过激行为，导致不堪设想的后果。据报道，2013年12月7日，徐州某商场一位中年男顾客从7楼跳楼身亡，其起因就是因女友购物，该男子嫌贵，发生争吵后一气之下从7楼跳下。真是令人扼腕叹息：情绪失控害死人！

最后，如不善于控制情绪还会将人际关系搞得一团糟。日本心理学家安藤俊介在其所著的《不生气的情绪掌控术》中举例到，日本前首相菅直人就是因为不善控制其情绪而众叛亲离的。在日本，菅直人有个绰号叫"易拉罐"（菅，激情澎湃，性格刚烈，日语中"菅"和

"罐"同意),他没有耐心,点火即爆,愤怒溢于言表,这些在政界是相当有名的。有时候即使有人在也会把对方骂得一塌糊涂。最典型的事就是日本大地震发生后的2011年3月15日,他在东京电力总部发火的这件事。因遭遇特大海啸,东京电力公司福岛第一核电站发生了严重的核泄漏事故。之后东京电力公司应对措施不利,首相菅直人一早就去了东电,对着那里的员工好一通发火。他的咆哮声在屋外的人都能听见。实际上,菅直人的发火,并没有让东电的应对措施变得好起来,反而使得局势更加混乱。这也是菅直人在内阁被孤立的原因吧。不耐烦、易怒的人,是没有人愿意追随的,这并不让人吃惊。"菅直人发怒太过分了!"人们都这么厌弃地说。看了愤怒的菅直人,我们知道如果不抑制自己的愤怒情绪,不知不觉中就拉开了你与别人之间的距离。因为一点小事就生气,或是怒火连连地固执坚持自己的意见,别人就会离你而去。结果越生气就越愤怒,也就破坏了和别人的关系。

(二)管理消极情绪

既然消极情绪对个体的生理、心理乃至良好人际关系的建立都有那么多的负面影响,那么,人们就应想法来控制这种负面的情绪。其实,作为一种负面的消极情绪,仅用控制来不让其表达也是不对的,而是应通过有效的管理,及时地对消极情绪予以察觉、表达、稳定、转移。

首先,要及时察觉消极情绪。消极情绪是指在某种具体行为中,由外因或内因影响而产生的不利于你继续完成工作或者正常的思考的情感,包括忧愁、悲伤、愤怒、紧张、焦虑、痛苦、恐惧、憎恨等。其产生是因人因时因事而异的,产生的原因可能有:对"应激源"产生的反应；在工作、学习或生活中遭受了挫折；受到了他人的挖苦或讽刺；莫名其妙的情绪低落等。如果在生活与工作中，感受到了这种不愉快的情感，应尽快察觉到自己是否已产生消极情绪。如不能及时察觉，就可能把这些愤怒、焦虑、忧伤等当作一种正常的情绪表达，而做出一些过激的行为。

其次，要善于表达消极情绪。心理学有句名言，叫"发表就是减轻"，也就是，通过适当地倾诉、表达可达到一定的宣泄作用，从而减轻自身的压力，保持良好的心情。同时，恰当的情绪表达，还可有助于人际裂痕的修复和人际关系的协调。有一对夫妻，感情尚好，但丈夫一段时间乐于在下班后聊天、打麻将，妻子在家感到寂寞，先想到丈夫工作累了，适当放松一下也没什么，虽有不快，也没说什么。但次数多了，终于控制不住自己的情绪了，丈夫回家后就斥责道："你一天在外面玩，一点都不关心我！""什么，我不关心你？你那天生病了，是谁送你上医院的？那次下大雨你回不了家，是谁全身都淋湿了来接的你？不就下了班喝了点酒打了下牌，就不关心你了？"丈夫很生气地反驳道。一天，一位心理咨询师知道了，对妻子说："姑娘，如果你能早一点与他沟通，把你的情绪表达出来，你们火气就没这么大了，另外，把你的说法稍微调整一下，情况就会发生很大的变化，你试着这样说，你一天在外面玩，不知道我一个人在家好寂寞哟！如你能下班后早点回来陪陪我，那该多好。"妻子一试，效果果然很好，她刚对丈夫一说完"你一天在外玩，不知道我一人在家好寂寞哟"，丈夫马上怜爱地对她说："不好意思，不好意思，以后一定少玩一会儿，多回来陪陪你。"因此，有了不满的情绪，如能适时地表达，比到了不可控制时再爆发出来，其效果孰优孰劣，一比便可知。

再次，要稳定消极情绪，必要时把事情搁一搁，情绪稳一稳。有时候，我们心境不好，情绪激动，是因为我们认为所面临的事情很重要，处理不好后果会很严重。其实，过一段时间我们再回过头来看那件事，就会觉得它并不是那样重要，即使是没处理好，后果也没什么大不了的。其实，有些我们认为很严重的事，40%都不会发生，30%可以很轻松地解决，20%可以努力解决，而真正可能给我们带来麻烦的仅10%而已。因此，遇到自认为棘手的事，千万别急，把情绪稳一稳，将事情搁一搁，就不会为一些不会发生的事而干着急。

最后，要转移消极情绪，即换个环境，适度转移。找人倾诉一下，请心理医生咨询，都是将消极情绪转移的好方法。高压锅压力太大会爆炸，情绪积郁久了会失控，适当地转移是必要的。此外，亲近自然也是转移和消除消极情绪的重要方式。许多专家认为与自然亲近有助于你心情愉快开朗。美国著名歌手弗·拉卡斯特说："每当我心情沮丧、抑郁时，我便去从事园林劳作，在与那些花草林木的接触中，我的不快之感也烟消云散了。"假如你不可能总到户外去活动，那么，即使走到窗前眺望一下青草绿树也会对你的心情有所裨益。密歇根大学心理学家斯蒂芬·开普勒做过一个有趣的实验，他分别让两组人员在不同的环境中工作，一组的办公室窗户靠近自然景物，另一组的办公室则位于一个喧闹的停车场，结果他发现，前者比后者对工作的热情高，较少出现不良心境，其工作效率也高得多。

情绪管理，就是要能清楚自己当时的感受，认清引发情绪的理由，再找出适当的方法缓解或表达情绪。专家们将其归纳为WWH三步曲：

WHAT——我现在有什么情绪？

由于我们平常比较容易压抑感觉或者常认为有情绪是不好的，因此常常忽略我们真实的感受，因此，情绪管理第一步就是要先能察觉自身的情绪，并且接纳自己的情绪。情绪没有好坏之分，只要是我们真实的感受，就要学习正视并接受它。只有认清自己的情绪，知道自己现在的感受，才有机会掌握情绪，也才能为自己的情绪负责，而不被情绪所左右。

WHY——我为什么会有这种感觉（情绪）？

我为什么生气？我为什么难过？我为什么觉得挫折无助？我为什么……找出原因我们才知道这样的反应是否正常，找出引发情绪的原因我们才能对症下药。

HOW——如何有效处理情绪？

想想看，可以用什么方法来纾解自己的情绪呢？平常当你心情不好的时候，你会怎么处理？什么方法对你是比较有效的呢？也许可以通过深呼吸、肌肉松弛法、静坐冥想、运动、到郊外走走、听音乐等来让心情平静，也许会大哭一场、找人聊聊、涂鸦、用笔抒情等方式来宣泄一下或者换个乐观的想法来改变心情。

所以，只要方法得当，消极情绪是可以有效地得以管理的。

三、积极情绪的培养

能管理住消极的情绪，只是减轻烦恼与难受，而积极的心理还在于要培养积极的情绪，以使其起到对个体积极行为予以促进和增加的作用。

（一）接纳正常情绪，不愉快的心情并非伴随的都是消极情绪

如果表现出来的情绪与所遇事件相一致，就属正常的情绪。如果失恋了,有伤心是正常的;如果遇到抢劫,有恐惧是正常的;如果亲人离世了,有悲伤是正常的;如果被误会了,有愤怒是正常的。当你的情绪体验符合客观事件时,第一时间暗示自己:我现在的情绪是正常的,这样一暗示,情绪张力就会下降,内心自然恢复平静。如果在相应的事件发生时没有相应的情绪,那反而不正常了:要么这本身就是一种消极情绪,要么说明你的心态甚至人格有缺陷。

(二)辩证看问题,寻求事物积极因素

由于角度不同,位置有异,对同一事物就有不同的看法。如换个角度,挪个位置,用辩证的眼光看问题,看法和观念就会发生很大的变化。相传有一老太太,她有两个儿子,大儿子卖伞,二儿子晒盐。为两个儿子,老太太差不多天天愁。愁什么?每逢晴天,老太太念叨:这大晴天,伞可不好卖哟!于是,为大儿子愁。每逢阴天下雨,老太太又嘀咕:这阴天下雨的,盐可咋晒啊?又为二儿子愁。老太太愁来愁去,日渐憔悴,终于成疾。两个儿子不知如何是好。幸一智者献策:"晴天好晒盐,您该为二儿子高兴;阴雨天好卖伞,您该为大儿子高兴。这么转个个儿一看,您就没愁可发喽。"果然,经智者这么一解释,老太太恍然大悟,从那以后,变愁为欢,心宽体健起来。

面对相同的夕阳,或悲伤或昂扬,因人而异,有人看到的是"夕阳无限好,只是近黄昏"(李商隐),有人反对说"但得夕阳无限好,何须惆怅近黄昏"(朱自清),更有人则高歌"老夫喜作黄昏颂,满目青山夕照明"(叶剑英)。

(三)乐于追求,怀揣希望

追求,是一种激活心理与行为的动力。只有怀揣希望,才会乐于追求,追求本身就是一种正面力量、一种正能量,给人带来欢愉与快乐。生活的实践告诉我们,快乐的情绪和快乐的获得,常不在追求成功,而在追求的过程。20世纪70年代,笔者下乡当知青,当时农村的劳动生产力还很落后,缺米少肉是常事。一天一友人外出,见一狗叼着一腊肉状物品在田边,许久不见肉的我等,立马上前追赶,因狗口中衔物,跑不太快,很快就追上了,友人兴奋无比,狗终因开口换气而丢掉口中之物,近而拾之,结果是块牛骨。东西追到了,令人失望,不是腊肉;而其过程,则是乐趣无穷。此类情境,生活、工作中不是比比皆是吗?

(四)善待他人,人乐我乐

善待他人,与人为善,除了是一种道德要求或交友艺术外,还是我们寻求快乐、培养积极情绪的重要方式。因善待他人,让人心存感激,并因此欢愉,而情绪是可以相互传染的,他快乐了,你便置身于快乐的环境中,快乐的情绪必将对你有所感染。反之,如在人际交往中,你让周围的人心情都不愉快,你能快乐起来吗?

(五)念人之功,容人之过

笔者朋友办公室挂着一位书法家的墨宝,也是办公室唯一的一幅字画:"念人之功,容人之过。"他说这幅字常常提醒他,为人处世,要多看到人家的长处,并常存感恩之心;同时,要包含人家的不足,求同存异。这幅字,除了告诉我们应怎样交朋结友,还给我们带来了积极的情绪。因为多看人家的好处,心中常常充满着暖意,让自己心灵更敞亮、更阳光;善于包容,就能减少对人对事的消极情绪,让自己轻松愉快。因而,包容他人,就是宽容自己。在感恩的包容中,自己获得了积极的心态和快乐的情绪。

第二节 心理资本助快乐

心理资本,是美国内布拉斯加州大学教授弗雷德·路桑斯提出的。他曾任美国管理学会主席,是久负盛名的组织行为学的先驱。

心理资本,其意为个体成长和发展中表现出来的一种积极的心理状态,是积极心理学的重要组成内容。路桑斯认为,以前一提到心理学,大多都会想到负面的问题,但现在心理学正在发生变化,从以前的自然干预、抑郁症防治,变为寻找人们的幸福感,寻求怎样让人更开心,让我们的生活和工作更加平衡,他把引导人们正向发展的四种心理能力结合起来,就成了我们所说的心理资本,这四种心理能力打头的字母结合起来就组成了一个词叫"HERO(即英雄)",其中H代表希望,E代表自我效能,R代表韧性,O代表乐观。由此可见,个体的积极心理,应是由希望、自我效能、韧性以及乐观构成的。

不断地积累自身的心理资本,是通向快乐、迈向幸福的重要途径。

一、永远葆有希望

永远有希望,有助于人生快乐。

(一)希望是积极的动力

希望,可以说是一种情绪,也可以说是一种积极心态的动力,是人们追求快乐与幸福的重要心理资本。人们只有心存希望,才能坚持不懈,纵遇困难挫折,也会百折不挠。英国哲学家罗素曾说过:

"希望是坚韧的拐杖,忍耐是旅行袋,携带它们,人们便可以登上永恒之旅。"30年前,在学校从事教学与学生管理工作的笔者,为三十将至,以何而立而烦恼。自责与焦虑,时常萦绕心际。目光的搜索,思路的延伸,将笔者带入了现实的社会生活。在笔者面前,蓦然地展现出这样一幅清晰的社会画面:面对当今剧烈变革而又迅速发展的社会,不少有志青年欲投身于此,施展才华。然而,一旦涉足于社会,又常有社会复杂、人生难处、才能得不到发挥之感叹,从而由对社会的希望、幻想转入失望、迷惘甚至与之对抗。为什么会这样?如何解决这一人生难题?不少青年朋友在为之而寻觅、求索。帮助青年解决好这些问题,渡过其困难时期,无论是对其顺利成长,还是对社会稳定发展,都具有积极的意义。作为一个刚走过人生中最富有探索性旅途,既享受过成功的喜悦,也舐尝过失败的痛苦的人,若能将亲身的经历与体验、感知与理解、融入笔,倾于纸,献给正在觅求中的朋友们,不是一件既助于人又利己的益事吗?聚焦定点,使人为之而兴奋。

于是决定撰写一本帮助青年顺利步入社会的书即《青年社会学》。当时社会学在中国刚重建,还未有青年社会学方面的专著问世,因而自己决心填补中国社会学这一空白。但立志易,而成功难,铺纸着笔后,乃深感才疏学浅,困难重重。当时无网络无电脑,自己工作的学校又在远离城市的一个山头上,所以每次返城,第一件事就是到书店,如未见同类书籍问世,自己增补这一空白的希望就还在——每每如此,每每充满希望。而也就是这种希望,支撑着笔者克服无数困难,笔耕两年有余,终于在无前例可援的情况下,于1987年出版了《青年社会学》,获得社会及学界好评。该书被收录

《中国社会学年鉴》,荣获省级社科奖,并被美国著名学校密歇根大学数字化处理收藏。如不是希望在支撑,要想取得这样的成果是不可想象的。

一个没希望的人,心中总是带着沮丧与绝望,他看不到明天,看不到未来,不知道自己为什么而活,不知道人生的风景在哪里。有的人之所以颓废,就是他没有希望,因而对生活也就没有了热情。希望好比耀眼的阳光,给人温暖,给人力量。当然,也给了人追求和快乐。

(二)有希望就有未来

心存希望,追求未来,是我们应有的心理资本,也应成为在任何情况下的一种企求。在古希腊神话"潘多拉盒子"中,就有这样的描述。据说古希腊第三代众神之王宙斯送给美女潘多拉(据说是火神赫淮斯托斯或宙斯用泥土做成的地上的第一个女人)一个密封的盒子,里面装满了祸害、灾难和瘟疫等,让她送给娶她的男人。普罗米修斯(古希腊神话中最具智慧的神明之一,名义有"先见之明"的意思,他给人类带来火,还教会了他们很多知识)深信宙斯对人类不怀好意,告诫他的弟弟埃庇米修斯不要接受宙斯的赠礼。可他不听劝告,娶了美丽的潘多拉。潘多拉被好奇心驱使,打开了那只盒子,里面所有的灾难、瘟疫和祸害都立刻飞了出来。人类从此饱受灾难、瘟疫和祸害的折磨。而智慧女神雅典娜为了挽救人类命运而悄悄放在盒子底层的美好东西——"希望"还没来得及飞出盒子,潘多拉就把盒子关上了。可见,"希望"虽然没来得及出来,但它却永远地存在着。

"黑夜无论怎样悠长,白昼总会到来。"莎士比亚说得非常好。

希望总会给你一个明亮的天空,越是在最后,给人带来的快乐和幸福就越强烈。希望不是别人给予你的,而是自己给自己一个向往和追求。希望往往会给我们一个奇迹,但是你没有对希望付出行动,它也就不会给你回报。我们的真诚、善良,是希望不知不觉中给我们的,是因为我们在不经意中对希望产生坚定。希望是可贵的。

因为有希望,我们看到一个明澈的天空;因为有希望,我们才活得更美好;因为有希望,我们更相信未来;因为有希望,我们在磨难中成长;因为有希望,我们奋斗过后有了一个个惊喜的成功;因为有希望,我们将体验快乐,追求幸福。人生有希望多好!

二、提高自我效能

提高自我效能对人生快乐有重要意义。

(一)自我效能的含义

自我效能感,指人对自己是否能够成功地进行某一成就行为的主观判断,它与自我能力感是同义的。这一概念是美国著名心理学家、社会学习理论创始人班杜拉(1977)最早提出的,在20世纪80年代,自我效能感理论得到了丰富和发展,也得到了大量实证研究的支持。班杜拉在他的动机理论中指出,人的行为受行为的结果因素与先行因素的影响。行为的结果因素就是通常所说的强化。他认为,在学习中没有强化也能够获取有关的信息,形成新的行为模式。而强化在学习中也有重要的作用,它能够激发和维持行为的动机以控制和调节人的行为。这种作用通过人的认知形成期待,成为决定行为的先行因素。

关于期待,班杜拉区分为结果期待和效能期待两种。结果期待,是指人对自己的某一行为会导致某一结果(强化)的预测。如果人预测到某一特定行为将会导致特定的结果(强化),那么这一行为就可能被激活和受到选择。例如,儿童感到上课注意听讲就会获得他所希望取得的好成绩,他就有可能认真听课。效能期待,是指人对自己能够进行某一行为的实施能力的推测或判断,它意味着人是否确信自己能够成功地进行带来某一结果的行为,当确信自己有能力进行某一活动,他就会产生高度的自我效能感,并会去进行那一活动。例如,学生不仅知道注意听讲可以带来理想的成绩,而且还感到自己有能力听懂教师所讲的内容时,才会认真听课,在这里,自我效能感是指一个人在进行某一活动前,对自己能否有效地作出某一行为的判断。换句话说,是人对自己行为能力的主观推测。

班杜拉不仅指出结果期待会对人的行为发生重要的影响,而且强调效能期待(即自我效能感)在调节人的行为上具有更重要的作用。人在掌握了相应的知识技能,也知道了行为将会带来什么样的结果之后,并不一定去从事某种活动或做出某种行为,因为这要受自我效能感的调节。能取得好成绩固然是每个学生的理想所在,但力不从心感却会使人对学习望而生畏。所以,在有了相应的知识、技能和目标时,自我效能感就成了行为的决定因素。这也是班杜拉为什么把期待区分为结果期待和效能期待的原因。

路桑斯沿用了班杜拉自我效能感这一概念并作了新的诠释。路桑斯认为,自我效能感实质上就是对于成功的信心,即你是否相信自己,是否相信自己拥有那些让你成功的东西。显然,路桑斯的定义更通俗易懂,其实质就是你是否具有自信心,即对自己在生活、工作方面取得成就的自信心以及相应的能力。

(二)自信是自我效能最基础的内容

自信是个体对自己品德、能力、身体以及人际关系等方面的肯定和信任的一种心理体现。在个体发展中,自信心是相信自己有能力实现目标的心理倾向,是推动人们进行活动的一种强大动力,也是人们完成活动的有力保证,它是一种健康的心理状态。其次,自信是成功的保证,是相信自己有力量克服困难,实现一定愿望的一种情感。有自信心的人能够正确地实事求是地评价自己的知识、能力,能虚心接受他人的正确意见,对自己所从事的事业充满信心。自信心是一种内在的精神力量,它能鼓舞人们去克服困难,不断进步。

(三)能力与胜任感是自我效能的核心

能力自信是自信心的重要内容。自信的人相信自己的能力,坚信只要通过自己的努力,没有干不成的事,没有克服不了的困难。良好的身体条件是完成各项事业的基础,自信的人相信自己身体是棒棒的,是可以承担任何耗神费力的艰苦工作的。因此,自信最核心的品质就是坚信从事某些活动的胜任感。在自己熟悉并擅长的方面,自己总是信心满满,相信自己有能力完成该项工作。同时,自信的人一旦作出决定,踏上了那条属于自己的路,就不会轻易地因他人的影响和前进中的挫折而改变或退缩。因而,自信的人,其心态总是积极的、乐观的。

(四)自我效能感的培养

自我效能感在个体心理资本中,具有重要作用,所以,一定要加强培养。

首先,通过多次探索及逐步获取成功来增强其自我效能感。信心是建立在成功基础上的,因而,提高自我效能感最有效的方法,就是通过多次探索而逐步取得成功。在实际操作中,可以把一个难度较大的事项分为若干个小部分,使其可以获得较为频繁的"小成功",以不断增强其自信心和胜任感。这既有利于增强个体的自我效能感,也可使其在不断的成功中获得进取和努力的积极心态。

其次,在相互学习与模仿中提高自我效能感。这是学习者通过观察示范者的行为而获得的间接经验,它对自我效能感的形成也具有重要影响。当一个人看到与自己的水平差不多的示范者取得了成功,就会增强自我效能感,认为自己也能完成同样的任务;看到与自己的能力不相上下的示范者遭遇了失败,就会降低自我效能感,觉得自己也不会有取得成功的希望。相似的人群中,角色榜样之间的相似性越高,他们的自我效能感就越可能受到角色榜样成功的影响。这意味着,同事传授的个人经验和秘诀,可能比专业培训进行的正式培训更能提高自我效能感。因为同事往往被认为在背景、能力和职业目标上与员工本人更相似。因此,观察那些受人敬佩的同事是如何开展工作的,感受他们的成功,继而向受训的员工灌输一种理念,即"如果他们能做到,我也能做到",从而提高他们的自我效能感。

通过说服和积极的反馈来提高自我效能感。有效的说服及积极的反映,对个体自我效能感的再次提高具有积极作用。因此,在与人交谈与交往中,多一种积极的鼓励、正面的期待以及建设性的提问和反馈,都会对个体自我效能感的提高有正面的推动作用。当然,在使用这种方法时,一定要与其他的条件结合使用;否则,依靠这种方法形成的自我效能感不易持久,一旦面临令人困惑或难于处理的情境时,就会迅速消失。一些研究结果表明,缺乏体验基础的言语说服,在形成自我效能感方面的效果是脆弱的,人们对说服者的意见是否接受,往往要以说服者的身份和可信度为转移。此外,如果言语说服与个人的直接经验不一致,也不大可能产生说服效果。

通过提高个体身体健康水平来提高自我效能。个体的身心健康状况与其自我效能状况有着密切联系,如积极的心理状态能激发自我观察、自我调节、自我反思等认知加工过程,这些加工能增强他们的个人控制感和信心;相反,消极的心理状态往往让人感到绝望、无助和悲观,进而导致自我怀疑和效能降低。身体健康与自我效能的关系也同样如此。良好的健康状况对一个人的认知和情绪状态,包括对自我效能的信念与期望都有积极影响;相反,疾病、疲劳和身体不适则有消极影响,当一个人有严重的生理疾病时,他的自我效能会迅速失去。

三、强化心理韧性

强化心理韧性对人生快乐至关重要。

(一)心理韧性的概念及含义

在心理资本各要素中,心理韧性是一个有较多争议的概念。首先,如何将这个术语翻译成中文就引起了不少争论,台湾学者将其译为"复原力",香港学者译为"抗逆力",大陆学者译为"心理弹性"、"回复力"、"压弹"、"复原力"。韩国的物理学家们则译为"回复力"、"克服力"、"弹力性"、"强韧性"等。其次,其定义更是各有说法,目前主要存在三种定义:一是重点从发展结果上定义心理韧性,如心理韧性是一类现象,这些现象的特点是面对严重威胁,个体的适应与发展仍然良好。二是将心理韧性看成一种动态的发展变化过程,如心理韧性是个体在危险环境中良好适应的动态过程;心理韧性表示一系列能力和特征通过动态交互作用而使个体在遭受重大压力和危险时能迅速恢复和成功应对的过程。三是将心理韧性看作是个人的一种能力或品质,是个体所具有的特征,如心理韧性是个体能够承受高水平的破坏性变化并同时表现出尽可能少的不良行为的能力;心理韧性是个体从消极经历中恢复过来,并且灵活地适应外界多变环境的能力。

而笔者,比较同意对这一概念的如下表述:心理韧性是一种压力下复原和成长的心理机制,指面对困难或者逆境时的有效应对和适应,不仅意味着个体能在重大创伤或应激之后恢复最初状态,在压力的威胁下能够顽强持久、坚忍不拔,更强调个体在挫折后的恢复成长和新生。因而认为,心理韧性其实就是一种个体自我修复、成长的复原力。

每个人的生活里,都充满了各种各样的逆境、挫折和打击。有人因为这些打击,使自己变得愤怒、恐惧、悲伤,甚至让自己持续活在懊悔和愤恨的日子当中。然而有些人却能够在挫折中屹立不倒,不断在逆境中调适自己,自我坚持,找出新的出路。而人生正是需要这种复原力——在逆境中调试自己,抵抗压力,克服困难。一个人如果能够在不良的环境下,成功面对并克服各种压力和变化,从逆境和挫折中恢复过来,进而维持正常的生活,就说明他具有较强的适应力和复原力。现代社会的竞争越来越激烈,现代人的生活压力也比过去更加巨大。面对种种无可避免的挫折和失败,有人渐渐丧失了信心和自我价值感；有人变得情绪失控，出现攻击行为；有人显得忧郁沮丧，甚至出现精神失常的情形。相反的，一些人不但能够处理日常生活中的各种挑战，而且即使遭遇挫折和失败，也能够容纳并排解困难。这就是内心强大的复原力。

那么，心理韧性或复原力应具有什么样的要素结构呢？台湾学者萧文根据前人的研究，总结出7个复原力因子：(1)具有幽默感并对事件能从不同角度观之；(2)虽置身挫折情境，却能将自我与情绪作适度分离；(3)能自我认同，表现出独立和控制环境的管理；(4)对自我和生活具有目的性和未来导向的特质；(5)据有向环境或压力挑战的能力；(6)有良好的社会适应技巧；(7)较少强调个人的不幸、挫折与无价值感或无力感。

可见，要想具有高复原力，首先，要从能忍受日常生活的不确定性开始，即是培养耐受力；其次，要在日常生活中坚守为人底线，坚守正道；最后，要善于从积极的角度去解释生活中的不幸，并具备把不幸转化为成长动力的能力。

(二)心理韧性和复原力的楷模

能成为心理韧性和复原力楷模的，在笔者心中，莫过于邓小平了。

作为我党历史上第二代领导核心，中国改革开放总设计师，邓小平对中国历史的推进及人民幸福生活所作的贡献就不必多言了，仅是其"三落三起"的传奇经历，就彰显了邓小平强大的心理韧性及复原力，为世人树立了楷模。

邓小平第一次"落起"是在20世纪30年代初期中央苏区时，由于以博古为代表的中央临时政府推行"左"倾冒险主义，邓小平、毛泽覃、谢唯俊等人则坚决支持以毛泽东为代表的正确路线，反对他们的"城市中心论"。为此，邓小平遭到批斗，受到党内"最后严重警告"处分并撤职，后被指定到江西省委驻地附近的农村参加劳动。这一年邓小平只有29岁。直到1935年1月，中央政治局在遵义召开会议，邓小平奉命参加了我党历史上具有伟大转折意义的遵义会议，这次"落起"才画上句号。

邓小平第二次"落起"，是在"文化大革命"期间。在"文革"初期，邓小平作为"刘邓资产阶级司令部"的第二号"走资派"被打倒，全家受到株连，被下放到江西新建县拖拉机修造厂劳动改造。这是邓小平一生中感到最痛苦的时期。1971年"9·13"事件发生后，邓小平两次给毛泽东写信，要求出来工作。毛主席在信上作了肯定的批示，1973年邓小平的国务院副总理职务得以恢复。1975年初邓小平又被任命为中共中央副主席、国务院第一副总理、中央军委副主席兼总参谋长，并主持党、政、军的日常工作。

邓小平的第三次"落"和"起"，发生在"文化大革命"的后期。邓小平复出后，极力主张恢复被"文化大革命"破坏的正常生产、工作秩序，大胆反对"文化大革命"遗留下来的无政府主义和派性活动，并开始着手进行政治、经济、文化、教育、文艺、军事等各条战线的全面整顿。但是，"四人帮"容不得邓小平这一套做法。发动了"批邓反击右倾翻案风"运动。1975年4月7日，中央政治局召开会议作出决定：撤销邓小平党内外一切职务，保留党籍，以观后效。这是邓小平政治生涯中"三落三起"的第三"落"。粉碎"四人帮"后，1977年7月，党的十届三中全会决定恢复邓小平原来担任的中共中央副主席、国务院副总理、中央军委副主席、人民解放军总参谋长的职务。

邓小平政治生涯中的坎坷和艰难曲折,集中体现在他这富有传奇色彩的"三落三起"中。

从邓小平这"三落三起"中,不难看出他所拥有的自强不息精神,在受到重大打击时也能沉着应付,克服重重困难最终发挥自己的才能。更难能可贵的是在经历了不断的打击和不断的被误会后仍然继续工作,并在国家需要他时出来主持国家重要工作,仍能担当起历史赋予的重任,体现出超强的心理韧性和复原力。

(三)心理韧性的特征及培养

关于心理韧性和高复原力的特征,学者们从三个方面进行了总结,即具备接受并战胜现实的能力,具备在危险时刻寻找生活真谛的能力,具备随机应变想出解决问题办法的能力。从邓小平"三落三起"的传奇经历中,我们认为三个特征的概括是有道理的。而且,小平同志的确具备了这三个方面的能力。

一是他具备了接受并战胜现实能力。面对一次次人生的挫折和不公平的对待,邓小平并没逃避或一蹶不振,而是坦然接受并设法改变环境,战胜现实。

二是他具备了在危险时寻找生活真谛的能力。邓小平在"第二落"中,被押送到江西省新建县。白天他要到拖拉机修造厂参加繁重的劳动,其他时间基本上不能和外人接触。对国家命运的忧虑时常让邓小平夜不能寐,失眠症越来越严重,只能靠吃安眠药勉强入睡。邓小平知道,总吃安眠药对身体是十分有害的,在逆境中更要有强健的体魄。1970年1月1日,邓小平郑重地向负责照顾他的黄文华说:"从今天起,我不再服用安眠药了。"邓小平说到做到。在停止服药的同时,他加强了锻炼,采用散步的方法来缓解压力。每天上午,他步行去工厂,一个来回就是5000步。午睡起床后,他在院子里再走5000步。就这样,邓小平无论是严寒,还是酷暑,从不间断走路锻炼。久而久之,他走出两条小路,一条是将军楼到工厂,一条在将军楼的院内。和邓小平一起工作的人们亲切地将他踏出来的小路称为"邓小平小道"。在这小道上,他思考着党和国家的大事并对人生进行思考,以使其在"二起"之后便很快地承担了国家治理的重担,发挥出其卓越的管理能力。

三是他具备了随机应变想出解决问题办法的能力。在江西新建劳动期间,邓小平不忘关心天下大事,在1971年"9·13"事件后,及时捕捉了机遇,两次给毛泽东写信,希望能出来工作。邓小平的来信受到毛泽东的重视,作了肯定的批示,使其重新工作并恢复了国务院副总理职务,后来还担任了更多的重要职务,主持了党、政、军的日常工作。所以,我们看到小平同志能不失时机,随机应变的超强能力。

邓小平同志具备了心理韧性和高复原力的所有特征,因而成了内心强大,具有心理韧性的高复原力的楷模。

由此,我们看到,人都会遇到挫折,适度的挫折具有一定的积极意义,它可以帮助人们驱赶惰性,促使人奋进。没有挫折的人生,那是不完美的。如果能够以乐观的态度看待挫折,那么面对挫折,只要我们摆正心态,不要一味地怨天尤人,而是吸取教训在挫折中成长。我们不断地在成长,也不断地在挫折中学习到很多的东西。真正的人生,只有在经历过艰苦卓绝的斗争后才能获得。我们从邓小平那里看到的,不仅仅是他正确领导使中国经济发展、国力增强,更是他的坚定信仰、执著追求,他的思想、做人原则、面对失败的态度,以及强大的内心、坚韧的毅力和超强的复原力,这都将给我们以深刻的启发。

四、乐观面对一切

快乐的人生是乐观的。

(一)乐观的含义

乐观,作为一种积极的心理资本,与快乐的情绪既有相同的内容,又有不同的特点。乐观既是一种阳光、积极向上的心态和体验,同时,更是一种身处困难而能快乐地生活与工作的意志品质。

乐观就是无论在什么情况下,即使再差的条件下也能保持良好的心态,相信不利因素总会过去,相信快乐总会来临。一个人从小到大,无疑会经历无数大大小小的事情,顺境与逆境、快乐与悲伤、理想与现实等,一切都会表现在心情上,值得开心的时候,开心是自然的,不顺心的时候,想要开心起来可能会难了许多,而乐观者会正确面对所发生的一切。内心充满希望,对快乐不断追求,力求尽可能地实现自己所追求的目标,不会因一时的困难而郁郁寡欢,甚至一蹶不振。

(二)乐观的作用

乐观的心态及良好的意志品质,对个体的身心健康及事业发展具有重要的促进作用。

首先,乐观能促进个体健康长寿。美国明尼苏达州有一所名叫"梅奥诊所"的拥有悠久历史的综合医学中心(1864年因梅奥医生开设而得名,是世界上最有影响力和代表世界最高医疗水平的医疗机构之一），曾进行了一次非常闻名的研究。1962年到1965年间，他们对1100位病人进行了一次个性调查，调查这些病人对他们生活中一些事件的原因的看法，对他们进行了一个乐观性的排位。30年后，研究者们又回去找同一批病人。结果那些被归类为乐观主义者的病人，比起那些被归类为悲观主义者的病人，仍然存活的比例要高出19%。该项研究还表明，乐观主义者们遭受沮丧和绝望折磨的几率更小，对自己康复的机会也持更加积极的态度。最近，荷兰进行的一项连续9年的研究，涉及到900多人。在这些人被分成两个组别——乐观主义者和悲观主义者——之后，研究者们就对他们的健康结果进行了跟踪。数据令人信服地显示，对于各种死因，乐观者比悲观者的风险要低55%。这个结论的确令人震惊。BBC网站曾发布过类似的报告：乐观的女人"活得更长"。这基于一组美国科学家的研究，他们研究了10万名女性以确认：悲观主义者血压和胆固醇更高；而乐观的女性罹患心脏病的风险要低9%，并且患心脏病后8年内因任何原因死亡的风险要低14%。因此，乐观者更健康，当然也更长寿。

其次，乐观者少烦恼。一次，美国前总统罗斯福的家中被盗，丢失了许多东西。一位朋友闻讯，忙写信安慰他，劝他不必太在意。罗斯福给朋友写了一封回信："亲爱的朋友，谢谢你来安慰我，我现在很平安，感谢生活。因为，第一，贼偷去的是我的东西，而没伤害我的生命；第二，贼只偷去我的部分东西，而不是全部；第三，最值得庆幸的是，做贼的是他，而不是我。"看看罗斯福，因为乐观，少了多少烦恼。

再次，乐观者更能感受到幸福。由于乐观者坚持不懈，他们相信逆境是可以克服的。他们在遭受拒绝和挫败之后恢复得更快。在工作上更富有成果。他们更加努力，因为他们相信他们对于事物的结果有真正的控制能力。他们能更好地处理变化，这使他们能够适应变化的环境。因此，乐观者在生活与工作的各个领域，总是充满着阳光和希望，他们比悲观主义者更快乐、更幸福。即使在十分艰难的情况下，乐观照样给其鼓舞和力量。红军在长征途中所经历的艰难困苦是世人所罕见的，但革命乐观主义精神却使红军们充满着幸福感。1928年，红军的粮食短缺问题开始显现，一个80人左右的连队，一餐饭只有3斤米，红军只能吃红米饭，喝南瓜汤。红军当时有一首歌谣："红米饭，南瓜汤，秋茄子，味好香，餐餐吃得精打光。"条件虽然艰苦，可红军将士充满了革命乐观主义精神。在红米饭、南瓜汤、秋茄子中，照样找到了快乐和幸福。

最后，乐观主义是积极进取的，在事业上更能有所成就。我们老祖宗在《周易大传》中说："天行健，君子以自强不息。"这是一种支撑我们民族屡经磨难却能生息繁衍下来的深厚民族精神，也就是孟子所谓的"富贵不能淫，贫贱不能移，威武不能屈"的"大丈夫"气概。在古代士人眼中，一个人若有了这种精神或气概，是任何艰难险阻都能坦然面对的。英特尔公司创始人之一罗伯特·诺伊斯有句名言："乐观是创新不可或缺的一部分。没有创新，人们如何面对安全的挑战，如何战胜困境？"诺伊斯和他的同伴于1968年创立了英特尔公司，同年，美国经历了第二次经济大萧条。暴乱、抗议、刺杀马丁·路德·金、刺杀肯尼迪等事件，几乎撼动了美国安定的社会环境。1968年，对美国来说"是经济最困难的一年"，但是诺伊斯等却迎难而上，创造了英特尔帝国。乐观者之所以能在事业上取得巨大的成功,是因为乐观者更能发现未来的机会,特别是大家都认为身处绝境而放弃努力的时候,因为乐观者常拥有常人所不具有的激情,因而会有令人振奋的口才与表达能力;由此极具感染和号召力。因为乐观者知道自己的目标和未来,并会为其作出更多的努力。前美国国务卿鲍威尔在其著作《我为乐观而生》中写道:"为什么乐观主义者会把事情做好,是因为他们付出了超人的努力。"这句话,其实也是鲍威尔人生的一个写照。鲍威尔父母都是牙买加移民,父亲是码头的搬运工,母亲是缝纫工,本人曾两次被派往越南参加战争,但其出身和境遇,并没使其消沉;相反,其乐观的心境和超人的努力,让他最后走上了美国国务卿的高位(2001—2005),成为美国历史上第一位黑人国务卿。

看来,乐观的确是好处多多的。英国咨询协会有位叫阿悦·奥兰尼亚的专业咨询师,将乐观的好处与作用进行了充分的梳理和归集,总结出了乐观的45个好处,现摘录于下,仅供读者参考:

(1) 赋予你活着的理由;

(2) 降低你体验到的压力水平;

(3) 研究表明可以延长寿命;

(4) 使你能控制自己的情绪;

(5) 提升你的幸福感;

(6) 提高自尊感和自我完整感;

(7) 增进一些应变技能以便处理生活中的抗争;

(8) 增强毅力——获得成功所需的基本特征;

(9) 创造成就感和满足感;

(10) 促进健康的生活方式;

(11)使你产生对未来的正面预期;

(12)提高你的生产率;

(13)促使你建设性地面对失败;

(14)促使你发展忍耐力;

(15)让你变得积极主动;

(16)改善你的生理及心理健康;

(17)使你通过处理持续产生的负面想法而采取平衡的生活方式;

(18)增加了高效处理问题的可能性;

(19)给你心灵的平和;

(20)使你对经历过的困难给出更充满希望的解释而不是相反;

(21)确保你相信你的梦想;

(22)产生积极的态度;

(23)增进你的宽容度,因为乐观主义可以降低你被小事情惹恼的风险;

(24)让你培养感恩的习惯;

(25)提高你的动机水平;

(26)通过提高生产率给你成功的职业生涯;

(27)增加欢笑;

(28)彻底消灭自我否定的空间;

(29)欢迎任何形式的积极改变;

(30)产生积极的期望;

(31)设定你每天的心境;

(32)增进积极的关系;

(33)建立面对逆境时的适应力；

(34)增进自信,提升自尊；

(35)确保你专注于某件事；

(36)提升你与他人的关系；

(37)降低你的挫折和担忧水平；

(38)促进你原谅；

(39)加强有效交流；

(40)促进你心灵的成长和觉醒；

(41)对付阻止你使用自己能力的限制信念；

(42)给你自我表达的空间；

(43)增加心理灵活性；

(44)有益于身心健康；

(45)促进你的社交生活。

既然乐观有这么多的益处,我们还有什么理由不乐观地生活、乐观地工作、乐观地面对一切呢?

(三)培养乐观的心态

如何才能培养出乐观的心态呢?阿悦·奥兰尼亚给了七条建议:有现实和可行的目标和期望;永远记得你是具有许多缺陷的人类;感谢过去的事情,但努力用创造一个光明未来的视角去管理当下;不要掉入感到无望的陷阱;真诚对待自己;与那些在日常生活中表现乐观的人交往;对你的梦想保持信念。

此外要善于辩证地看问题,特别是应培养在挫折中发现机遇的能力。很多东西,你以不同的角度、不同的心态来看待,其感受就完全不一样。同样的半杯水,悲观主义者说:"啊,只剩下半杯了。"而乐观主义者说："呵呵，还有半杯呢。"面对同样的困难，悲观主义者看到的是挫折，而乐观主义者可能看到的都是机遇。这种事例，在成功者的励志过程中、在商场的博弈中，比比皆是。

乐观，不是盲目的乐观，而必须建立在对事物规律的把握和对前途远见卓识的基础上。乐观并不是轻松，也不是坐等，更不是遇到事情只往好的方面想。乐观主义者，可以忍受失败，可以忍受别人的讥笑，他们心中只装着那个最终的目标，并且坚信胜利一定属于自己。成功的路上，还需艰辛的努力，只有克服那些常人难以克服的困难和坚持不懈的努力，其乐观的心态才能变为快乐的现实。唯有此，它才不是盲目的、虚幻的，才是真正意义上的心理资本——乐观。

第三节　有幸福更快乐

幸福与快乐，易被理解为同义词，其实是有区别的，尽管都是一种愉悦的感受，但相对而言，快乐倾于外在的欢乐而幸福倾于内心的感受，快乐相对短暂而幸福相对持久，因而快乐的确是"快乐"，而幸福某种意义上是一种"慢乐"，快乐常注重的是"有多少"，而幸福注重的是"有多好"。所以积极心理学最核心的要素是期望增强人们的幸福，希望人们拥有更多的幸福感。那么，幸福又是什么？幸福感又在哪里去找呢？

一、幸福是一种愉悦的感受

幸福是什么？是愉悦。

(一)幸福的含义

幸福是一个人所期望的东西得到满足后所产生的喜悦和满足的心理体验。这种体验对个体而言,广泛而深刻。马丁·塞利格曼把幸福划分为三个维度:快乐、投入、意义。由此可见,幸福包含着快乐,幸福本身就是一种快乐的体验,但幸福又不仅是一种快乐和愉悦,还包括一种期望得到充分满足的富足感,比快乐及情绪更加投入、持久和更加有意义。

有不少人在说,现在生活水平提高了,但幸福感却降低了。以前,天天盼着过年,因过年时可吃好的、穿新的,但现在好吃的天天可吃,想穿的经常可换,过年也再没有以前那种喜悦了。可见,幸福的确不是一种状态,而是对状态的感受。一个住在别墅里的富豪,或许只感到一间偌大的房屋,而没有家的温馨和回家的喜悦;而挤在一间狭小住房里相濡以沫的夫妻,劳累一天后回到蜗居,却有别样的温情与幸福。由此,我们经常问自己:为什么我们更有钱了,更健康了,知识文化水平更高了,但却没变得更幸福呢?能否感受到幸福,受多种因素影响。

这样说,不是说幸福与物质与金钱就没什么关系了。客观存在与主观感受是有必然联系的,但这种联系在一定范围内具有正向意义,不足或过度都可能产生负面的影响。香港女首富龚如心认为"100万元最有钱,1000万元最风光,2000万元开始感觉自己贫穷,拥有1亿元的人最自卑"。1000万元时,可以买名表名车,自然感觉风光。2000万元时,便想拥有价值亿元的豪宅,但不够钱买。跻身上流社会后,发觉在一众千亿富豪面前,身家刚过亿的你连头也抬不起来。

所以，没有钱不幸福，钱多了也不幸福。美国两位经济学家通过调查再一次证明了这个结论。美国普林斯顿大学伍德罗·威尔逊学院的两位经济学家安格斯·迪顿和诺贝尔经济学家奖获得者丹尼尔·卡尼曼在一项最新的研究中显示：金钱的确可以买到幸福；要买到这份幸福，年收入只要在7.5万美元就足够了。他们对2008年和2009年民调机构盖洛普所进行的幸福指数调查进行了梳理，这一调查在45万美国人中展开，调查内容涉及人们每日的开心程度以及对生活的整体满意度等。两位经济学家发现，在年收入7.5万美元以内，人的幸福感会随着收入的增加而增加，但是一旦达到7.5万美元这个临界点，人的幸福感的增加便不再明显。换句话说，那些每年赚15万甚至20万美元的人，他们的幸福感并不比赚7.5万美元的人强。当一个人的年收入在7.5万美金，就是幸福的临界点。7.5万美金是一个幸福的基数。一旦超过这个数字，收入增长和幸福之间就不存在更多联系了。当然，这个临界点不可能是绝对，它将因地因人而异，但幸福感不可能永远同收入呈正比则是绝对的。

到底需要多少钱才会幸福？研究者继续分析：高薪水一开始的确能带来快乐，但是在日复一日的生活现实下，这种快乐的感觉很快就蒸发。一般来讲，高收入者需要投入跟自己的收入相匹配的时间，所以他们很难有闲暇去享受到自己的劳动果实。高收入者要在工作上投入大量的时间，只有努力工作，放弃休假和节假日，他们才能有高收入。他们可能越来越富有，但可能工作时间更长，假期更少。他们活得也许更久，但属于自己的时间更少，他们拥有一大笔财富，但并没有感到更幸福。笔者认为，人不能有太多的钱，但需要用时又不缺钱，这个数额的金钱，就能让人感到幸福。

(二)影响幸福感的因素

首先,幸福感的获得及大小是因人而异的。有个幸福感的公式,即幸福感(1)=k×满足感。这里,k称之为幸福商,即幸福的满足点(如同我们所说的水的沸点、人的笑点一样)。有的人幸福满足点比较低,对生活容易知足,只要家庭小康,生活没什么困难,家人平安健康,就觉得很幸福;而有的人则不一样,总希望日子过得比别人好,职位比别人高,出门面子比别人大,这种人的幸福满足点就比较高,因而常不易得到幸福感。而幸福商的高低,无好坏之分,但却影响着人们对幸福的感受。

其次,幸福感虽是一种主观感受,但却与客观因素密切相关。幸福是一种期望被满足以后的富足感和喜悦感,这种被满足的需求,既有精神的,又有物质的,如吃饭穿衣都有困难,幸福感又从何处而来?例如,对小王来说,读一本好书常带来幸福感,但读书时窗外汽车不停鸣笛,噪音不断,这种幸福感能得到吗?

再次,幸福感是多维有层次的。如同人的需求有层次和多因素一样,幸福感也是有层次的。物质上的满足及富足感带来的幸福感相对来得快,但持续时间和投入感也相对要短。如买了一部汽车,感到很幸福,但随着汽车的使用,这种幸福感也渐渐消失了,而精神上的幸福感,如爱与被爱、自我价值的实现以及成就的获得等产生的幸福感持续的时间就明显要长得多,感受也要深刻得多。

二、幸福是可寻可觅的

幸福是美好的,是人人都渴望向往的。那么,该到哪里寻觅幸福呢?人们对此讨论热烈,观点纷呈。而笔者认为,寻找幸福的根本途径有三:在今天,在身边,在心中。

(一)活在当下,在今天感受每一个幸福

有个画家画过这么一幅漫画:一个人攀着一枯藤朝崖上攀爬,崖上一只饿虎在等着,而脚下又是万丈深渊。而此人则不慌不忙,将身边可以采到的一只草莓摘来慢慢品尝。看他对活在当下的理解是多么的惬意!这幅画的寓意非常明确:有时我们生活不易,如攀枯藤攀崖。昨天的事想起很烦心(脚下的深渊),明天要面临的也很艰难(崖上的老虎)。这些都不要紧,要紧的是能不能把今天能品尝的快乐与幸福品尝好,哪怕是一点微不足道的幸福。

在时间的长河里,永远只有三天——昨天、今天、明天。有人之所以感受不到幸福,就因常常在为昨天的事情烦恼,为明天的事情忧愁。殊不知,昨天一旦过去,就永远成为了过去。"子在川上曰,逝者如斯夫。"时间就像这流淌的河水,一去就永不回来了。人生的昨天,欢乐也罢,悲怆也罢,一旦成为过去,就永不再回来。那么,我们为什么还久久为那已成永远的过去而伤神心忧呢?有人将一群常为过去岁月而忧愁的人请来宣导,在讲课时,将桌上一杯咖啡打倒了,他看了一眼,继续讲课,讲完后说:"这咖啡香不香?"大家回答道:"香。""打倒了可不可惜?"回答道:"可惜。"他接着说:"的确可惜,但再好的咖啡,一旦打倒,你还收得回来吗?它已经流在了地上,而即使收回来了,它还会这么香?你还会喝吗?"接着,拿起一块木块,问道:"谁能将它锯断?"大家说:"这小木块谁都能锯断它。"有人拿着锯子几下就将其锯断,他随之捧起锯掉的木屑,问:"谁能锯断这木屑?"有人回答道:"锯已经锯掉的东西,有什么意义?""好,我要的就是这句话:锯已经锯掉的木屑没有任何意义,那么,在那些已经过去的岁月上费神伤心又有什么意义呢?"是啊,过去了的岁月,就像一杯已倒出去的咖啡,一捧已锯的木屑,我们为什么还要费这么多的心思而为之忧愁呢?

另外一些朋友则常常为明天而烦恼,为生活中可能出现的困难发愁,为工作中可能出现的难题担忧,为子女不好好学习以后可能考不上好大学、找不到好工作甚至安家生子而忧虑。其实,明天究竟是怎么回事,永远是个未知数。明天早上一起来,才发现我们担忧的事一大半都未出现或者都能轻松地克服或解决,结果是自己吓了自己一跳,杞人忧天了。"人无远虑,必有近忧",讲的是人要有点前瞻性、预见性,防患于未然,是有道理的,但如过分了,成了与自己过不去的理由,那就没道理了。不是还有句古训"车到山前必有路"吗?遇事只要沉着冷静,办法总比困难多。

我们能感受到的,能把握的就是今天,而且是今天的此时此刻。而且,这一此时此刻具有唯一性,一旦过去就永远不会再有。笔者写到这里的时候,是2014年12月24日,恰遇平安夜之日,这一天在历史上是唯一的,一过之后,再要有平安夜将会是2015年、2016年或……但永远不会再有2014年的平安夜了。如有,也只在人们的记忆中了。我们所过的每个今天,都是在人生旅途唯一的一天,过去之后将不复返,一张日历既然撕下了,就再也贴不回去了,贴回去也是没有意义的了。那么,我们为什么不珍惜每个今天,在这唯一的今天中寻求快乐与幸福呢?如果把握好了每一个今天,把每一个今天都过得快快乐乐、幸幸福福,那么我们此生便是快乐的、幸福的。反之,如忽视了今天的唯一性,不去抓住它,不去让其在快乐与幸福中度过,那么,你这一生也是就在忧郁与不幸福中度过了。因此,要想一生快乐、幸福,就好好地过好每一个今天吧!

(二)睁开发现美的眼睛,在身边感受每一个幸福

寻找快乐,不仅在你的今天,而且要在你的身边。不要为我们处境不如人而抱怨,不要为自己条件不佳而自责,只要善于观察和体验,快乐就在身边。法国艺术家罗丹有句名言:"生活中不是缺少美,而是缺少发现美的眼睛。"戴尔·卡耐基在《快乐的人生》曾引用过一句颇具玩味的话:"两个人从监狱的铁栏里往外看,一个看见烂泥,另一个看见星星。"并以一个叫瑟玛·汤善森的女人为例,这个女人在战时随同丈夫到了一个驻在沙漠的陆军训练营,到这里后,以前生活的条件完全改变了,伴随着她的只有破屋、烈日、砂子以及一些不会说英语的土著人,她简直觉得自己来到了一个监狱里。她给她父母写信,父亲的回信仅两行字,即上面引用的这句话,她把这两行字念了一遍又一遍,觉得很惭愧,并下决心一定要找出在当时情形下还有什么好的地方,要去寻找星星。结果呢?她回忆说,我和当地的人交上了朋友,他们的反应令我十分惊奇。当我表示对他们所织的布和所做的陶器有兴趣的时候,他们就把那些不肯卖给观光客,而且最喜欢的东西送给我当作礼物。我仔细欣赏仙人掌和丝兰使人着迷的形态,我学到关于土拨鼠的故事,我看着沙漠的日落,还去找贝壳。是什么使我产生这样惊人的改变呢?莫嘉佛沙漠丝毫没有改变,那些印第安人也没有改变,而是我变了。我改变了我的态度。在这种变化之下,我把一些令人颓丧的境遇变成我生命中最刺激的冒险。你看,她不是在自己的身边找到了美好吗?

(三)改善认知结构,在心中感知幸福

幸福,归根到底是一种体验、一种感受。而这种体验与感受,常常并不是与客观对象相一致的。认知心理学认为,由于文化、知识水平及周围环境背景的差异,人们对问题往往有不同的理解和认知。所谓认知,一般是指认识活动或认识过程,包括信念和信念体系、思维和想象。具体来说,认知是指一个人对一件事或某对象的认知和看法,对自己的看法,对人的想法,对环境的认识和对事的见解等等。例如:同样的一所医院,小孩可能依自己的认识和经验,把它看成是一个"可怕的地方",而一般人都把它作为一个"救死扶伤之地"。所以,关键不在"医院"客观上是什么,而是被不同的人认知或看成是什么。不同的认知就会产生不同的情绪,从而影响人的行为反应。有人常常说自己过得不幸福,是因为自己生活的环境太不顺心,是不良的环境让其不快乐和幸福。那么,面对同样的环境,为什么是你不幸福而别人都很快乐和幸福呢?心理学家有句话回答了这个问题:"不是环境在压迫我们,而是对环境的看法在压迫我们!"

因此,可以说,快乐幸福与否,关键在你本人,取决于你的感知和理解,取决于你的观念。卡耐基说得非常好,如果我们想的都是快乐的念头,我们就能快乐;如果我们想的都是悲伤的事情,我们就会悲伤;如果我们想到一些可怕的情况,我们就会害怕;如果我们想的是不好的念头,我们恐怕就不会安心了;如果我们想的尽是失败,我们就会失败;如果我们沉浸在自怜里,大家都会有意躲开我们的。美国著名心理学家马克斯威尔·马尔兹也说得很好:"人的所有行为、心情、举止,甚至才能,永远与自我意向相一致。简言之,你把自己想象成什么人,你就按那种人行事。"如认定"自己注定要受苦"的人会不断地寻找各种环境来证实自己的观点。快乐,依附于人们的心理状态,不在于有什么财产或成就,而在于你在那里却没有想到改变一下自己。一个人因发生的事所受的伤害不及因他对发生事情所拥的意见来得深。保持快乐的情绪,乐观地面对社会和人生,是个体心理和社会性成熟的标志。

人改变了自己的看法、观念,即认知结构,对同样一件事,就会产生截然不同的看法,原来认为是令人难以接受的事也就成了一件可以接受乃至十分顺心的事了,史上有名的"触龙说赵太后"的故事,就是很好的例证。在《战国策》里有篇《触龙说赵太后》的文章,讲的是在战国时,赵太后刚刚执掌国政,秦国趁机攻打赵国。赵国向齐国救援,而齐国一定要让赵太后的幼子长安君来当人质,才会派兵。赵太后不肯答应,大臣们都极力劝谏,赵太后于是告诉左右之人说,谁敢再让长安君当人质,自己一定要在他脸上吐口水,并为此情绪极度低落。因为这个时候,她认为,谁让长安君去做人质,就是在害长安君。这时,赵国左师触龙望见赵太后后,告之她如能让长安君做人质,将是为赵国立了大功,将来太后驾崩,长安君可以以此立身,这实际上是疼爱长安君啊!太后听后豁然开朗,于是替长安君备车一百乘,送他到齐国做人质。可见,人的认知结构对人的心情与感受具有多么大的制约作用。

在一定的情况下,我们的生活是由自己的思想造成的:思想的运用和思想的本身,就能把地狱造就成天堂,也能把天堂变为地狱。拿破仑和贝多芬就是最好的例证:拿破仑曾拥有人们所希望所追求的一切:荣耀、权力、财富等,可他却说:"我这一生从来就没有过过一天快乐的日子。"而贝多芬在32岁时耳聋了,几乎丧失听力,这对一个音乐家来说,是多么大的打击,但贝多芬不消极,始终乐观地生活和创作,在给朋友的一封信中他说道:"生活是这样的美好,活它一千辈子吧!"

快乐与幸福的情绪、乐观的人生态度是可以培养的。我们必须接受自己,有健全的自尊心。我们完全没有必要同他人比高低,也不要拿他人的标准来衡量自己,作为一个独立的个体,没有人能与你一样,你是独一无二的,你永远达不到他人的标准,而他人也永远不可能像你一样,你就是你,你没有必要像别人,也不可能要别人来像你。因此,我们每个人都应该自我感觉良好。我们不要自寻烦恼,在生活中,我们所做的事大部分是对的,我们周围的人大部分都是好的,而做错事的人和令人不快的人都只是少数。如果我们要快乐,就把注意力集中在那些好人好事上;反之,则无异于自寻烦恼。假若你已被烦恼困扰,整个人的精神都疲惫不堪的话,则应善于自我调节,而仅仅下决心还不行,还须掌握一些心理调节的方法和技巧,而最直截了当的方法是用行为来调节其心理。美国心理学家,威廉·詹姆斯说:"如果感到不快乐,那么唯一能找到快乐的方法就是振兴精神,使行动和言语好像已经感觉到快乐的样子。"对此,不妨试试,当你不愉快的时候,就去干能让你愉快的事——一定要真正地投入,认真地干。

"有了快乐的思想和行为,你就能得到快乐!"戴尔·卡耐基如此说。幸福,为什么不同样如此呢?

第二章　智慧人生者快乐

智慧与聪明有相近之意，但有更高的境界和层次，古人在造字时对此已很清晰：耳听目明谓之聪，但日长一知谓智，心灵丰满是慧。所以说，聪明不等于智慧，聪明只是一种生存能力的体现，而智慧则是生存境界的体现。智慧者，对人对事大彻大悟，看得开想得通，其烦恼自然就少了，快乐就来了。

中国是智慧之术的多产之国。我们的祖先在修身养性、为人处世、进退得失等方面有诸多的精妙见解，若能参悟，自然快乐许多。

第一节　知因果、明进退、道法自然

一、知因果

因果，既是个佛教概念，也是个哲学名词。在佛教里，指的是因果报应，根据佛教的轮回之说，种什么因结什么果，指的是原因和结果以及二者间的相互关系。但无论是从宗教还是从哲学的角度，了解因果关系，对个体驱烦逐乐，都是有积极意义的。

(一)因果有报应

在佛教学说里，因就是能造作、产生一定结果的原因，果就是一定原因所产生的结果。由佛教的缘起论产生了因果论,而因果论又成了佛教轮回解脱理论的基础。

佛教认为,因果报应是必然的。凡物有起因,就必有结果,种瓜得瓜,种豆必得豆。人的一切,都可通过三世因果六道轮回来解释,其中的三世指的是前世、今生和来世,并因前世的因而有了今生的果,有今生的因,便有来世的果。据说,佛祖在给弟子说佛时,就讲了这么一些因果报应。首先是前世对今生的影响,如长得高大的人,由于前世对人恭敬之故;长得矮小的人,由于前世轻视傲慢他人之故;长得丑陋的人,由于前世喜欢生气怨恨之故;对事物一无所知的人,由于前世不喜欢学习问人之故;生来愚蠢的人,是由于前世不喜欢教导别人之故;不能说话是由于前世谤毁别人的缘故;听不见看不见,是由于前世不看经典,不听讲经的缘故;当人的奴隶,是由于前世欠债不还之故;地位卑贱的人,是由于前世不礼敬三宝之故;长得又丑又黑的人,是由于把佛前面的光明遮住的缘故。

其次,人的今天所为,是要影响到来世的。人能否转世,是有争论的,但在诸多宗教里面,是可以的。一个人死后,其性格特点或灵魂将在另一个身体里重生。如今生多行善事,来世必有善报。当然,如做恶事,也将会有恶报。佛教认为,悭吝贪心,自己独食的人,会堕到饿鬼道里,以后投胎为人,会很贫穷、饥饿,衣不蔽体;自己吃好饮食,给别人吃恶饮食,这种人以后会堕到猪及蟑螂之中;抢夺别人的东西,以后会堕落成羊,被人活生生地剥皮;喜欢杀生的人,以后会成为水上的浮游虫,朝生暮死;喜欢偷窃别人财物的人,以后会生成牛马或做奴隶,以偿还偷窃之债;当官吏吃公家饭的人,如果对方无罪,自己却利用公职之便,侵犯人民,用鞭杖抽打他们,强迫他们,脚镣手铐他们,使他们投诉无门,这种人死后堕地狱,受到极端的痛苦,这样经过千亿年之后,再生成水牛,被人穿鼻口,拉车拖船,被人用棍子打、鞭子抽,以偿宿世之罪过。

由此可见,佛教的因果报应,总体上是教人行善祛恶,因而有一定积极意义。

在佛学理论里,因果报应有三种形式,即现报、生报以及速报。

现报就是今世作业今世得报应。今世报有福报也有祸报。这种报应有的报在早年,有的报在中年,有的报在晚年。现报有福报、祸报之分。如福报,但有的人一生做好事并没有得什么好处,这是因他上一辈干了坏事,这一辈子因他行善积德,抵消前世的罪孽,因善事做多了,前世罪孽抵消了,所以有中年得福报和晚年得福报。而有的人前世行善积德,所以很快就得早报。祸报也有早年报、中年报、晚年报三个阶段。如有的人本来前世就有孽,今生又不行善积德,继续干坏事,结果在青年时期就受法律的惩罚或者生大病受伤致残等祸报。有的人,因前世做了好事,像在银行存的款一样,还未用完,今生所做的坏事与前世做的好事慢慢在抵消,如果中年抵消了还不停止作恶,所以中年就得恶报。其晚报也是如此,不过得来晚些罢了。

生报就是前生作孽今生报,今生作孽下世报。这种因果报应,同样分福报和祸报。有的人前世行了善,积了德,转到今生来用,所以今生享福。如他今生虽然享福仍行善积德,像银行存款越来越多,利息也越来越多,故下一世仍然是享福之人,为福报。有的人上世作的恶太多,或者老来作恶,当世清算不完,这一世就苦。如某人对前世的恶、后世的苦认识不到,继续作恶,那他下一世还要继续受苦难。

速报就是报应来得快。如昨天做坏事今日遭恶报，上午做坏事下午遭恶报，或者九点做坏事十点就遭恶报。因果报应不仅只是恶报，福报也如此，只要你做了善事同样得速报。

根据因果报应，善恶皆有报。但也有的人认为，行善积德的人而没得到福报，干坏事的人而没得到恶报。佛学认为，究其原因，他们不懂得人的命运是自己造就和因果循环报应的道理。任何事物的发生，都有其因果关系。为此，佛教一部叫《楞严经》的重要大经，也是佛教的修行大法里面就说道，善有善报，恶有恶报，莫言不报，时候未到。因此，善恶到头终有报，只是来早与来迟。为人处世，不可不谨记。

(二)因果有关系

因果关系并非仅有宗教的神秘色彩，它也是唯物辩证法的重要范畴之一。辩证法认为，世界上的事物处在普遍的联系中，而普遍联系又相互制约的事物及现象，必然是由另外一种或一些现象所引起，它又必然引起另外一种或一些现象。引起某种现象的现象就是原因，被某种现象所引起的现象就是结果。这种引起和被引起的关系，就是事物的因果联系。

因果性和时间的顺序性有密切联系。在不断更替的运动中，一般总是原因在前，结果在后，这是因果联系的特点之一。但是，并不是任何先后相继的运动都能构成因果联系。如白天黑夜、春夏秋冬之间，有着时间的先后，但它们却不是因果关系。因果关系是包括时间先后次序在内的由一种现象必须引起另一种现象的本质的联系。

辩证法告诉我们因果关系是辩证的,是可以转化的。

首先,因果关系的辩证性,表现在原因和结果的对立是相对的,它们在一定条件下互相过渡、互相转化。世界是无限复杂的相互联系、相互依赖的统一整体,当我们把考察的特定对象从普遍联系中抽引出来,确定某一现象为原因,另一现象为结果的时候,在这个有限的范围内,原因和结果是对立的,不能同时既是原因又是结果。但如果我们把具体的原因和结果的环节纳入事物无限发展的因果链条中,那么原因和结果区别的相对性,它们之间的相互过渡、相互转化的辩证性质就显现出来了。这时所看到的是,同一现象在一种关系中是结果,在另一种关系中又是原因。《淮南子·人间训》所讲的塞翁失马不就是这样的吗?里面讲到靠近边境一带居住的人中有一个精通术数的人,他家的马无缘无故跑到了胡人的住地。人们都前来慰问他,那家的老人说:"这怎么就不能是一件好事呢?"过了几个月,那匹马带着胡人的良马回来了。人们都前来祝贺他。那家的老人说:"这怎么就不能是一件坏事呢?"他家中有很多好马,他的儿子喜欢骑马,结果从马上掉下来摔得大腿骨折。人们都前来安慰他们一家。那家的老人说:"这怎么就不能是一件好事呢?"过了一年,胡人大举入侵边境一带,壮年男子都拿起弓箭去作战。靠近边境一带的人,绝大部分都死了。唯独这个老人的儿子因为腿瘸的缘故免于征战,父子得以保全生命。在这个故事里,就有好几次原因和结果的相互转换。

其次,因果联系的辩证性,还表现为事物、现象在发展过程中的互为因果。唯物辩证法所理解的联系,总是相互的联系,这在因果联系中也是这样。只要我们把原因和结果摆在普遍联系之网和无限发展的链条中来考察,那么它们之间互为因果的关系就明显地表现出来了。道家名典《老子》中的"祸兮福之所倚,福兮祸之所伏"不就是讲的这个道理吗？人际的沟通、信息的反馈都是双向的,其信息发送者和接收者也是相互转化的。所以,在很多情况下,相互情感情绪的变化,都是互为因果所造成的。

说到因果联系,就不得不提及哲学中的另一对范畴:必然性和偶然性。事物在发展中的这两种联系都与因果联系有关,都包含着因果性:无论是必然现象还是偶然现象都是一定原因引起的结果。事物的发展总是既包含着必然的方面,又包含着偶然的方面,这种矛盾现象是由于事物因果联系的复杂性而产生的。每一个事物都是由它内部包含的互相联系、互相作用着的多种因素综合组成的复杂的矛盾统一体;同时,每一个事物又不是孤立的,它总是和外部的各种事物发生这样或那样的联系和作用。每一事物的发展就是由内部和外部、主要和次要等各种原因综合起作用的结果。事物内部的、主要的原因决定着发展的必然趋势;同时,这种必然的趋势,由于次要的、外部的原因的作用发生多种多样的摇摆和偏差,表现为各种的偶然性。事物的联系和发展之所以同时存在着必然和偶然性两个方面,其原因和根据就在这里。了解必然性与偶然性,应当说是对因果关系认识的进一步深化。

(三)知因果,助快乐

既然因果联系是客观存在着的,那么,我们在生活中就要善于遇事分析其原因,做事考虑其后果。

在生活与工作中,难免会遇到一些烦恼,感受到各种压力,如果遇到烦恼过多,感到压力过大,首要的问题就是分析原因,寻找压力源。如果不能把这些烦恼及压力的原因找准,我们所有的对策都无法对症下药,不能从根本上驱逐烦恼或妥善管理好各方面的压力。同时,由于因果关系的多样性和复杂性,还常表现为一因多果、一果多因、多因多果的情况,更需要我们提高分析原因、找到问题症结的能力。

其次,有因必有果。我们虽不能说因果报应是必然的,但"善有善报,恶有恶报"既能成为耳熟能详的千年古训,总应该是一种内在规律的反映吧。因此,多积德多行善,就如同在银行存钱一样,当你需要有所善待的时候,总会收到相应的回报的。如为了个人的私利和欲望做事不计后果、不择手段,也可能一时一事有所得逞,但多行不义必自毙,最终没有好下场。

最后,因果之间是相互联系、可以转化的。乐极生悲讲的就是这个道理。所以,凡事预则立,不预则废。在任何时候,都要看到事物向对立面转化的可能,才可能做到避害趋利、避祸趋福。

凡事有因果,诸事有报应,祸福相倚,安危相易。时常谨记,有助人生祥和快乐。

二、明进退

进退一词,是人生旅途中,特别是职场上使用频率极高的一词。其状况不仅显示着人生事业的成败,也常常影响着我们的心情,制约着我们的快乐。进退是人生之常事,如能对所进所退有些思考,悟点道理,人们的烦恼也就相应少了。

(一)人必思进,但进而有法

很难想象,一个不思进取的人活在这个世上有什么价值,有什么快乐。进,对一个寻求人生有意义、有价值的人而言,是人生之必需。"进"字基本含义有二:向前、向上。

前进,是人生旅途中的一种必然趋势,因众人都在向前,你驻足就是退步,这正如清朝大思想家梁启超说的那样"人之处于世也,如逆水行舟,不进则退"。上进,则是人生价值体现的重要方式。虽不能说官越大越有价值、钱越多越有价值、学问越多越有价值,但起码也是衡量你在学、官、商道上成功大小的标准之一吧。"水往低处流,人往高处走",确实反映了千百年来人们在人生发展中的一种心态和愿望。所以,只有不断地向前向上,才能不落后于历史潮流,才能感受到自己的存在及价值,也才能找到在竞争中获得胜利的喜悦与快乐。

但是,进而要得法,人生才不烦恼。

一是努力就好,不要为难自己。人生必须有目标,但这个目标一定属于那种跳起来能摘到的桃子。人只要努力了,问心无愧了,向前向上能到哪里就到哪里,而切不可为那刻板不变的目标而心力憔悴、抑郁寡欢。人行为的目的是快乐与幸福,而职称高低、官职大小、金钱多寡,都是走向这一目标过程中的风景,所以,千万别让那些时好时坏的风景,影响了自己的好心情。

二是善于权衡,适时调整。短跑运动员都知道,当速度达到一定成绩后,再向前提高那么一点,哪怕是0.01秒,都是那么的困难,如果继续练短跑,最多也就做个"千年老二"了,但以他这样的爆发力和速度,改为跳远或做足球前锋,可能会寻找到一片独特的发展天地,说不准还可力拔头筹。人生如无法增加深度或提高高度了,就去增加你的宽度和厚度吧,丰富多彩的人生比单打一的成功,也许更加精彩。

(二)当退则退,然退而有道

人生纠结,常在于进退,善进者有智谋,善退者有智慧。若能做到进,便可长驱直入。倘若需要退,退让一步,仍能感受到上可九天揽月,退一步海阔天高的愉悦。战场上从来没有常胜将军,只有做到进退自如,能屈能伸,才能笑傲江湖。西点军校强调,真正的勇士是懂得并且善于利用进退规则的,因为无论选择进退都需要大无畏的精神,有时候退更加需要决心和勇气。善退比善进更需智慧。

善退者人生更从容。"退一步路自宽",这句千年古训,包含着无比深奥的哲学。当千军万马都抢那独木桥时,如彼此都不肯退一步,那谁都过不去,甚至可能将彼此都挤到河中去。若能让一步做人,宽一分处世,常会感到人生更从容,生活更惬意。笔者有位朋友,在搬办公室时,如顾及级别面子,他就应搬至高层,但结构、朝向就只能顺从安排,但他自愿退下一层,可任意选择自己称心如意的办公室。适度的退让不仅是宽容别人,更是善待自己。

善退者更善进。跳远运动员在助跑时,常常要退上几步,印证了"退一步是为了进两步"的哲理。以退为进则常是成功人士必备的素质,只有先退下来才能拥有更多的超越机会,才能做到蓄势待发,后发制人。如在1927年至1937年间,蒋介石对革命根据地发动了五次"围剿",前三次,毛泽东采取"避敌主力,诱敌深入"的策略,以退为进,取得反"围剿"胜利。到了解放战争时期,初期国民党兵力占绝对优势,对解放军全面进攻,中共也是采取以退为进的策略,例如放弃了中原解放区(也叫中原突围),放弃了延安,把国民党军队肥的拖瘦,瘦的拖死,最后反攻,取得胜利。

善退者更能保全自己,获其善终。历史上,只知进而有功,不知退可避祸的事例比比皆是。楚汉相争,刘邦得胜,韩信没少建功立业,但最后遭刘邦亲自带兵讨伐,吕后设计杀害。韩信临刑前曾叹道:"果然像人们所说的,狡兔死,走狗烹;飞鸟尽,良弓藏;敌国破,谋臣亡,如今天下已定,我当然应遭烹杀。"韩信这几句话引自于范蠡写给文仲的信。春秋时,越国大夫范蠡在越王勾践被吴国打败而当俘虏时,劝勾践忍辱投降,伺机报仇雪恨。勾践依照他的话去做,最后终于大败吴国。越王勾践复国后决定重赏大功臣范蠡。但范蠡看到历代宫廷的残酷倾轧,觉得勾践是一个只能同患难而不可共享乐的人,就拒绝官职过隐居生活去了。范蠡临走时还给另一大臣文仲留下一封信,信中就用这句话警告文仲。文仲看完信后大大地不以为然,不相信世上会有这种冷血动物,但他不久就相信了,但已经迟了。勾践亲自送一把剑(吴王国宰相伍子胥自杀的那把剑)给文仲,质问他说,你有七个灭人国家的方法,我只用了三个就把吴王国灭掉,还剩下四个方法,你预备用来对付谁?文仲除了自杀外别无选择。可见,当退不退,反遭其罪。

(三)进退有度,左右有局

明进退是必需的,而进退如何把握,左右怎样兼顾,古人也给了我们很好的提示。西汉戴圣对秦汉以前汉族礼仪著作加以辑录,编纂成《礼记》,共49篇,为儒家五经之一。其《礼记·曲礼》中写道,行,前朱鸟而后玄武,左青龙而右白虎,招摇在上,急缮其怒。进退有度,左右有局,各司其局。其意为军作行阵,前锋为朱鸟(朱雀),后卫为玄武(中国古代神话中,由龟和蛇组合成的一种灵物),左翼为青龙,右翼为白虎,中军置七星北斗旗,指挥调度,坚定军心。进退有章法,左右能兼顾,各司其责,统筹全局。

好一个进退有度,左右有局。如能细细体会,人生旅途上的纠结,人际关系中的烦恼,还会有这么多吗?

首先,要做到进退有度。无论是进还是退,除了要遵循一定的章法外,都力求做到适可而止。知止,也是人生一大境界。同样在这本《礼记》的《大学》篇中记载有"大学之道……在止于至善。知止而后有定,定而后能静,静而后而安,安而后能虑,虑而后能得"。关于"知止"的理解各有不同,笔者赞同为适可而止。进退如能知止,继而便可有定、能静、而安、能虑、能得。可见进退、知止是多么的重要,有度是多么的难得。

其次,是左右有局。行军打仗需左右兼顾,人生进退,又何不如此。在人生旅途中,在职场拼搏中,如不能顾及左右感受,一味站在自己的立场冲锋陷阵,会突然发现自己很困很累,其重要原因,就是自己是孤军深入、孤家寡人。如果能兼顾各方面的利益诉求,协调好各方关系,进退中左有青龙、右有白虎,你还会那么困、那么累吗?

最后,是固好营盘,备好梯子。写到这里,想起了多年前应某青年报道之邀,为那些渴望冲锋陷阵、建功立业的青年写过一篇题为《冲锋之前须先固营盘》的短文,提醒这些可爱的青年朋友在建功立业的事业中,首先要考虑的是要建好一个"营盘",即有一个人际关系协调、能做好本职工作的工作环境和工作基础,以做到进可攻、退可守。的确,人生进退看时机,坚固的"营盘"皆必需。记得刘邦在楚汉之争得胜后的论功行赏中,在诸有功之臣中封萧何为酂侯,并排位次第一。众臣初不服,而高祖却以为在战争中,萧何固后方、输兵力、转粮草,为整个战争的获胜奠定了坚实的基础,因此"功最盛",群臣乃为之而叩首。这一典故,想来对我们应有所启迪吧。美国著名管理学家蓝斯登说道:"在你往上爬的时候,一定要保持梯子的整洁,否则你下来时可能会滑倒。"也就是说,一个人要做到进退有度,才不会进退维谷,甚至退却无路。

三、道法自然

道法自然,成就快乐人生。

(一)道法自然的含义

"道法自然"一词出自于老子的《道德经》。老子姓李名耳,春秋末年楚人(现河南鹿邑),当过周朝的柱下史(相当于国家图书馆馆长),曾为孔子讲授过礼学,后因周朝衰落,辞官而去。

老子是我国古代伟大的哲学家和思想家、道家学派创始人,被唐朝帝王追认为李姓始祖,世界百位历史名人之一。存世有《道德经》(又称《老子》),其学说对中国哲学发展具有深刻影响。在道教中,老子被尊为道教始祖。

在老子的学说中,"道"可以说是一个最基本的概念和最高的哲学范畴。世界上其他万事万物皆由其派生,"道生一,一生二,二生三,三生万物"。关于老子"道"的释义,千百年是争论不休的,有的说是混沌,有的说是阴阳,有的说是宇宙等等,本人同意把老子的"道"理解为一种规律:任何事物都是循规而来,循规而变,循规而去。规律按其自身的发展演变了万事万物。规律是不可抗逆的,故谓之道。如此,我们便能理解老子在《道德经》第二十五章所写到的"故道大,天大,地大,王亦大。域中有四大,而王居其一焉。人法地,地法天,天法道,道法自然"了。翻译成我们今天的话就是:所以说,"道"有"道"的规律,天有天的规律,地有地的规律,治国也有治国的规律。天地间有四种主要规律,而治国的规律只占其中之一。社会规律要效法地的规律,地的规律要效法天的规律,天的规律要效法普遍规律,普遍规律就效法它自身的样子。

道法自然即道效法或遵循自然,也就是说万事万物的运行法则都是遵守自然规律的。最能表达"道"的一个词就是自然规律,同样我们可以反过来说与我们这里所说的自然规律最相近的一个字就是"道"。这包括自然之道,社会之道,人为之道。道就是对自然欲求的顺应,任何事物都有一种天然的自然欲求,谁顺应了这种自然欲求谁就会与外界和谐相处,谁违背了这种自然欲求谁就会同外界产生抵触。

(二)道法自然与无为而治

既然天、地、人都有自身的规律,如违背规律而行事,是为"反其道而行之"。于是,老子认为,统治者不要过多地把自己的意愿、想法加之于天、地、人,按自然规律的要求运行就行了,此为"无为而治"。在《道德经》第五十七章,老子写道:"故圣人云,我无为,而民自化;我好静,而民自正;我无事,而民自富;我无欲,而民自朴。"而且一再强调无为才能无不为,所以无为而治并不是什么也不做,而是要靠万民自我实现无为无不为。道法自然与无为而治的思想,即使在今天的社会管理、企业管理乃至人才培养方面,仍有许多裨益;反之,会带来诸多危害。如在社会治理方面,有些官员为仕途发展打着"为官一任,造福一方"的旗号,大搞"政绩工程",严重地破坏了人与自然的平衡及社会的全面发展;在企业管理上,有些管理者不充分发挥下属积极性,瞎指挥;在教育方面,忽视个体正常发展的规律,拔苗助长,等等。这些教训,望不可再来。

(三)道法自然与快乐人生

道法自然,尊重规律,凡事不勉强,对人对己不强求,应是我们追求快乐人生的重要理念之一。

在这方面,笔者认为,最重要的是要做到人生"四个随"。

一是事业上随意。人是需要有事业的,人在事业中能找自我价值,人在事业方面是否有成就,常是衡量人生成功与否的重要指标。但是,事业不是人生的全部,如果为了事业上的成功而忽视了亲情、爱情、友情,这种成功也是残缺不全的。其次,人在事业上的成就,也不是你希望怎样就能怎样,其发展状况常由主客观多种因素制约,谋事在人,成事在天。所以,只要我们有意了,努力了,人生没有偷懒,做到什么状态就是什么了,切不要人为制定一个目标而过于刻意。对自己所付出的努力和辛苦,都应该给予积极的肯定。而千万不要为那一点点差距,毁掉了你多年的努力。我有位在企业做总经理的朋友,原想董事长退休后就该轮上他了,谁知上级部门另调了一位董事长去。他一下觉得前途无望,只想辞职,殊不知,还有好几位副总望着他总经理的位置呢。

二是情感友谊随缘。记得印度诗人泰戈尔有句名言:"爱情不是一颗心追另一颗心,而是两颗心相碰迸发出来的火花。"两颗心为什么能相遇相悦相碰?是因为二者间有缘分。缘分是个抽象的概念,它摸不着、看不见、猜不透。很多的机缘巧合是无法说清楚的。你也许在无意中遇见了某人,在无缘无故中会心系某人,会无缘由地牵挂他(她),说不清、道不明地心中引起无尽的相思。这一切的不经意,却让人感觉到冥冥中确实有一股力量存在,心不信缘,强求无用。缘起、缘灭、缘聚、缘散都是没有理由、没有原因的。所以，相逢是缘，相识是缘，相爱是缘，分手也是因为缘。很多的情缘是不随人愿，不是每个人都拥有缘，也不是每一个寻觅的人都可以抓住缘。人世间的分分合合，生活中演绎出的许多恩恩怨怨，有的有缘无分，近在咫尺难以相见；有的有情无缘，行色匆匆远隔天涯——这都是很痛苦的事。可人生就有着太多的不可知，一个念头，一次决定，往往便可能拥有或错过一段缘。选择了爱是因为缘，而选择了不爱也是为了缘。因此，无论对方怎么再让你赏心悦目，但如果没有那种缘分，也只能"情深缘浅不得意"，因而就没有必要去苦苦寻觅，勉强他人，为难自己。寻找爱情如此，生活中寻找友谊、交友结友，同样如此。有缘自然会千里来相会，无缘的确对面不相识。纵有情也随缘吧！

  三是环境随遇而安。无论是在繁华的大城市，还是在偏僻的小乡村，其美好之处，虽不一样，但各有千秋，这就看你能否去发现了。随遇而安，既是一种能顺应环境的生存能力，也是一种善于发现美和感受幸福的能力。很多时候，人们对其所生存的环境是不能选择的，"适者生存，不适者亡"这一生存法则就发挥其效力。因此，必须适应环境才能生存。"橘生淮南则为橘，橘生于淮北则为枳"，如橘生淮北还想成为橘，不是将面临"不适者亡"的惨状吗？人生如橘但应胜于橘，即在不同的环境，不仅能生存下来，还应就地寻找快乐，寻求别样的幸福。

  四是执事上随心。所谓执事上的随心，就是想问题、做决定，多听听自己内心的声音。写到这里，我想到了一位世界级的天才人物，他21岁时决定成立一家电脑公司，次年拿出了第一款样机，以后不断推出新的产品,他一生的专利发明有458项,其产品深刻地改变了现代通讯、娱乐以及生活方式,2011年10月5日,因病英年早逝,年仅56岁,他的逝世引发了世界性的悲痛和扼腕叹息,他就是人类一位了不起的成员——史蒂夫·乔布斯。乔布斯的成功,其原因可能是多因素的,但他自己却总结到非常重要的一条——听从自己内心的声音。听从自己内心的声音,这是乔布斯的人生忠告。乔布斯告诉我们,你的时间有限,所以不要为别人而活,不要被教条所限,不要活在别人的观念里,不要让别人的意见左右自己内心的声音。最重要的是,勇敢地去追随自己的心灵直觉,只有自己的心灵直觉才知道你自己的真实想法,其他一切都是次要的。我们不可能每个人都成为乔布斯,但我们只要真正地聆听自己内心的声音,就能排除很多的患得患失,就不会为了某种身外之物而屈就自己,就会释放真正的自我,成就属于你自己的人生,获得你应该获得的快乐!

道法自然,虽为道家提出,其实很具普遍性。以前看到的一个佛教故事,也认同了这一点。

相传在很久以前,有一个寺院,里面住着一老一小两位和尚。有一天老和尚给小和尚一些花种,让他种在自己的院子里,小和尚拿着花种正往院子里走去,实然被门槛绊了一下,摔了一跤。手中的花种洒了满地。这时方丈在屋里说道"随遇"。小和尚看到花种撒了,连忙要去扫。等他把扫帚拿来正要扫的时候,突然天空中刮起了一阵大风,把撒在地上的花种吹得满院都是,方丈这个时候又说了一句"随缘"。小和尚一看这下可怎么办呢?师傅交代的事情,因为自己不小心给耽搁了,连忙努力地去扫院子里的花种,这时天上下起了瓢泼大雨,小和尚连忙跑回了屋内,哭着说,自己不小心把花种全撒了,然而老方丈微笑着说道"随安"。冬去春来,一天清晨,小和尚突然发现院子里开满了各种各样的鲜花,他蹦蹦跳跳地告诉师傅,老方丈这时说道"随喜"。对于随遇、随缘、随安、随喜这四个"随",可以说就是我们人生的缩影,在遇到不同事情、不同情况的时候,我们最需要具有的心态就是"随遇而安"。

可见,万事相通,若能道法自然,随喜、随缘,无论是道家、佛家还是我们大家,都可获得快乐与幸福。

第二节 懂规矩、能屈伸、晓知方圆

一、懂规矩

规、矩本是以前木匠工作中,用以校圆和方两种图形的工具,"不以规矩不成方圆"这句俗语就来于此。现"规矩"一词已成为法度、标准、成规的代言词。我们每个人在社会生活中,无时无刻都在与各种社会规矩打交道,如果你能同这些规矩规范和谐相处,你便心安理得、心情愉悦;如时常发生冲突,就可能给你带来焦虑与不安。因此,懂规矩以及如何处理好个性自由与规矩规范的关系,也是人生一大智慧。

(一)懂规矩、守规矩是做人的规矩

据统计,我们这个世界上现有224个国家和地区(193个国家、31个地区),70多亿人口,如果这个世界没有一套国与国相交的规矩和人与人相处的规范,我们生存的地球将会混乱成什么样子?我们的飞机在天上飞、轮船在海河里航行、汽车在公路上奔驰,如果没有一套空管措施、海事规则、交通制度,又会是一个什么局面?大至国家如此,小至一个企业、一个家庭又何尝不是如此呢?飞机、轮船、汽车相遇讲规则,人与人相处又为什么不是这样呢?

因此,我们必须懂规矩、守规矩。大至国家的法律法规,小至机构团体的规章制度,乃至人际交往中的等级秩序都要熟知并遵守。这样才能上不违党纪国法,下不违机构团体规矩,进入社会符合人际交往规则,方可进退有序,理得心安,既可保自我心态平和,又助社会稳定祥和。这就是我们做人应有的规矩。

德国人创造了二战后经济恢复与发展的奇迹。从一个战败国迅速跃为世界第四大经济体,并推出一大批世界级名牌产品。究其原因,不少人将其归因于德国人严谨、认真、一丝不苟、遵章守纪的工作态度。最近看了一篇中国留学生写的在德国的所见所闻的文章,深为其懂规矩、守规矩的严谨性格所震撼,现摘录于下,共同分享。

深夜,一位中国人走进德国某小镇的车站理发室。那理发师热情地接待了他,却不愿意为他理发。理由是,这里只能为手里有车票的旅客理发,这是规定。中国人委婉地提出建议,说反正现在店里也没有其他顾客,是不是可以来个例外?理发师更恭敬了,说虽然是夜里也没有别的人,我们也得遵守规则。无奈之中,中国人走到售票窗前,要了一张离这儿最近的一站的车票。当他拿着车票第二次走进理发室,理发师很遗憾地对他说,如果您只是为了理发才买这张车票的话,真的很抱歉,我还是不能为您服务。当有人把深夜小站理发室的故事告诉给一群在德国留学的中国学生时,不少人感慨万千,说太不可思议了,德国人真的太认真了,这样一个时时处处讲规则、讲秩序的民族,永远都会是一个强大的民族。但有的也不以为然,说偶然的一件小事,决定不了这么大的性质,一个小镇的车站,一个近乎迂腐的人,如何能说明一个民族的性格呢?双方甚至还为此发生了争执,相持不下之际,有人提出通过实践来检验孰是孰非。于是,聪明的留学生们共同设计了一项试验。他们趁着夜色,来到闹市区的一个公用电话亭,在一左一右两部电话的旁边,分别贴上了"男士"、"女士"的标记,然后迅速离开。第二天上午,他们又相约来到那个电话亭。令他们惊奇的一幕出现了:标以"男士"的那一部电话前排起了长队,而标以"女士"的那一部电话前却空无一人。留学生们就走过去问那些平静等待的先生:既然那一部电话前没有人,为什么不到那边去打,何必等这么久呢?被问的先生们无一不以坦然的口吻说:那边是专为女士准备的,我们只能在这边打,这是秩序啊……留学生们不再争执了。在他们默默回去的路上,每个人都想了很多,大家都隐隐觉得自己乃至自己身后那个曾是礼仪之邦、崇尚井然有序的民族,这许多年来,可能于无意之中慢慢丢失了一些美好的东西。在重创民族辉煌、融入世界之流的今天,规则和秩序,也许正是我们最为需要的素质。有一位同学感慨道:"这是我们在德国学到的最为宝贵的一门课程啊!"

亲爱的读者,当我们看完这一段见闻,是否应有所思有所得呢?

(二)懂规矩、守规矩并非循规蹈矩、不求变革

提倡懂规矩、守规矩,并非要求人们墨守成规、循规蹈矩。相反的,对凡是成为阻碍发展的陈规陋习都要毫不留情地予以破除、摒弃。唯有此,社会才能发展,人类才能进步。

但即便是这样,也还得遵守一定的规矩:不能与社会发展背道而驰,不能把自己的快乐建立在其他社会成员的利益之上,这就是要改革和破除常规的底线。就像球员可充分发挥自己的创造性,但必须保证在四条边线内活动一样。

遵照一定的规则进行变革,在变革中破除束缚发展的旧规。如此往复、循环,人们既生活得和谐有序,社会也在不断变化发展,改革发展与懂规矩、守规矩并不矛盾。

(三)懂规矩、守规矩是智慧、是快乐

我有个当过兵的朋友告诉我:一群士兵看见首长来了,迅速起立立正,首长的第一个口令就是"稍息"。但如首长来时,这些士兵还拖拉疲沓、松松垮垮。首长的第一个口令绝对是"立正",然后向前看,向右看齐,齐步走,如首长再不满意,还得反复走,甚至越野五公里。

看见首长先立正,自然得稍息;如首长来了,你还在稍息,自然是立正。因此,当兵的最讲的就是要"懂得稍息立正",就是懂得按规矩办事。当兵的如此,其他又何尝不是如此呢?

懂规矩、守规矩,生活自然轻松,因为你内心没有那么多冲突,生活中才没有那么多制约;懂规矩、守规矩,有助事业成功,因为你认可了团队的规范,团队也就认可了你,就更好地融入你的团队,在团队和组织中有了更好发挥才能的机会。

二、能屈伸

有的人过得不快乐,其原因在于感到自己过得很"憋"、很委屈。如能明晓能屈能伸的道理,也许就会过得快乐一些。"能屈能伸"一词源于东汉史学家袁康的《越绝书·外传记策考》一文:"始有灾变,蠡专其明,可谓贤焉,能屈能伸。"从此,"能屈能伸"成了人能面对各种境遇,都能顽强地生长、伺机而发的代名词。屈伸之间,屈为一种智慧,伸为一种力量。

(一)屈为一种智慧

屈伸之间屈最难得,它让自己感到憋屈、委屈,但就是这一屈,才可让己有所伸,进而屈人之兵。所以善屈者,大智也。

屈是一种在负辱抗争中的"忍"。在中国汉字,最能让人一针见血的字莫如"忍"。心上悬着一把刀！有什么事比心上悬着一把刀更危急、更需要心平气定,这就是忍！凡能忍者,必是内心充实,心理品质坚强。善屈者便是大忍者。他知道"小不忍,乱大谋",因而能承受常人不能承受的苦,忍受常人所不能忍受的耻辱。唯有此,才可能伸,获得重生。许多历史人物证明了这一点,其中最有名的莫过于勾践和韩信了。越王勾践在经历了亡国之痛后,能够放下身段,亲自到吴国为奴,侍奉吴王;同时背地里卧薪尝胆,励精图治,增强国力,终于在十年后一举消灭了吴国。韩信在早年流亡落魄时屡屡遭人欺负和奚落,更有甚者曾受到泼皮无赖的当街故意为难和挑衅,在众人的耻笑声中遭遇了胯下之辱,但是韩信用他日后的成就证明了,能受得了奇耻大辱的必是真正的英雄。

屈是一种在困境中求存的"耐"。耐是一种毅力的体现。善屈者必是能耐者,能受常人之不能受,负常人不能承受之重。他在逆境中,有极强的耐心,对未来始终充满着希望;在工作中,能够吃苦耐劳,努力克服各种困难;在生活中,能耐得住寂寞和清贫,绝不媚世而丧志,为物欲而分心。

屈就是一种忍耐,是一种非常有智慧的忍耐。中世纪波斯(今伊朗)有位叫萨迪的诗人曾经用非常美丽的诗句赞美忍耐,使人觉得非常恰如其分:"你虽然在困苦中也不要惴惴不安,往往总是从暗处流出生命之泉……不要因为时运不济而郁郁寡欢,忍耐虽然痛苦,果实却最香甜。"写得多么好!

(二)伸是一种力量

起跑线上,人们弯曲着大腿弓着腰,是为了蓄势待发,获得更大的爆发力,弓着就是为了挺立,屈腿是为了更好地伸,以便大步地冲向前,善屈者更善伸!

善屈者必更善伸,是因为经过长期的观察与思索,他们更善于捕捉机遇。机遇常如白驹过隙,瞬时即过。只有抓住了机遇,才能由屈为伸。前面曾讲到邓小平同志的三落三起,其中"二起"就缘于"9·13"事变后,"林彪反党集团"垮台,小平同志及时上书毛泽东,终于有复出的机会。

善屈者更善伸,是因为在屈的过程中,积累了大量的能量,早已蓄势待发,一旦机会来临,必有惊人的力量。不鸣则已,一鸣惊人;静如止水,动如脱兔,就是最好的形容。伸是一种力量的爆发。

(三)能屈能伸,大智者也

"能屈能伸,大丈夫",这是一条千古锤炼而锻造陈酿的古训,多少风云人物、英雄豪杰都因能屈能伸而叱咤风云,所向披靡。立大志者,需以"屈"处世;成大业者,需靠"伸"显才。"屈"是遇锋芒时的避让,退一步海阔天空。"伸"是看时机而动,英雄视时机而动。因此,能屈能伸岂为"大丈夫",应为"大智者"也。

我们不可能都有勾践和韩信的经历,但是在我们的工作和生活中也是同样需要有"能屈能伸"这样一种智慧。面对困难,知难而上是勇气,但是面对无法逾越时,全身而退,也是一种智慧。曾经听说这样一个故事:有一位大师,大家都盛传他有移山之术,于是纷纷请求他表演一下,大师实在无法拒绝就答应了。面对远处的大山,高声喊道,山,你快点过来!山,巍然不动。众人认为移山是惊天动地的大事,一次不成功也是正常的,于是继续耐心等待。大师就继续坐在那里,过一阵就呼喊一次。可想而知,大山依然纹丝不动。眼看太阳快要下山了,大师平静地站起来说,山不过来,我过去。走到了大山之下。终于,大山屹立在了大师的面前。大师用他的行为道出了人生的真谛:进退自如,能屈能伸;有时我们改变不了别人,就适度地调整一下自己。此乃大智之举也。

力量者善强善伸,智慧者大屈大伸。大伸有力量,大屈有智慧。当伸则伸,当屈则屈,仍力量叠加智慧。凡如此,人生还有什么困难不可克服?

善屈善伸者,是智者,也是乐者。他们知道为什么活,该怎么活。从不为眼前的困境所迷茫,暂时的不利而憋屈。他们知道积蓄力量,捕捉时机,心理始终有亮堂的阳光,生活总有希望和未来。你说,他们能不乐观吗?

三、晓知方圆

"方圆"之说源于古代货币,一枚铜钱,外圆内方。但我们的古人和今人却从这"方圆"之中悟出了很多道理,特别是为人处世的道理。喻"圆"谓圆通之意,"方"同方正之道,即做人处世圆通豁达,内心坚守固有准则。这体现了古人的智慧,也避免了为人的内外冲突,求得了内心的安宁。

(一)为人要方正

"方方正正为人,堂堂正正做事",这是多少人所追求的境界,也是我们号召人们学习的楷模。古人所倡导的"修身齐家治国平天下"是多少志士仁人之向往,而要齐家、治国、平天下的基础与前提就是修身。《礼记·大学》里将其逻辑关系归纳为要想治理好自己的国家,先要管理好自己的家庭和家族;要想管理好自己的家庭和家族,先要修养自身的品性;要想修养自身的品性,先要端正自己的思想;要想端正自己的思想,先要使自己的意念真诚;要想使自己的意念真诚,就得心思端正,心思端正后,才能修养品性;品性修养后,才能管理好家庭家族;家庭家族管理好了,才能治理好国家;治理好国家后天下才能太平。

可见,心思端正,修养品行,方正为人,是多么重要。在为人做事方面,古人有不少诫勉,但其中有两条尤为重要:

一是光明磊落,堂堂正正。光明磊落者,行为正直坦白,毫不暧昧,无不可告人之处,从无阴谋诡计可言;堂堂正正者,强大严整,为人正派,坦坦荡荡。

二是坚持原则,有做人做事的主见。原则乃说话、行事之准则。一个说话、行事无准则之人,势必见风转舵,随他人左右。而为人方正者,有着自己的人生观与价值观以及做人、做事的原则。许多原则性的问题是不容置疑和改变的,比如法官判案时不能因感情的原因而去改变判决的结果,因为依法办事是断案的原则;裁判不能因个人的喜好而改变判罚的尺度和结果,因为按规则办事是裁决的原则;也不能因亲疏远近而改变自己的原则,原则是不分对象的,绝不能为他人所左右。

(二)处世要圆润

处世圆润就是锋芒别太露、棱角别太硬,力争行走于世,做个让人接受、让人喜爱之人。

首先,是让人接受你。在社会生活中,别人能否接受你,主要看你是否令人讨厌,是否对他构成威胁。因此,一定要讲话有分寸,做事留余地,为人不逞强。要懂得示弱,示弱不仅是放低身段、做事低调,还要学会处下容上、守拙带巧、守虚致盈。如能此,势必让人解除防卫而乐于接纳。

其次,是让人喜欢你。除了与人为善,善待他人外,让人喜欢你最便捷之法就是找到"人类的弱点",并以此为突破口与人交往。人性的弱点,并非人性的缺点。它是我们人性中天然存在的一种需求,希望被人尊重、肯定,能成为重要人物,等等。这是人心最柔软的地方,也是攻心最适合的突破口。如你与人沟通、交往中,能尊重他、理解他,把他作为重要人物看待,必然得到他的喜欢与接纳。因而,善用人性的弱点进行沟通、交往,就是在沟通与交往中多给对方尊重、肯定,视其为重要人物。不管你承不承认,我们每个人都希望自己成为一个说话算数,引人注目而有影响力的人物——重要人物。但是,在生活及工作圈子里,并不是每个人都这样看待你,而如谁视你为重要人物,你自然对他会有特别的好感;反之,你视谁为重要人物,他也会对你多一分亲近,多了一份喜爱,与你沟通与交往也自然顺畅许多。

(三)方圆结合,智慧快乐

方圆之道,最佳的结合就是"外圆内方"。每个人要有自己做人的原则,但也要有处世的方法。"方"是做人之本,是堂堂正正做人的脊梁。人仅仅依靠"方"是不够的,还需要有"圆"的包裹,无论是在商界、仕途,还是交友、情爱、谋职等,都需要掌握"方圆"的技巧,才能无往不利。"圆"是处世之道,是妥妥当当处世的锦囊。现实生活中,有在学校时成绩一流的,进入社会却成了打工的;有在学校时成绩二流的,进入社会却当了老板的。为什么呢?就是因为成绩一流的同学过分专心于专业知识,忽略了做人的"圆";而成绩二流甚至三流的同学却在与人交往中掌握了处世的原则。

真正的"方圆"之人是大智慧与大容忍的结合体,有勇猛斗士的威力,有沉静蕴慧的平和。在人际交往与沟通中,"方圆"之说值得品味与借鉴。对人过于世故圆滑,无原则无主见,是很难让人信赖的;而过于讲原则,不讲情面,不注意方法,也是很难让人接受的。因此,必须把握好一个度。如果外"方"过余,则显得刚猛有余,柔韧不足,给人自以为是的印象,这种人往往喜欢把自己的观点强加给别人,如果做不到,就会不高兴,从而产生一些矛盾。现实社会中一些人一旦成功之后,就趾高气扬、耀武扬威,这种人往往被人说成是小人得志。所以"方"还要求我们加强学习,充实自己的学识,加强自己的修养,做一个有内涵的人。学识和涵养是"外圆内方"的基础。有了知识,有了能力,有了底气,才能做好"外圆内方"。真正"外圆内方"的人,外表谦逊和低调,实际上骨子里有着非常坚定的东西,有着自己的信念。

史上有很多精通"方圆"之道而成就功业的,如勾践、诸葛亮,稍后的曾国藩、乾隆时代的"二刘"(刘统勋和刘纶)以及同时期的刘墉、纪晓岚等俱精此变通之道。柳宗元因严正刚直,藐视贵族,直言抨击官场丑恶,显得锋芒毕露以致遭到种种报复和打压,最后流放南方,方才觉悟:"吾子之方其中也,其乏者,独外之圆者。固若轮焉,非特于可进,亦将可退也。"

曾经在一个工地看到一个告示:不要伤害别人,不要别人伤害自己,不要自己伤害自己。为人处世中,晓知"方圆"之道,一不会伤害别人,二不会让别人伤害自己,三不会自己伤害自己,既如此,又何不乐哉!

第三节 善取舍、乐知足、宁静致远

一、善取舍

说到取舍,人们总想到要舍得、放下,但老祖宗造词的时候却把取舍放在了一起,而且先有取再有舍,真是全面而智慧呀:没有取的,哪有舍的? 取是一种精神,舍是一种境界。

(一)当取则取

人生因取而来:父母让我们取得了生命,师长让我们取得了学问,事业使我们取得了成就。如果这一切在当取时不取,我们还能生? 还能长?.还能有所作为? 人生还有意义?

人生当取必须取,这种心叫进取心,这种精神叫进取精神。进取心是指不满足于现状,坚持不懈地向新的目标追求的蓬勃向上的心理状态。人类如果没有进取心,社会就会永远停留在一个水平上。社会之所以能够不断发展进步,一个重要推动力量,就是我们拥有不断向前、向上的进取之心。具有进取心的人,渴望有所建树,争取更大更好的发展;为自己设定较高的工作目标,勇于迎接挑战,会将自己的工作干得更出色。

人是不能没有进取心的,因为进取心让我们有强烈的好胜心,不甘落后,勇于向求知领域挑战,以成功的事实去证明自己的能力和才华;进取心让我们有旺盛的求知欲和强烈的好奇心,从而能不断接受新事物的出现,及时学习,更新自己的知识,提高自己的个人能力;进取心让我们根据组织总的目标,制定个人的发展目标,并为之努力奋斗,既完成了组织的任务,又实现了自身的价值。

取有两种取法:索取和进取。索取是一种不期付出代价的索要、讨取,这是不能提倡的;而进取,是一种精神,一种向上而立志有所作为的精神状态,是必须倡导的。只有不断进取,才能超越平庸,取得人生的辉煌。

人生当取者,进取也。

(二)该舍则舍

凡事皆有度,当取不取不对,但取得不知收手,又将是怎样的呢?据说当年在美国西部的淘金者中,一个人不停地向其行囊中扔金块,后因行囊太重终未走出荒野,而其他知道何时收手者则顺利地走了出来。因此,取是一种本事,舍是一门学问。没有能力的人取不足,没有通悟的人舍不得。只有先取,才有后舍。取多了之后,常得舍弃,才能再取。所以取、舍虽是反义,却也是一个事物的两个方面。

小时候听大人讲"猴子掰玉米"的故事,当时总认为猴子掰一个扔一个,做事一点都不专一,结果是一事无成。现在想来,猴子其实是聪明的:它掰了新的,不扔旧的,它拿得动、拿得走吗?最后,它不像那个淘金者吗？所以，该舍去的就一定要舍得舍去。

我们收拾过房间的人都知道，对一些暂不用的衣物物件什么的，我们都会把它收拾好放在一起，没多久，其他不用的东西往这一放，它又乱了，因而常陷入乱了收，收了乱，乱了又再收的怪圈。如我们一下决心，把这些不用之物处理了，一下就会感到物空了，人也轻松了。看来，费劲的整理不如痛快的放弃。

收拾房间如此，收拾我们的大脑、我们的心灵又何尝不是如此呢？有很多东西，如功名利禄等身外之物，常让自己剪不断理还乱，搞得自己心烦意乱的，与其老是费劲去整理，不如痛痛快快地舍弃。

（三）善取舍者，是智慧，也是快乐

人的一生，就是在取舍之中渡过的。空无之时，着力于取；盈实之日，必善其舍。当取则取，该舍则舍，乃人生之智慧也。然而取不易舍更难，物入囊中，常难舍难分。因此，舍得、放下则是智慧中的智慧了。

我们必须懂得，人生是个进取的过程，也是一个放弃的过程。过分的攫取会使我们变得贪婪、自私，沉重的行囊会使我们负重难行。正如泰戈尔讲的那样："当鸟儿翅膀被系上黄金，鸟儿就飞不起来了。"因而最终难以达到人生的辉煌。

舍得放弃，将使我们人生轻松快乐。人生之所以累，是因为有太多放不下的东西了：亲情、友情、爱情；成就、功名、事业；道义、责任、担当；房子、车子、票子，等等。每一物就像一块石头沉甸甸地压着我们，让我们忧虑，让我们不快乐。如能果断地放弃一些，如佛语"少一物少一念"，不是会让人轻松得多、快乐得多了吗？

二、乐知足

"知足者常乐",人们耳熟能详,有人把它作为一剂宽慰,有人把它当作智慧。而在某个具体的事件或时点上,它可能是一种安慰,但是在人生全局及谋略而言,它则真是人生的智慧。

(一)智慧来于智者

老子,是大家公认的智者。老子在《道德经》第四十六章写道:"天下有道,却走马以粪;天下无道,戎马生于郊;祸莫大于不知足,咎莫大于欲得;故知足之足,常足矣!"译为我们今天的话来说,就是:天下有道,国泰民安,战马退回田野,耕种农作;天下无道,战乱不息,怀胎牝马,只得生于郊野;最大祸害莫过于不知足,最大罪咎莫过于贪欲掠夺;所以知道满足的满足,这才是永远的富足!

这就是"知足"一词的由来。知道满足的才能感到富足,而最大的灾祸源于不知足,最大的罪过源于贪欲。老子的论述,多么深刻,多么清晰明理。

老子的确是了不起的智者。国学大师赵士林先生在其所著的《国学六法》中提到,在国外,很多人说到老子,便会情不自禁地佩服,充满敬意,由衷地赞叹老子的深刻,认为其代表了东方的哲学智慧。据《文汇报》报道,联合国教科文组织统计,世界上翻译语种最多、发行量最大的一本书是《圣经》,而排在第二位的就是老子的《道德经》。

可见,对老子智慧的认可,早就超出了中国的国界。

(二)知足者是富足的

知足者是富足的,是因为知足者少有贪欲。广厦千间,夜眠不过七尺,珍馐百味,一日不过三餐。此外,房多是空,食多无用。知足者,房虽小,睡卧安稳;食虽俭,有滋有味。不知足者得陇望蜀,吃碗里望锅里,永远无法满足那贪欲之心,永远没有富足感。因此,我们说,知足者是富足的。

知足者富足,是因为他们知道自己的长与短、优与劣;知道山外有山,天外有天,任何事情都不是十全十美,为所欲为的。每个人都有自己人生的轨道,人是不能攀比的,做好自己就好;财富你是取不完的,得到应得的那份就对。

知足者富足,是因为他们没什么遗憾,没什么愤然。我虽然做不了大树,但我仍可做好一棵小草;我虽不能富甲天下,但我衣食无忧;我虽然没有轰轰烈烈的事业,但我有平平静静的生活。而被狂风吹折的大树,常羡慕小草的安宁;富有者,常羡慕百姓的欢乐;权高位重者,常羡慕他人的轻松。知足者,富足者也。

(三)知足者是快乐的

知足者因为富足,因为少遗憾,因为少攀比,因为少愤然,所以是快乐的。

知足者,能看淡金钱与财富,能以平常心对待得失与荣辱,能具备"不以物喜,不以己悲"的豁达心胸,所以是快乐的。

曾经读过二则小文,对知足而乐者感慨不已。

一则是一个事业成功的商人到海边搭船,要去洽谈一笔大生意。他见一个渔夫悠然自得地躺在自家的小船上晒太阳,就提醒他赶紧去捕更多的鱼,赚更多的钱。渔夫笑道:"今天我已钓到五条金枪鱼、三尾虾,已够我生活了。你看,现在我正快乐地享受灿烂的阳光。"时下有很多人的生活是与那位商人一致的,但也有不少人认为渔夫才是生活中真正的智者。

二则是有一个平民和一个富翁同在一个沙滩晒太阳。

富翁问平民："你为什么不努力工作呢？"

平民反问："你努力工作为了什么？"

"为了赚钱！"

"赚钱为了什么呢？"

"为了能够出来旅游。"

"那出来旅游又为了什么呢？"

"为了可以躺在沙滩上晒太阳。"

"我已经躺在这里了。"

我们的不快乐，就常常因为不知足。

上面的两则故事也许是寓言，但下面的两则消息因不知足带来的苦痛则是真实的。

广东省政府原副秘书长罗欧，2014年5月因贪腐被查处。这个贪腐分子，他假扮清廉，在其及家人名下的住房仅有一套，其实拥有价值数千万元的豪华大宅和占地十几亩的超级别墅。他貌似清廉，却私下向多达60多名私人老板或公职人员伸手要钱、要车、要家具。仅以购房名义，就曾先后向8名老板索要5000多万元，经纪检监察机关侦查，发现其违纪违法金额超过1亿元。是什么让他走向犯罪的道路？他自己作了回答，忏悔书坦言堕落关键是"不知足"。他在狱中的忏悔书中反省称："本来自己从农村出来走向社会，组织上已经把自己从普通党员培养成正厅级领导干部，完全应该尽心尽力为党工作，多作贡献，还有什么不知足？"正是因为不知足，才使一个本来有用之人沦为阶下囚。因此，为人真该知足常乐呀！

另据新华社消息,2015年2月9日,经最高人民法院核准,湖北省咸宁市中级人民法院依法对犯组织、领导、参加黑社会性质组织罪、故意杀人罪等罪的罪犯刘汉等人执行死刑。1993年以来,刘汉伙同他人以四川汉龙集团等公司为依托,组织、领导具有黑社会性质的组织,作恶多端,罪不可赦,最后走上多行不义必自毙的道路。从贩运木材的小商人,到期货市场的精明炒家,到声名显赫的亿万富豪。年近五旬之时,刘汉从人生的顶端跌入法网。回顾命运起伏,刘汉总结说:"我这辈子就是想得到的太多,换句话说就是野心太大!"这仍然是不知足、野心太大造成的。

知足常乐,不是懒惰、平庸,而是一种坦然、从容、平和的心态。你无法改变你的环境,但可以改变你的心境。人生是在苦难中成长的,想想生命中还有很多比我们更不如意的人,就不会有那么多烦恼了。有的人一生疾病缠身,还有的人一生都看不见光明,而我们能拥有一个健康的身体,应该感到知足和幸福。有个经常感到不快乐的人,因为别人都穿的是皮鞋,而他穿的是布鞋,觉得老天对他太不公平了。但有一天,从街上回来后,他快乐了,满足了。别人问其缘由,回答道:"我虽穿的布鞋,但一双腿还健在,今天上街,见一人缺了一条腿,但都还过得那么快活,我还有什么不满足的呀?"

知足不是驻足,并非要求我们停滞不前,自得其乐。知足是一种富足、快乐的心态,它能让我们去创造更好的未来。人的一生中,难免有不知足的时候,而正是这种不知足,让我们去拼搏、去创造。特别是年轻的时候,过早地知足、富足,可能让人生停滞不前。因而,智慧的知足者会妥善地处理好知足、知不足、不知足的关系,在好的心态中,不断进取,追求更为辉煌的人生。

三、宁静致远

54岁的诸葛亮在《诫子书》中对8岁儿子诸葛瞻说:"夫君子之行,静以修身,俭以养德。非淡泊无以明志,非宁静无以致远。夫学须静也,才须学也,非学无以广才,非志无以成学,淫漫则不能励精,险躁则不能冶性,年与时驰,意与日去,遂成枯落,多不接世,悲守穷庐,将复何及!"其实,诸葛氏只是借用了西汉皇族刘安及其门客集体编写的一部哲学著作《淮南子》其中的《主术训》的"是故非澹漠无以明志,非宁静无以致远"的句子。但无论是出自《诫子训》还是《淮南子》都不影响"宁静致远"的哲学思想和人生智慧。

(一)宁静能致远

直观地理解,"宁静致远"的意思就是平稳静谧的心态,不为杂念所左右,静思参悟,才能树立远大的目标,实现远大的理想。

由此可见,宁静是条件,致远是结果。

我时常佩服古人的智慧,我们今天常感困惑的事,他们早在一两千年前就领悟了、参透了。宁静方可致远,致远须得宁静。

曾经在报刊上看了一篇关于我国著名女子跳水运动员吴敏霞的报道,感受很深。1985年出生的吴敏霞,19岁就摘取了2004年雅典奥运会3米板双人冠军,到2013年7月的世锦赛,吴敏霞创造了历史,她与搭档仅半年的小将施廷懋以领先对手近30分的巨大优势夺得女子双人3米板冠军,这也是吴敏霞连续7次参加世锦赛收获的第7枚金牌。凭借这枚金牌,吴敏霞的世界冠军金牌总数上升到23枚。近30年来,中国跳水队中能个人独得20个世界冠军以上的此前也仅郭晶晶一人。吴敏霞凭这块金牌超过其他人成为中国跳水的"新一姐"。这位性格谦虚的上海姑娘在面对电视媒体采访时，对方要求吴敏霞对着镜头说一句："我是最好的跳水选手！"但吴敏霞执意要在这句话后面加上"之一"。在被媒体称为中国跳水"梦之队""一姐"时，吴敏霞的回应是："我只是年龄在队里当得上'一姐'，希望能用我的经验帮助小队员尽快成长起来。"

吴敏霞的成就及虚怀若谷，感动了中国人，《人民日报》是这样评价她的："相比于高敏、伏明霞、郭晶晶等前几任跳水'一姐'，吴敏霞似乎少了那么点霸气、才气与灵气，但她身上所独有的静气却也非其他几位跳水'一姐'所能及。事实上，也正是这一份静气，成就了吴敏霞今日的一切，当然也将决定吴敏霞在跳水世界里还能走多远。非淡泊无以明志、非宁静无以致远，这对于吴敏霞和中国跳水来说，或许有着某种颇为相似的意蕴。"哦，吴敏霞之所以能走那么远，攀得那么高，是因为静气、宁静。

(二)致远无近忧

"人无远虑，必有近忧。"这句出自《论语·卫灵公》的古训，是我们每个人都耳熟能详的，但如果把它理解为人如果没有长远的打算，就会有近日的忧愁，就有些理解不准了。这必须将其放在因果关系的时光链条中来理解：今日的因是他日的果，今天不为他日打算，他日成为今日时就必然有许多忧虑，即今日必须为他日打算，当他日成今日时，人便无忧无虑了。因此，我们说，善致远者无近忧也。

致远者，有着自己的远见卓识、长远规划，他就有了人生的目标以及实现这个目标的计划、行动和措施。他的人生实在而不空虚，他的行动有理念而非瞎撞。因而，他常有成功的喜悦、收获的快乐；

反之，可能是迷茫和痛苦。

致远者，目光更长远，心胸更开阔。为实现长远目标，可抛弃眼前蝇头小利，常不为一利所惑、一物所困。心胸开朗了，烦恼就少了。所以，致远者，少忧也。

反过来说，看得远，想得开，有长远目标和心胸坦荡之人，必忧少而乐多也。

(三)乐从静中来

"心静自然凉"，这又是大家熟知的口头禅。为什么？凉常给人一种爽快的感觉，也叫凉快。看来，静和凉，凉和爽快有着某种联系。那么，静中也能寻找到爽快、快乐了。

的确，乐可以从静中来。

有时我们以为，快乐来自于鲜花、盛宴、晚会。不错，这一切都是我们所需要的，我们的确需要激情与冲动来充沛我们的感情，让我们吸收能量而更有热情。然而，盛筵过后，人去席空，空虚落寞的感觉袭来，有多少掌声和激情储存在我们的心中？一切不过是过眼烟云，又如昙花一现，唯有宁静，留给了我们。我们只有在宁静的滋养下才可以找回自我、提升自我。宁静中，自问，最近一段时日可曾过得充实，有没有空虚。

宁静，是一种美好的境界，恬和而安宁。古语说"静若处子"，一个"静"字足见少女的天生丽质、清纯可爱。宁静不是平淡，更非平庸，而是一种充满内涵的乐观。庄子说："正则静，静则明，明则虚，虚则无为而无不为。"老子认为，万物生于静归于静。不论是道家的炼心炼气，儒家的修心养性，还是佛家的"六根清净"，都无不从静入手。心不能静便无所安，心不能定便无所守。一个人只有让自己静下来,才能排除杂念,将灵感、智慧调动起来,从而感到充盈,体会到快乐。

如果一个人心气浮躁,一天忙忙碌碌、风风火火,看似热闹非凡,实则无定无主,也无快乐可言。面对滚滚红尘,竞争激烈,杂务缠身,人们常会觉得压力沉重,心境失衡。在繁忙紧张的生活中,如果不懂得忙里偷闲,舒缓放松一下自己,就会感到心力交瘁而迷惘躁动。倘若把握不了自己,由着性子,小事生烟,大事冒火,弄得自己坐卧不宁,别人见之唯恐避之不及,结果只能是累了别人害了自己。所以,与其去紧张去烦恼倒不如让自己先静下来。静下来可以避免许多轻率、鲁莽、无聊、荒谬的事情发生。静能养生,静能开悟,静能生慧,静能明道,要想大智大慧、大彻大悟,必须由静做起。先哲说"动以养身,静以养性",应该就是这个意思吧!

做学问,修灵性,需要静;陶情操,养德性,需要静;干事业,拼职场,需要静。心有多静,路有多远;驱烦恼,求快乐,仍然需要静。乐从静中来!

世人曰,智者达观。凡事想开一点,想通一点,想透一点,烦恼就会少一点,忧郁就会少一点,智慧就会多一点。我们不可能都成智者,但可以学得更智慧一点。

第二编
对外与人善沟通,其乐融融中

　　人作为一个有机体,每天都得与外界进行物质交换:吸进氧气,呼出二氧化碳;摄入营养物质,排出废弃之物。这种交换一旦中断:吸入不了氧气,摄入不了营养,呼不出二氧化碳,排不出废物,人的生命将危在旦夕。有机体与外界的交换通道,实为生命之通道。

　　同样,人作为一个社会动物,须与社会及他人进行广泛而必要的信息与情感的交换:接收社会各类信息,反映自己的思想和判断;接受着他人的情感,表达自己的喜怒哀乐。若不能进行这样的交换,人的思想将封闭,内心将烦闷,情感将枯萎,快乐将失去来源。而这种交换,是在人际交往与沟通中得以实现。

　　快乐的人,必须与社会有效地交往,与他人愉悦地沟通。而有效的人际沟通,重点有三:善于以心相通;因人而异地沟通;善于克服沟通中的障碍。如是,必将与人善沟通,其乐融融中。

第三章　人际沟通,缘在彼此心相通

有效的人际沟通,需要知识、技巧,但更应是一种源于心灵的修为。人只有心相通,才能理相知、情相悦。人际沟通,实质上是一个以心换心、以心交心、以心通心的过程,所以沟通必须从心开始。

第一节　交往愉悦须用心

孔子在《论语·学而》中说道:"学而时习之,不亦说乎？有朋自远方来,不亦乐乎？人不知而不愠,不亦君子乎？"可见孔子看到朋友来了的欢喜样子。为什么看到朋友来了,会如此高兴？这是因为人需要与人交往,与志同道合者沟通。在与朋友的交往中,我们将获得友谊,将感受到快乐。与人交往与沟通,是人的一种基本需求和情感需求。这个需求得到了满足,我们便快乐,反之则忧郁。

一、交往沟通是人的基本需求

人生来就在与人交往和沟通中,这种彼此的交往和沟通,使我们从生物人成为社会人。人生下来,还不是真正意义上的人,最多是个生物意义上的人。而要成为真正意义上的社会人,就必须在后天环境中,不断地学习社会知识,内化社会规范——而这一过程又必须在与人交往、沟通中得以实现。通过与他人的交往和沟通，个体学习到相应的知识，内化了各种社会规范，逐渐成长为合格的社会成员。因此，从这个意义上讲，与人交往和沟通，是人的一种基本需要。没有与他人的交往和沟通，人不能成为真正意义上的人。即使成了社会意义上的人，如果缺乏与人交往和沟通，正常交往活动的缺乏或被剥夺，会造成个体的消极情绪反应和心理紊乱，久而久之，会导致身体和心理疾病。因此，交往是维持人的心理、生理健康的一个必要因素。

人在社会生活中为什么需要进行人际交往，人际交往的心理基础是什么？心理学家进行研究认为，人类个体进行社会交往的心理动因，即从产生行为动机的心理需要来看，可以分为三个方面：本能的需要、合群的需要和自我肯定的需要。

(一)本能的需要

人的交往需要是一种本能，人际交往是在个体发展进化过程中逐渐形成的适应社会生活的能力，它通过遗传直接传递给后代。有研究结果表明，婴儿一出生就需要周围环境能为其提供温暖、舒适、食物和安全，以保证其健康成长，通常母亲能为其提供这些需要。在婴儿与母亲的积极交往中，婴儿与母亲形成和发展了积极的情感联系，这是个体最早形成的社会性交往。大量的研究结果表明，个体早期的社会性交往是以后适应社会生活的基础，也是个体的个性发展的基础。人类天生就有与别人共处、与别人交往的需要，也只有在与别人的正常交往中，保持一定的情感联系，形成亲密的人际关系，人才会有安全感。

(二)归属的需要

归属即归属感，是一种个人感觉到自己被别人或团体认可与接纳时的一种感受。马斯洛的"需要层次理论"认为,"归属和爱的需要"是人的重要心理需要,只有满足了这一需要,人们才有可能"自我实现"。心理学研究表明,每个人都害怕孤独和寂寞,希望自己归属于某一个或多个群体,如家庭、工作单位,如希望加入某个协会、某个团体,这样可以从中得到温暖,获得帮助和爱,从而消除或减少孤独和寂寞感,获得安全感。这种现象,在生活中比比皆是:几个朋友自驾游,晚上停车时,几辆车停在一起,会觉得更安全一些;网友们时常调侃的"中国式过马路"也属此类。为什么一人不敢横穿马路而"凑上一撮"就敢了呢?是因为前者没有安全感而后者有了。

近年来,心理学家对归属感问题进行了大量研究,认为缺乏归属感的人会对自己从事的工作缺乏激情,责任感不强;社交圈子狭窄,朋友不多;业余生活单调,缺乏兴趣爱好。美国密歇根大学的研究人员的一项最新研究显示,缺乏归属感的人可能会增加患抑郁症的危险。研究人员给31名严重抑郁症患者和379个社区学院的学生寄出问卷,问卷内容主要集中在心理上的归属感、个人的社会关系网和社会活动范围、冲突感、寂寞感等问题上。调查发现,归属感是一个可能经历抑郁症的最好预测剂,归属感低是一个人陷入抑郁的重要指标。而归属感的获得,就是在交往与沟通中实现的。

(三)自我肯定的需要

我们对自身的了解都来源于社会学习过程。当婴儿随着自身生理方面的成熟,随着对周围环境的认识加深,逐渐能够区分开自己与周围环境的关系,能够区分开自己与他人的关系时,就有了了解、认识自己的需要,也就是产生了自我意识。但是个体对自己真正的了解,还必须依赖于与他人的交往。通过他人对自己的评价、态度及行为方式来了解和界定自己。关于此,将在自我意识形成部分有所涉及,此处不再赘述。

二、交往沟通可满足情感需要

交往与沟通除满足个体本能的需求以及寻求安全感和认识自我外,还能满足其心理需求,使其产生愉悦感。在这方面的理论探索,主要有社会心理学家舒茨提出的人际需要三维理论和社会学家霍曼斯提出的社会交换理论以及笔者悟出的网结理论。

(一)人际需要的三维理论

舒茨认为,每一个个体在人际互动过程中,都有三种基本的需要,即包容需要、支配需要和情感需要。这三种基本的人际需要决定了个体在人际交往中所采用的行为,以及如何描述、解释和预测他人行为。反过来说,我们每个个体都有这三种基本的心理需要,这三种心理需要必须通过与人的交往和沟通来得以实现。

包容的需要,是希望与别人往来、结交、建立并维持和谐关系的需要。与此相适应的行为有交往、出席、参与等,与此动机相反的反应特质有孤立、排斥、退缩等。

支配的需求,是在满足自己支配欲望基础上与人建立并保持良好关系的需求,其行为特征有运用权力权威,领导、支配、影响他人;与其相反的是受人支配、追随他人。

感情的需求,是在感情(包括爱情)上与他人建立并维持良好关系的需求。其行为特征有喜爱、亲密、同情、友善等;与此动机相反的行为有憎恨、厌恶、冷淡等。

由于每个个体的人格特质不一样,所以每个人的需要是不一样的。然而,在与人的交往和沟通中,这些需要就可以得到释放和展现。同时,这三种需求,每一种都可发展为一种不同特质的人际交往方式,即包容性人际交往、支配性人际交往、情感性人际交往。根据人的不同性格特征和行为表现,这三种关系又可分为两种类型,即主动型和被动型。

把上述两方面的因素相结合,就可分出六种基本的人际交往取向。

在人际交往的基本取向中EI型的个体,一定显得外向,喜好与人交往,能积极参加各种社会活动;而EA型的个体,不但喜欢与别人相处,同时也乐于关心、爱护别人,因而一定有良好的人际关系,受人爱戴。而WI、WC、WA类型,他们大多都有一种等待、渴望有人来对他表示接纳、引导以及爱护自己。无论是主动型,还是被动型,我们这六个方面的心理需求都只有在与人交往和沟通中才能得以实现。

需要类型 \ 行为表现	主动型(E)	被动型(W)
包容(I)	主动与他人来往	期待别人接纳自己
支配(C)	支配他人	期待别人引导自己
感情(A)	对他人表示亲密	期待别人对自己表示亲密

图3-1 人际需要三维示意图

(二)社会交换理论

社会学家霍曼斯采用经济学的概念来解释人的社会行为,提出了社会交换理论,他认为人和动物都有寻求奖赏、快乐并尽少付出代价的倾向,在社会互动过程中,人的社会行为实际上就是一种商品交换。人们所付出的行为肯定是为了获得某种收获,或者逃避某种惩罚,希望能够以最小的代价来获得最大的收益。人的行为服从社会交换规律,如果某一特定行为获得的奖赏越多的话,他就越会表现这种行为,而某一行为付出的代价很大,获得的收益又不大的话,个体就不会继续从事这种行为,这就是社会交换。社会交换不仅是物质的交换,而且还包括了赞许、荣誉、地位、声望等非物质的交换,以及心理财富的交换。个体在进行社会交换时,付出的是代价,得到的是报偿,利润就是报偿与代价的差值。个体在社会交往中,如果给予别人的多,他就会试图从双方的交往中多得到回报,以达到平衡。如果他付出了很多,但得到的却很少,他就会产生不公平感,就会终止这种社会交往;相反,如果一个人在社会交往中,总是付出的少,得到的却多,他就会希望这种社会交往继续保持,但同时也会产生内疚感。只有当个体感到自己的付出与收益达到平衡时,或者自己在与他人进行社会交往时,自己的报偿与代价之比相对于对方的报偿与代价之比是同等的时候,个体才会产生满意感,并希望双方的社会交往继续保持下去。

人们就是这样,在自认为恒等的交换中,找到了心理的平衡和情感的愉悦,而这一过程,又必须是在交往和沟通中完成的。当然,个体在进行社会交往时,他们对报偿和代价的认识并不是固定不变的,也不一定是根据物质的绝对价值来估计的,这完全是一个与心理效价有关的问题,所以,当个体对自己的报偿与代价之比的认识大于他人的报偿与代价之比时,也许会被别人所不理解或不认可。

这就是为什么在人们的社会交往过程中,有时会出现在有些人看来根本不值得做的事情,却被当事人做得很有趣,而有些时候在别人看来是值得做的事情,却被另一些人所不齿。可见,社会交换过程中,包含了深层的心理估价问题。

(三)网结理论

网结理论虽是笔者自己悟出来的,但也是受大师启发而产生的,这位大师便是马克思。马克思有句名言:"人的本质不是单个人所固有的抽象物,在其现实性上,它是一切社会关系的总和。"人是由各种社会关系所构成,我们每天一睁开眼帘,面对的就是各种各样的社会关系或人际关系:夫妻关系、父(母)子关系、师生关系、同事关系、同学关系等。我们每个人,都是社会关系或人际关系这张网上的一个网结。如果能处理好网结周边的各种关系,就可很悠适地躺在这个网上,乐在其中,甚至还可借力得力、借力发力;如处理不好,则为左扯右拽,左右为难,焦头烂额。而有效的沟通,可助你协调各种关系,并建立良好的人际关系,在社会交往与社会生活中,左右逢源,游刃有余。如是,我们还有什么理由不悠哉乐哉呢?

由此,可以看到,有效的人际交往及沟通,满足了我们的基本需求和心理需要,让我们得以快乐、愉悦。那么,怎么才能进行有效的沟通呢?那就是要用心的付出,才能收到情的回报。

三、成功沟通须用心

有个很有启迪的寓言:门上有把锁,人们为了打开它,用棍撬锤砸,但怎么也打不开它。这时,有人拿来一把小小的钥匙,往锁心一推,锁打开了。于是有人问,为什么我们使那么大的劲,开不了锁,钥匙来了轻轻就打开了。锁回答道,因为钥匙进入了我的心,从心里把我打开了。开门锁如此,如要了解人的心,打开人的心锁,与人交往与沟通,建立良好互动,又何尝不是如此呢?

人际交往与沟通的过程,其实就是一个心与心交流的过程。要想进行有效的交往,必须要有一颗善沟通之心,而这颗心,应包含什么样的心理品质,笔者曾进行了一些整理,现摘其要点于下:

(一)友善之心是成功沟通的前提

友善,是修养之需,为人成功之本。以友善之心善待他人,不仅是一种道德要求,也是处世之道,沟通之需。他人待自己怎么样,我们每人心中都有一杆秤。正常情况下,你待我好,我自然也希望对你有所回报;相反,你若老算计我,我也会用相同的方法来对付你。所以,若希望别人善待自己,你首先就得善待别人。常以善心待他人,总会收到善意的回馈。"送人玫瑰,手留余香"讲的不就这个道理吗?在人际沟通中,以诚相见,真心相待,必然会换来诚挚和真情;乐于分享自己的快乐,传递自己的幸福,也必将收取快乐,获得幸福。友善待人,不会失去自己的友善,反将得到别人的友善;吝啬自己的友善,得到的便是苦果的报应。

行善并不是件困难和痛苦的事,古人曰:"上善若水。"水之普遍,水之随意,滴水和长河,都是水,能解人于干渴。大善与小善,都是善,能济人于乏困。人来于世,都想求个圆满,只有心存善心,无贵无贱,无长无少,都能有得圆满。善水之到,自沟则通。

(二)谦卑之心不可少

谦卑,是一种对所尊重的人和事从内心发出的信仰和敬畏。它不仅是待人接物之道,更是有效沟通之艺术。而只有那些有大气度和大智慧的人,才懂得谦卑这门艺术。心理学中有种心态叫"空杯心态"。何谓"空杯心态"?古时候一个佛学造诣很深的人,听说某个寺庙里有位德高望重的老禅师,便去拜访。老禅师的徒弟接待他时,他态度傲慢,心想:我是佛学造诣很深的人,你算老几?后来老禅师十分恭敬地接待了他,并为他沏茶。可在倒水时,明明杯子已经满了,老禅师还不停地倒。他不解地问:"大师,为什么杯子已经满了,还要往里倒?"大师说:"是啊,既然已满了,干吗还倒呢?"禅师的意思是,既然你已经很有学问了,干吗还要到我这里求教?这就是"空杯心态"的起源。其象征意义是:做事的前提是先要有好心态。人际交往与沟通中,待人接物,应虚怀若谷,看到别人的优点,虚心听取对方意见,善于接纳新思想、新观念。这样,将势必形成一种良性互动,使双方交往与沟通得到不断的调适,从而更加流畅与有效。

(三)同理心很重要

同理心是一个心理学概念。以同理心沟通,就是以心换心、换位思考。在同样的时间、地点、事件里,把当事人换成自己,设身处地去感受、去体谅他人。有句英国谚语说:"要想知道别人的鞋子合不合脚,穿上别人的鞋子走一英里。"这一过程,首先是要能理解对方,完整地接收对方的信息。再深层的发展就是进入对方的思维情感中去,并能与其沟通。同时,应使用对方最能理解的语言、文字、语气以及肢体动作来呼应他。所以,同理心沟通应包括两个层面:一是感同身受;二是用对方习惯的模式来表达,以让其顺利接收,做到同理须同步。

同理心不仅能体现个人素质,也能有助于良好人际关系的形成以及进行有效的人际沟通。因此,能站在对方角度相互理解,专心听取对方意见,正确辨识对方情绪,同步予以积极回应,都是有助于交往与沟通的。

(四)包容之心能容人

哲学中有个很有名的命题叫"扬弃"。这体现着辩证的否定,即对事物既抛弃又保留的态度,抛其糟粕,留其精华。但是,我们在对人的交往和沟通中,能否采取"扬弃"的方式呢?笔者认为很难。有一次,笔者一朋友去相对象,回来后人们急问,(感觉)怎么样?这小姑娘说,这人其他都不错,就眼睛我看到就想哭(估计有点小吧)。那么,我们可否对其进行辩证地否定。退回小眼睛,留下耳鼻脸。显然不可能的,人不同于其他"东西",是一个整体,你如喜欢他的优点,其缺点你就得接受,如接受不了缺点,就不可能得到他的优点。在人际沟通中,包容心要求我们要善于接纳、善于尊重。人是完整的人,你既要善于欣赏人家的优点,也得学会接纳人家的缺点。包容还要求我们正确认识他人的批评教育,做一个真正的智者。往往那些真正关心你的人才会注意你,发现你的不足来提醒你,让你在人生的道路上走得更加顺畅。我们要学会做一个聪明的人,包容是我们必须具备的素质之一。有了包容心,心胸更广,朋友更多,沟通更顺畅。

(五)常怀感恩之心

我们每个人都是由一个胚胎形成的健全的个体,从一个牙牙学语的婴孩成为一个独立生活的成人,从一个无知无识的孩童成为有文化有知识的学子,从一个初入社会的迷茫青年成为各界力量的中坚。

人生这一路走来,自然、社会、师长、亲人给我们太多太多,为此,我们必须感激生活,知恩图报。感恩是一种处世哲学,是生活中的大智慧;感恩是结草衔环的心态,是滴水之恩涌泉相报的情怀;感恩是承载心理平衡的真诚答谢,是发自内心的无言回报。也许只有心存感激的人,才能真正懂得生活,享受幸福,感悟人生。

拥有了感恩之心,就拥有了豁达的人生。常怀感恩之心,内心就会更加充实,头脑就会更加理智,眼界就会更加开阔,人生就会赢得更多的幸福,收获更多的成功。心存感恩是一种明朗的心境,是一种人性的光辉,是一种情感的升华。多一份感恩,就少一分贪婪;多一份感恩,就少一分冷漠。感恩是发自内心的情和爱,我们应不知不觉地常怀感恩之情,树立感恩之德,履行感恩之责。

在人际交往与沟通中,常怀感恩之心,可带来极好的沟通效果。

(六)诚心者易交友

"诚"字源于中国古代哲学范畴,意为信实无欺或真实无妄。在《礼记·中庸》中说:"诚者天道也,诚者人之道也。"认为"诚"是天的根本属性,努力追求"诚"以达到合乎"诚"的境界则是为人之道。又说:"诚者,物之终始,不诚无物。"认为一切事物的存在皆依赖于"诚"。可见,在古人眼中,"诚"是多么重要啊!古既如此,今又为何不如此?今天,"诚"在社会生活中、工作事业中、交朋结友中,越来越具有更为突出的重要作用。是否具有诚心,对沟通的效果具有重要的影响。在这里,"诚"包含着诚恳、诚信两个方面的含义。其中,诚信尤为重要。

诚信。即诚实守信用。待人处事真诚、老实、讲信誉,言必行、行必果,一言九鼎,一诺千金。诚信是一种人人必备的优良品格。讲诚信的人,处处受欢迎;不讲诚信的人,人们会忽视他的存在。所以,我们每个人都要讲诚信。诚信是为人之道,是立身处事之本,是交朋结友之需。

(七)耐心是良好的心理状态

耐心是为人做事不急不躁、不厌其烦、坚韧持久的一种良好心理状态和行为风格。在人际沟通中,耐心是不可或缺的。

在人际交往与沟通中,如果你的观点是对的,但又一时说服不了别人,也许会心急气躁。当然,如果别人听了你的意见后,立刻点头叫好,改弦易辙,那自然是再好不过的了。但是,这样的情况并不多见。一个人的看法、观点并非一天形成,也很难一时转变。所以,不要指望通过一次谈心交心人家就信服了你。很多共识的形成都是多次沟通而得的。因此,在沟通中,要注意的第一是耐心,第二是耐心,第三还是耐心。尤其是不同的观点,一定要相互尊重、求同存异。

(八)细心之人善观察

细心即心思细密。管理中有句名言:"细节决定成败。"一些看来非常细微的小事,在特定情况下,则可能成为成败的决定性因素。

人际沟通的细心,除要认真把握好沟通每一环节、每一细节外,更多的是要善于仔细地观察沟通对象一些不被人们所关注的细节,以洞察其真实的心理反应,做到有针对性的沟通工作。以下几个方面,是在沟通中应细心观察注意的:

一是人际距离。人际距离即沟通双方的空间距离,这种距离的远近,实际上也体现了双方的亲疏和情感的彼此接纳度。

二是互动姿势。在沟通过程中,双方的站、坐等姿势,常常能体现双方间的情感、心态以及对对方的态度。

三是身体语言。身体语言也称为肢体语言,它是人在意识态度下自觉不自觉地运用身体特定部位表达情感、意愿的方式。由于人的身体是世界上最精细、最复杂的组合体，必须对其细微地观察，方可看到对方情感、意愿的真实表达。

四是表情与微表情。表情及微表情可以有效地表达不同的情感、情绪，告知对方自己的意愿。细心观察，可看出对方对你所发出信息的反应是肯定或否定、接纳或拒绝、积极或消极、强烈或轻微等等。在日常的人际沟通中，表情与微表情是人们运用最多的身体语言沟通方式之一。

五是自我抚摸。自我抚摸是个体满足某种心理需求的方式。不同部位、不同方式的自我抚摸，反映其在特定条件下的心境、情绪和情感。

六是类语言。也称"副语言"，是一种声音要素，它不是语言本身，但对语言表达起着重要的作用。即人们常说的"不在于他说什么，而在于他怎么说"，即他人在说话时的音质、音速、音量、音调。一段话的含义，常常不在其字面意义，而决定于它的弦外之音。

如在沟通中能如此用心，有效沟通势必有了良好的前提条件了。

第二节　知人知面要知心

在人际交往与沟通中，如果我们能较为准确地把握对象的所思所想，那就一定能够投其所好，避其所恶，增强交往与沟通的针对性和有效性。所以，善沟通者必须具备通过交往对象的外在行为和表现判断其内心活动的修为，能够听其言、观其行、察其心，在跟人接触的瞬间大致读懂一个人的心思，然后找到应对这个人的有效方法，以期进行有效的人际沟通。

那么，我们可以从哪里洞察到人的心理活动呢？以下几个方面你不妨试试：

一、学会读懂颜色

我们每天与颜色打交道，五彩缤纷的树木花草，五颜六色的各式服装。在这各种各样的颜色中，总有一样或几样色彩是你喜欢关注甚至让你赏心悦目的，对色彩的偏好不自觉地流露出你的心态与兴趣爱好乃至性格特征。

在人际交往与沟通中，观察对方对颜色的偏好，如喜欢穿什么颜色的服装，开什么颜色的车，拎什么颜色的包，都有助于你对其个性的了解，读懂他的心思和爱好。

（一）红色

喜爱红色的人是自信的，希望能被人注意、维护他的权威。红色具有刺激性、好胜性，在感觉上表示食欲，在感情上表示希望，同样也表示积极的行动以及体育竞赛、战斗、竞争、色情、进取心、生产性等行为冲动。红色的爱好者希望人生多姿多彩、成功与进取。

（二）黄色

黄色是十分鲜艳的，给人轻快而舒适的印象。黄色比红色淡，富有暗示性。黄色的主特征是明亮、快活、明朗。表示弛缓性、缓和性，在心理学上意味脱离重荷、困境、难题、苦恼或拘束的束缚。在感觉上，具有舒适的刺激性；在感情方面，则充满希望和喜悦。黄色有不稳定、招摇甚至挑衅的味道，与其沟通时要特别注意这点。

（三）绿色

绿色给人无限的安全感受，在人际关系的协调上可扮演重要的角色。绿色象征自由和平、新鲜舒适；绿色也有负面意义，暗示了隐藏、被动，不小心就会穿出没有创意、出世的感觉，在团体中容易失去参与感。绿色爱好者还渴望改善健康状况，对自己及他人来说，是追求长寿。此外，这种人期望自己给别人留下深刻的影响，希望自己的颜色偏好及行为方式有示范性和带动性。

（四）蓝色

蓝色表示完美的平稳。集中精力看此色时，会给中枢神经以沉静的效果，喜爱蓝色的人，在心理学上就是很容易伤感的人。深蓝色有表现基本生物学欲求的色彩，在生理学上表示精神的平稳，在心理学上表示满足或满足中加平稳的欲求，以保持平衡、调和，任何时候都能够沉着、安定。与这类人打交道时，你首先应考虑怎样使其活跃起来，否则沟通易乏味而枯燥。

（五）白色

白色寓意公正、纯洁、端庄、正直、少壮，但大面积使用白色也易给人梦幻、疏离甚至有洁癖的感觉。在人际交往中，使用白色，也希望给人干净利落、心地明亮的感觉，如很多规范场合都要求着白衬衣就符合这种心理。

（六）黑色

喜欢黑色的人，从性格上大体可以分为两类，即善于运用黑色的人和利用黑色进行逃避的人。前者大多生活在大都市，精明而干练。黑色被大多数主管及专业人士所爱，以体现权威、高雅，有时也体现出冷峻、执著等。至于逃避性格者，这类人大多很在乎别人眼色。挑选衣服时，选来选去最后还是选了黑色的人大多属于这一类人。他们害怕别人对自己品头论足，因而买衣服时常挑黑色，这样才不会太显眼。其实,这是一种逃避心理。不过,这类性格的人中,有不少非常有自信,甚至还有些固执。

(七)紫色

紫色是红色和蓝色调和而成的。虽然不如红色和蓝色所表示的意义那么明确,但作为融合色,也具有红、蓝两者的某种特性。由于紫色的光波最短,在自然界中较少见到,所以被引申为象征高贵的色彩。有高贵、神秘、高不可攀的感觉;若时、地、人不对,喜穿着紫色可能会造成高傲、矫揉造作、轻佻的错觉。

(八)褐色

褐色是微暗的橘红色。它使红色的冲击力有所减弱,因而显得平和平稳,给人安定、沉静、平和、亲切等意象,给人情绪稳定、容易相处的感觉。

(九)灰色

灰色象征诚恳、沉稳、考究,无形中发出成功、强烈权威等强烈讯息;灰色在权威中带着精确,人在表现智能、成功、权威、诚恳、认真、沉稳等场合时,常穿着灰色衣服现身。

(十)橙色

橙色富于母爱或大姐姐的热情特质,给大家亲切、坦率、开朗、健康的感觉;介于橙色和粉红色之间的粉橘色,则是浪漫中带着成熟的色彩,让人感到安适、放心。橙色是从事社会服务工作时,特别是需要阳光般的温情时最适合的色彩之一。

二、善观体型面貌

要了解一个人的个性,也可通过观察体型面貌。

(一)体型看个性

体型和肤色同人的相貌一样,在一定程度上反映个体的心理特点。中国人喜欢说"心宽体胖",这经验性地说明体型和心理特点的关系。而对此,国外学者经过研究后,提出了一些饶有兴趣的成果。比较典型的可能要算法国精神病学家恩斯特·克雷奇默的三型理论了。克雷奇默曾在《体型与性格》一书中,把人的体型分为三类,即瘦长型、肥胖型、健壮型三种体型,并认为这些体型都和人的性格有关。

瘦长体型这种人属于内闭性性格,其基本特征是:与他人不善交往,孤独,思维具有抽象性及非现实主义色彩。这类人虽然有时非常敏感,但有时却又非常迟钝。有时哪怕一句话也会深深地刺伤他们,显出十二分的敏感。他们虽然给人一种举止言谈不凡的印象,但让人感到不易接近。他们总与人保持一定的距离。

这种类型的人又具体分为敏感型和迟钝型。敏感型的人由于神经质而避免与他人交往,热爱大自然,酷爱读书;迟钝型的人不大关心周围的人和事物,但却非常随和。克雷奇默认为文雅而敏感者、孤独的理想家、冷酷的统治者、利己主义者、乏味或迟钝者等都是典型的内闭性性格。

肥胖体型这种人属于同调性性格。其基本特征是:善于社交,善良、亲切且温厚。这类人喜欢交际,不管和谁都能结为朋友,而且善于照顾他人。因此,这种人走到哪儿,哪儿就会出现友好愉快的气氛。同调性性格具有轻躁状态和抑郁状态反复交替出现的特征。但是,不管是处于哪种状态,随和他人的倾向都会保持,而且不会对他人封闭自己的感情。这种人处于轻躁状态时,开朗、幽默、活跃、好动;处于抑郁状态时,安静、抑郁。克雷奇默认为能说会道的爽朗者、深沉且幽默者、有活动能力的实干家等都是典型的同调性性格。

健壮体型这种人属于黏着性性格。其基本特征是:坚定不移,专心致志,自律严格,有条不紊。这类人注重并严格遵守社会法规、惯例、习惯,在人际关系中循规蹈矩;工作踏实肯干,坚忍不拔;精力充沛,办事效率高。但是,他们不善于幻想,不爱闲谈。表情、态度都过于严肃,情感不外露。黏着性性格兼具黏着和爆发两面。他们虽然能够忍受磨难,但如若磨难过度,又会暴跳如雷。也就是说,这种类型的人既有稳重、耐性、严谨、殷勤这种黏着倾向,又有一旦兴奋便会不顾一切的倾向。

(二)相貌看个性

人的相貌即五官不仅具有生物性的功能,同时也具有表现情感的功能。相貌不等于表情,但表情是通过相貌来表现的,表情本身又是个体心理的反映。因此,人的相貌就如人的生理需要一样,不仅具有生物性,而且具有社会性。相貌与人的表情和感情是紧密相连的。一个心里坦荡的人,脸上始终流露着灿烂的笑脸,脸上皱纹自然就少;而"眉头一皱,计上心来",额头、眼角皱纹过多过密,大部分都是长有心计、城府较深之人。因此,古人有"相由心生"之说。因此,善于观察人的相貌,也是洞察人心的重要手段之一。

在国外,对人的相貌与个性的关系,有较多的研究。比较典型的有美国著名的颅相学专家塞缪尔·R·韦尔斯(1820—1875),在其名著《观人学》中,根据人的脸型来分析人的性格。他认为,长形脸的人天生朝气蓬勃、积极活跃、精力充沛、热情洋溢,圆形脸的特点是热情、冲动、多才多艺但易浮躁,通常是灵活而不坚定,勤奋而不固执,有才气而不深沉;而梨形脸的人思想敏捷、感觉敏锐、想象力活跃、才华横溢。

意大利犯罪学家、刑事人类学派创始人龙勃罗梭(1836—1909)在其名著《犯罪人》中认为,有一种人是天生的犯罪人,这种人占全部罪犯的1/3。这种人和其他犯罪人在体格和心理上都有不同的差异,在相貌上有明显的特征:扁平的额头,头脑突出,眉骨隆起,眼窝深陷,巨大的颌骨,颊骨同耸,齿列不齐,非常大或非常小的耳朵,头骨与脸左右不均,斜眼,指头多畸形,体毛不足等。这种生理特征中导致相应的精神特征:痛觉缺失,视觉敏锐;性别特征不明显;极度懒惰,没有羞耻感和怜悯心,病态的虚荣心和易被激怒;迷信,喜欢纹身,惯于用手势表达意思等。

此外,比较有影响的还有日本心理学家高间直道在其著作《一目了然》中,将人的脸型分为凸镜型、凹镜型、平镜型,并揭示人的个性的内外型与脸型相吻合。还有的学者提出了面部"三区"说,即将面部分为"智慧区"、"自我意识区"以及"情感欲望区"。眉毛以上即"智慧区",以人的额头是否前凸、天庭是否饱满来判断其智慧程度;以口唇为"情感欲望区",以其大小、线条判断其情感欲望多寡;两间中部以鼻梁为重点为"自我意识区",以鼻梁高低、鼻翼是否突出判断其自我意识强弱。

如同体型与个性一样,我们首先承认相貌与个性心理有联系,但仍不能格式化、简单化。尤其是人的胖瘦高矮一旦长成,很快改变是很难的,但人心理活动的多样性,是可以掩饰相貌流露出来的心理信息的。所以,尤其需要进行综合分析和判断。

三、关注举手投足

举手投足间也能透露一个人的个性。

(一)肢体语言看个性

在人际沟通中,各种媒介在信息传递中的效果,有专家分析后得出结论是文字占7%,语言占38%,其余55%为肢体语言所发挥的作用。其结论是否准确,有待讨论。但是,肢体语言在人际沟通所显示的意义较之其他信息传递方式要深刻得多,信息量要大得多,是无庸置疑的。所以,能读懂沟通对象的肢体语言,是了解其心理活动的最主要渠道。

肢体语言又称运作语言、身体语言,它是人在无意识状态下自觉不自觉地运用身体的特定部位表达情感、意愿的交流方式。

相对于其他信息传递方式,肢体语言具有真实性、广泛性、连续性、不受环境限制、跨文化、简约性等特点。

人的身体是世界上最精细的、复杂的组合体,对个体的情感、意愿,有着丰富的表达方式。为了便于表述,有学者将其归纳为四个区:腿与足、躯干、上肢以及颈部以上的部位。在人与人的沟通中,肢体的各个部位全方位地表达着自己的情感和意愿。面孔、身体和态度都在表达自己的真正感觉。握手是一种肢体语言,一个人的身体语言反映一个人的感觉,而恰到好处地用力握手对交谈至关重要。握手的方式往往在不知不觉中向别人透露了不少你自身的秘密。目光也是一种肢体语言,在握手时,不管和对方是轻轻一握还是紧紧相握,眼睛却决定着握手的性质。也就是说,目光更能表达出你交谈的意图。总之,目光和蔼真挚地投射,会充分让对方感到你的尊重、宽容和教养有素。微笑是一种肢体语言,给人亲切感,让人感到愉悦。在交谈中,常带微笑会让人感觉到你的热情,也会增加他人对你的好感。

总之,人的一举手、一投足,无不包含着特定个性信息,这种信息比其他任何方式都更真实地反映了他的内部世界,关键在于你是否读懂了这些身体密码并捕捉到它的真实意图。

英国著名心理学家亚伦·皮斯在《身体语言密码》中写道,一个简单的握手动作却暗藏影响世界格局的政治信息,一个无心的眼神交流已然决策千万级别的商务谈判,一个不经意的微笑转瞬间成交百万的销售大单。细微的身体语言蕴藏着如此巨大的魔力,无论你是政治家、谈判专家或是营销高手,在你不知不觉之间,胜负之局已定。可见,增强肢体语言的感受力,捕捉肢体语言的奥秘是多么重要。

但我们也要看到,在分析肢体语言时,要充分考虑到其差异性和多义性的特点。在差异性方面:同一意思,在不同的场合,有不同的表达方式;同一意思,在不同的性别、年龄的人中有不同的表达方式;同一动作,人们可能会有不同的理解。多义性方面,即同一动作,则可能有多种理解。如挥手,可有致歉、告别、不理、厌恶、反感等多种理解;脸红可能是害羞、拘谨、愤怒等多种情绪的表现。因此,必须结合特定情境作具体的分析,才能全面、准确地把握各种肢体语言的特定含义。

(二)细微之处看个性

这主要指通过个体的表情及微动作观其个性。表情在这里通常是指人们面部的表情,是可以完成精细语言沟通的一种体态语。

人的面部肌肉相互配合，可以做出上百种不同的表情，准确地传达人们不同的内心情感状态。面部表情一般比较易于被人察觉，能够及时有效地反映沟通双方现实性状态。表情可以有效地表达不同的情感、情绪，告知对方自己的意愿。通常的情感维度包括肯定与否定、接纳与拒绝、积极与消极、强烈与轻微等都可以通过面部肌肉的不同运动方向加以实现。在日常的人际沟通过程中，表情是人们运用最多的身体语言的沟通方式之一。

但是，由于人们面部肌肉具有可控制的特点，表情与情感却出现了不同的对应关系：

情感可以在没有表情的情况下产生。一天，某机构干部任命大会上，王某终于听到了梦寐以求的任职通知，心情激动，但担心别人说其张扬张狂，便控制自我，面无表情地开完会。

表情可以在没有情感体验下的情况下出现。某些官员与人握手时，机械点头，礼貌微笑。足球场上，某球员为骗得对方球员黄（红）牌假摔在地，表情极痛苦，待裁判对对方球员给牌后，又轻松踢球去了。

情感体验的内容与表情的含义可能不一致，甚至相反。听了难受的消息，却强作欢笑；愤怒、悲哀或憎恨至极，也会微笑甚至大笑。有了好事，心中暗喜，却故做痛苦状；心里着急，表面若无其事。

因此，仅从人的某方面表情来判断人的情感，是不够的。但表情和情感，又是有联系的。而且，人的面部器官还常常同人的特定情感有着相应的关系。心理学研究表明，鼻、颊和嘴是表现厌恶的关键部位；眉、额、眼睛和眼睑是表现哀伤的关键部位；嘴、颊和眉、额对于表现愉悦等情绪作用明显；眼睛和眼睑的变化用来表现恐惧。一般情况下,人的眼神是最为真实情感、情绪的显示器,很难加以伪装,其他的表情则比较容易通过人们的刻意控制而不能真实地表现情感。

表情中,脸色有重要的象征意义:如脸红常表示快乐、激动、抱怨及愤怒;脸白常表示忧郁、痛苦、嫉妒、愤怒;脸黄常表示痛苦、愤怒、气愤;脸灰常表示倒霉、失意;脸青常表示极度气愤和长期被压抑。

人的各部位在表达情感中是有分工的,但彼此分工又不是绝对的,有时为表达某一情感,会相互配合,打"组合拳"。如遇到高兴的事,人会手舞足蹈、眉飞色舞等。所以,动作语言在表达情感、情绪时,常常是多通道的,这也是与其他沟通形式的重要不同。因此,在具体交往与沟通中,需仔细观察,用心感受。唯有此,才能真实地把握对方的情感和意愿,而不是"孔雀开屏,自作多情"。

(三)自我抚摸露心思

行为主义心理学认为,心理学不应该研究意识而应该研究人的行为。它认为,在我们日常生活中,是什么出卖了我们的性格,是什么暴露了我们的隐私,是我们的行为和语言,是我们的一举一动。如果要了解我们的心理,就首先从关注我们的行为做起。其中,自我抚摸是重要的窗口。

抚摸和被抚摸,是人的一种本能性的需要。婴儿时啼哭是因为有两种饥饿——肠胃饥饿和皮肤饥饿。饿了他要啼哭,这是因为他肠胃饥饿了;但喂饱后放置于床,他又哭了,而家长一抱在怀里,他就不哭了,这是因为他皮肤饥饿了,需要人抚摸,渴望抚摸。尤其是心里孤单、犹豫不决、勇气不足时,有人抱抱、拍拍肩、握握手,会觉得内心踏实许多。但这些情境出现时,多数时候是没人来抱你、拍你、握你手的,这时就只得靠自己自我抚摸。

自我抚摸既满足了个体的心理需要,又能反映在特定条件下的心境和情绪情感。据分析,在人的自我抚摸中,头脑是频率最高的部位,而即便是抚摸头脑,又可作若干细分。

一是手与头发的接触。用手轻轻地抿或掠自己的头发,可解释为追求情爱的代偿性满足的行为,也是注意自己的仪表以求吸引异性的表现。用手抓自己的头发,随用力的大小可表现出不满—困惑—害羞—悔恨—痛恨自我等层次的情绪。如头发已经剃光,触摸自己的光头多半是表现困惑。

二是手与额头的接触。用三指轻拍额头,强调正在思考。以手加额,表示庆幸,所谓"额手称庆"。拳头轻敲自己的前额有正在紧张思考或困惑和悔恨等意思。用手掌贴在太阳穴附近,用手指敲太阳穴,或手执铅笔、眼镜、烟斗等支在太阳穴附近,都表示强调正在思考。

三是手与眼的接触。大多属于暂时隔断外界的信息刺激,以调整自己的情绪思路。以手揉眼,特别是在谈话过程中插入这个动作,是一种掩饰行为,以延长思考时间。用手擦、摸眼皮也表示类似的意义,主要是掩盖眼睛传递的信息。

四是手与鼻的接触。抚摸鼻子,用手捏或摸鼻梁,或者用一根手指摸触鼻子的一侧,凡此种种都是感到犹豫、无从作答或无从决定时的动作。手捂住鼻子是表示怀疑或不愿与人接近的意思。

五是手与耳(耳垂部分)的接触。摸弄耳垂的动作一般较抚摸鼻子的动作少,大多发生在认为对方谈话乏味、无聊或对话题产生反感的时候,借此以消除浮躁不安的情绪。将手罩在耳朵上形成喇叭形,以捕捉更多的信息,表示在用心倾听会场上的谈话。将手盖在耳朵上则表示隔断信息,所谓"充耳不闻"是也。一般手摸耳朵的人都有一定主见。

六是手与嘴的接触。在谈话时,用手(或手持物)掩嘴,一表示与对方存有戒心或表示怀疑,二表示不愿被人看出自己的本意。在清嗓子或打呵欠时,用手捂嘴或握拳凑近嘴边,是为了掩饰自己的内心不安。

七是手与下颚的接触。手支下颚(下巴)的动作多见于女生,这是一种代偿性动作,用来取代拥抱自己所亲近的人,或用以体会安慰与亲密接触的快感。男子抚摸自己的下巴表示对某事物在作出评价,有时也用来掩饰不安或话不投机时的尴尬。抚摸胡须的意义与抚摸下巴的意义相仿。

八是手与脸颊的接触。手从上而下或从下而上地抚摸脸颊,都属于表示犹豫困惑或为难的动作,其强烈程度从下而上的抚摸大于从上而下的抚摸,慢动作大于快动作。手很快地从上而下地抚摸脸颊,有从困惑中解脱出来的含义。

九是手与后脑勺、颈部的接触。手抓后脑勺或颈部是感到困惑、为难的表示。双手抱住后脑勺也是强调正在紧张地思考。

十是手与胸部的接触。用手接触胸部的动作是出自动物自我防卫本能的历史遗传动作。尤其是女性,在遭受某种冲击或惊愕时,总会做出用单手或双手保护胸部的动作。若在安全的环境中,女性无意中做出置手于胸部的动作,则是在传递性的意识或信号。男子用右手按在心脏的部位,这个动作具有文化因素,即用心脏来象征自己的忠诚、可靠和负责任,用手拍胸也传达类似的含义。

十一是手与腹部的接触。交叉着手指放在腹部前,或胸、腹部交界的地方是为了增加自己的安全感和自信,如女性歌唱家在演出时常采用这个姿势。手拍腹部的动作多见于男性,其意义与拍胸部相仿,但表示宽宏、大肚量并以此自豪的成分多于担负责任。

十二是手与腰部的接触。手与腰部的接触大多是单手叉腰、双手叉腰和重新系皮带或腰带的动作。叉腰动作的基本意义在于尽量扩展个人势力圈,借以取得心理上的优势。而重新系皮带和腰带的动作(也多见于男性),除生理上的需要外,大多意味着从精神紧张中解脱出来,休整一下,然后再开始行动,或再度面临挑战。

十三是手与肩背的接触。双手抱肩的动作是缩小自己的势力圈,表明此人对周围环境不感兴趣,感到困惑,或采取退缩的态度。

四、把握人际距离

人类学家霍尔在其名著《无声的语言》(1959年)中,提出了著名的"人际距离"理论,他认为人际距离可区分为四种:亲密距离、个人距离、社交距离、公众距离。

15厘米以内,是最亲密区间,彼此能感受到对方的体温、气息,一般是恋人、夫妻等之间的距离。

15厘米至45厘米之间,也属亲密区域,如好友之间的促膝谈心,及恋人、夫妻间的交往。

45厘米至120厘米之间,通常是朋友和熟人间的距离。

120厘米至210厘米之间,是一般的社交空间,人们在工作交往和社会聚会上通常保持这个间距。

210厘米至370厘米之间,则是与一些身份、地位较高人接触的距离,表现出交往的正式性和庄重性。

370厘米至760厘米之间,是演讲、表演等活动所持有的公众距离。

人际距离的划分,表面上是以人际关系分类的,实质上是双方彼此在心理上的距离所决定的。

(一)公众距离

公众距离是公开演说时演说者与听众所保持的距离。在公众距离范围内,人们沟通中视觉信息的精确性显著下降,因此这个距离不适合人际沟通,只适合于演讲和演说。为了产生良好的人际效应,教师们常常走下讲台,演员们常走下舞台,就是为了缩小人际距离,以产生人际互动关系。

(二)社交距离

社交距离通常用于正式社交活动、社交谈判。如果社交活动在更近的空间展开,人们会有意识地通过姿态把双方的物理距离加大。在这个距离范围内进行沟通,人们需要提高谈话的音量,需要更充分的目光接触。这种变化会直接增加正式、庄重的气氛。上级向下属传达指示,单位的领导接待来访,商务谈判,外交斡旋往往都采用这个距离进行沟通。

(三)个人距离

个人距离是朋友间进行沟通的适当距离。这个距离可以隔断亲人之间的体热和体味交流,同时又可以相互握手,并保持正常的视觉沟通。在这个距离中沟通双方没有任何触碰的空间,熟人和陌生人都可以进入这个距离。

(四)亲密距离

亲密距离的近范围就是身体的充分或直接接触。人们在近距离沟通的时候更多的是依赖触觉,视觉、听觉则退居次要地位。通常情况下人们只允许情侣或孩子进入这一范围。这种距离是手臂相互接触拥抱的适当距离,但不能进行身体的全面接触。通常情况下,亲密距离的使用都限于个人环境。

亲密距离只限于在情感高度密切联系的人之间使用。如果情境迫使人们在互不认识和熟悉的情况下相互介入彼此的亲密距离,人们就会通过躲避视线、背朝他人等方法显示彼此的心理距离。人们在乘坐比较拥挤的电梯的时候,电梯中的大多数人都是不希望有亲密互动的陌生人,所以他们会调整非言语行为以消除因接近带来的后果。在此种情形下,每个人都会面向前方,眼睛盯着电梯上的楼层数字,尽量避免眼神接触。他们的姿势僵硬,而且尽可能避免触碰,形成了不成文的空间规范。但人与人交往的距离在较长时间里处于亲密距离的接近状态,将导致人际关系的加深或改善,如同学、同事、战友、难友等,往往会从素不相识成为生死不渝的至交。而如果以不自然的方式强行进入他人的亲密距离,多半会认为是对他人的侵犯。

可见,在日常人际沟通中,把握好各种距离是非常重要的,"距离产生美"是恰如其分的。

(五)触摸语言

如果两个人的关系,亲密到任何距离都是多余的时候,那将进入动作语言中最亲密的方式——触摸语言。

触摸语言在人际交往中的价值,每个人都可能有体会,人在触摸或身体接触时对情感融洽的体会最为深刻。在日常生活中,身体接触是表达某些强烈情感的最为有效的方式。人与人之间的相互理解,隔阂的消融,浓厚的情谊,也常需要通过身体接触才能得到充分表达。尤其是在家庭沟通和比较亲密的朋友之间的沟通中,触摸起到意想不到的效果,起到化解矛盾的作用。触摸常常代表深层的相互接受和融合,对于友谊的深化、爱情的触发,都具有不可替代的意义。有过恋爱经历的人会有体会,爱情是从身体接触(哪怕只是握手)的那一瞬间发生质变的。对身体的接受,是人际交往中安全感得以建立的标志。心理学家在人类潜能解放运动之中,曾经运用主要以默默的身体接触为沟通方式的"交友群体"技术,深刻地改变了许多人的性格,消除了人们严重的自卑、自贬、压抑、罪恶感等心理障碍,使人们变得容易与别人进行沟通,容易与别人相处。"交友群体"技术还使很多人在事业上取得了更大的成功,也使他们在主观感受上感到生活更可爱、更充实、更幸福。由此可见,身体接触具有广泛心理支持意义。人为什么渴望适应的触摸,我们在"自我抚摸"部分已作过分析,此处不再细述。

第三节 进退有据善攻心

善知心者,自善攻心矣。

古人曰:"攻城为下,攻心为上。"人际交往与沟通即是心灵间的连通,那么,获取对方的心理认同,赢得他的心,乃是沟通的根本目的。能否攻心,就成为沟通成败的重要标志。

一、熟悉沟通对象,善用人性弱点

了解沟通对象及其弱点,有助于顺利沟通。

(一)熟悉沟通对象

"知己知彼,百战不殆。"这句耳熟能详的成语,在人际沟通中,更为适用。在人际交往中,不识人比不识字更为可怕。

首先,要真诚地对对方感兴趣。当你拿到一张班级合影或单位同事外出旅游的合影照,你首先在里面找谁?肯定是你自己,因为,在这里所有的人中,你最感兴趣的是你自己。既然每个人都最为关注自己,最想强调自己,如果你想结识他并与他进行有效的沟通该怎么办?对他感兴趣,突出他的存在。

人人都希望他人能够喜欢自己,并且使自己受到欢迎,但是这在生活中似乎并不是一件很容易的事。对他人的兴趣,必须要出于真心。如果是为某种功利而收集他人的资料,只能得一时之利。人际沟通,应是心灵的沟通,它是心灵间的认同、接纳、契合。只有真心地对人感兴趣,才可能交上真心的朋友。戴尔·卡耐基说,一个对别人真心感兴趣的人,在两个月之中所得到的朋友,比一个只要别人对他感兴趣的人,在两年内所交的朋友还要多得多。

要熟悉对象,必须得下工夫做好功课。美国前总统罗斯福,凡与之见面的人都会被其渊博的知识折服,并且为其生动体己的谈话而感到快乐。其实,每当罗斯福要接见某个人,他都会头一天晚上仔细阅读这个人的材料,以充分了解对方的经历、特点及兴趣之所在,在交谈中让对方感到自己被了解、被重视,岂能不相谈甚欢呢?笔者一位朋友,有幸接待一位首长,很想请这位首长在一个首日封上签上大名。但无奈,保卫很严,难得一见。于是想托其他工作人员代为送签,所托之人是很名气的学者,笔者朋友头天晚上认真阅读学者的著作,次日与之交谈,说到书中精彩之处,不吝赞扬,学者深感愉快,不仅自己在该书签上大名送其指正,也乐将其所托之事顺利办成。有时候,对方的一个生日、一段经历、家中的一件趣事,你能记住并自然地表露出来,会在你们的沟通与交往中,起到意想不到的效果。

对对方感兴趣才会去了解对方,不了解对方,怎么能知其所好,从而有效地攻其心呢?

(二)善用人性弱点

人性的弱点是美国著名"成人教育之父"戴尔·卡耐基所提出。人性的弱点,并非人性的缺点。前面已谈到,它是我们人性中天然存在的一种需求,希望被人尊重、肯定,能成为重要人物等。这是人心最柔软的地方,也是攻心最适合的突破口。如你与人沟通交往中,能尊重他、理解他,把他作为重要人物看待,必然得到他的喜欢与接纳。

那么,我们怎样才能让对方有重要人物的感觉呢?

首先,记住他的名字。当你走在熙熙攘攘的大街上,什么声音最能引起你的注意,并四处寻找,这就是有人在叫你的名字。人最注意的声音是他的名字,最希望能留下来的也是他的名字——青史留名。商家博弈,常是为了名号,有人为自己名字能永垂不朽,不惜发动战争,也不惜花费金钱。为什么人们如此看重自己的名字?因为名字是人的代码,记住了名字就当是记住了他。有时,阔别多年的朋友相见,常常有一句话就是:看看我是谁? 如你说,这么久了,真想不起了,他会非常失望的。但若你能脱口而出:不是某某吗?会让他欣喜若狂,彼此距离一下子就拉近了。

其次,给人真诚的微笑。记住人的名字固然重要,但若他循声而来看到的是你满脸冰霜或一腔怒气,他可能想:真倒霉,还不如没听到有人叫自己的名字。但若回眸一看是张明媚的笑脸,心情则显阳光灿烂。这张明媚的笑脸要告诉对方什么?告诉对方:你真好,看到你真高兴。英国有句谚言:"一张热情的面孔,就是一封最好的介绍信。"你着装华丽、气宇轩昂,但一脸冰冷,有谁愿接近你。相反,热情洋溢的笑容,给人以温暖和愉悦,谁不会因为你的温暖走近你?有些东西你送给了人家,你就自然会少了一个。而微笑呢,并不会因给人而减少,它丰富了接受者,而不使给予者贫瘠。这样的好事,我们何乐而不为呢?微笑一定要来自内心的热忱。为笑而笑,皮笑肉不笑,还真不如不笑。微笑作为一种情感、情绪的表现方式,必须是来自于内心的热情,对人热情,对人友好,应成为一种行为风格和处世习惯,习惯逐渐成为自然。因此,待人热情的人,微笑绝不是装出来的,而是一种自然而然的流露。

再次,谈论对方感兴趣的话题。既然人最感兴趣的是他自己,那么,在其交谈时,什么样的话题最容易沟通呢?那当然是他感兴趣的话题。我们每个人在与人交谈时,总希望把自己的意愿、感受告诉对方,让其理解并认同;把自己最关心的事倾诉给对方,望能得到关注并予以帮助。事实上,如果我们过多强调自己关心的事,常得不到预期的效果。因此,你不得不反复强调,结果仍然适得其反,最后给人喋喋不休的感觉。为什么呢?因为你从头到尾都在强调自己关心的事,而不是他感兴趣的事。我们每个人都有许多事情要办,希望得到他人的理解与帮助,但你要引起别人的关注,就必须是他感兴趣的事。如果我们与人见面,只夸夸其谈自己的感受、爱好,而忽视了对方的兴趣,能引起彼此的共鸣吗?

再次,不要显得比别人聪明。人们常说,他希望与聪明的人打交道,但若遇到的每一个人都比他聪明,他会开心吗?事实上,我们每个人都希望自己聪明、自己比别人聪明。但是,在与人交往与沟通中,我们就没有必要显示出比他聪明了。我们不显示出自己的聪明,如遇到比自己更不聪明的人和事又怎么办?你还是不要说你比他聪明,委婉地提醒他就好啦。不显出比别人聪明的人往往就是聪明的人,我们叫这大智若愚。大智若愚运用在与人沟通中,是指对对方的谬论假装不明白,然后用委婉而意味深长的方式,让对方明白自己的对错,从而达到沟通效果。

再次,真诚地表现出对他人的欣赏。在人际交往与沟通中,我们有谁希望对方看不起自己、挖苦自己?我想是没有的。相反的,人家喜欢你、欣赏你,一定心里甜蜜蜜的,巴不得多有几个这样的朋友,渴望被欣赏,这是人与生俱来的天性!既然如此,我们就要学会欣赏他人并用对方能接受的方式将其真诚地表达出来。善于发现对方美好的地方,哪怕是被人天天所视而忽略不计的一个微小美好。那些显而易见,常常被人欣赏赞美的东西,被人发现而赞美,收效甚微,甚至让人觉得你随大流无个性,倒是那些被人视而不见、忽略不计,而对方又自视珍爱的美好,被你所发现、所欣赏,那才令他笑逐颜开呢。这可能是他身体的某一部分,气质中的某种特点,服装上的某一饰品,等等。善于欣赏除了有助于有效沟通,还能为沟通双方带来愉悦,既然渴望欣赏是人的天性,那么,得到你的欣赏后,对方一定很快乐。而快乐作为一种情绪,又是能相互感染的,他必定将快乐传递给你,你不也快乐起来了吗?所以,真诚地欣赏,使被欣赏者快乐,欣赏者也获得了愉快。那么,我们为什么不学会欣赏他人呢?

最后,善于倾听,做个好听众。英语有句有名的谚语:"雄辩是银,沉默是金。"直观的理解就是会说不如会听。在人际交往与沟通中,我们有些人总愿意把自己的想法告诉别人,希望对方理解并接受,但有时效果并不好,殊不知对方也希望把他的意愿告诉你,希望你能理解并接受。所以,善沟通者常常是多听少说。有研究者把这个比例建议为80%的时间用来听,20%的时间用来说。愿意倾听对方的倾诉并给予积极的回应,不仅让对方感到受尊重,其实也是一种变相的欣赏和赞美。做一个好听众,认真倾听对方的倾诉,不仅让对方感到被尊重、被重视而自信满满,你也成了可亲可敬之人。

二、适度暴露,进退有据

适度的自我暴露,有利于对方接纳自己。

(一)善于自我暴露,让对方敞开心扉

自我暴露也称之为"自我表露",它是人有目的、有计划地把自己的真实情况告诉他人的行为。这一行为中有三个要素是非常重要的:自愿的、有意识的、暴露的内容是真实的。

人为什么要把自己真实的情况有目的、有计划地告诉他人呢?这是成功沟通非常重要的一个前提。我们在人际沟通与交流中,谁愿意向一个自己什么都不了解的对象敞开自己的心扉呢?谁愿意和一个城府很深的人交朋友呢?如同我们去餐馆用餐,甲餐馆的菜

谱佳肴可口,但没标价;而乙餐馆同样的菜谱,但明码实价,你会选择到哪家餐馆用餐呢?如没有特别的原因,想来你一定会到乙餐馆吧。因为你知道价格后就知道自己的消费能力和消费内容了,与人交往同样如此。在与人沟通中,我们如果能够恰当地暴露自己,如自己的优点、缺点及爱好等,势必会取得很好的效果。有句话说得很好:"深刻的爱是建立在对对方了解的基础上,我怎么会爱一个我不了解的人?不了解的人又会怎么爱上我?"因此,要攻人之心,必先让别人适度地了解你。

另外,适当暴露自己的缺点,可能取得良好的沟通效果。人们常注意自己的形象及语言的措辞,以期望让对方悦目赏心。其实,有时候有意地贬损一下自己,暴露一点儿自己的弱点,则能取得更好的效果。心理实验证明,过于完善的人常常人际吸引力并不强,与人沟通的效果也不好。过于完美让人望而生畏,而人们常常乐意的是接受比自己低一等的人和事,这样可使自己在心理上产生一种优越感。而你有时暴露一点儿弱点,适当贬损一下自己,可促发对方的优越感,拉近心理距离,从而实现平等有效的沟通。

心理学研究表明,人与人交往是一个心理互动过程。我们对别人的自我暴露程度、开放程度,往往会得到对方相应的理解与认可。而自我暴露要取得预期的效果,是需要相应的技巧的。如在语言上,多使用"我"来叙述,在叙述时,使用明确具体的语言,用完整的句子表达完整的思想,而且要坦率真诚。在行为语言方面,尽可能使用开放姿势,加强正面目光接触,丰富的面部表情等。同时,我们也要看到,自我暴露也是一柄"双刃剑",它既可以助你和他人拉近人际距离和有效沟通,但如处理不好,把自己不该暴露的秘密与隐私暴露给不合适的对象,也将为你的工作与生活带来很多麻烦与困扰。所以,在看到自我暴露重要作用的同时,也要做好自我保护。

(二)因势利导,推进有方

打开对方的心扉,进入对方的心田,除温暖的春风外,有时还得靠强力推进,但方法要得当。攻心中的"进"就是要想法打开对方不愿开启的心门,并与其进行沟通,从而达成共识。

首先,做好积极的印象整饰。印象整饰也叫印象管理,它是指一个人通过一定的方法去影响别人对自己的印象,使别人所形成的印象符合自己期望的过程。这就是要站在他人角色立场,了解别人如何看待自己。这样可以使人们有效控制自己的社会行为,使别人感到满意。在攻心战役中,我们可通过积极的印象整饰,让自己在对方那里更加悦目赏心,进入他的心际,才可能有所收获。如对方对你印象不佳,不愿交往,不愿接纳,心门紧闭,攻心则是不可能的。

其次,勇于自我推销。自我推销就是给予他人正确信息,以促使对方接受自己的过程。在人际沟通与交往中,善于印象整饰,在于给对方一个好印象,善于自我暴露,在于让人了解你,而成功的自我推销才能让对方接纳你。所以,通过有效的自我推销,是获取沟通与交往成功的重要手段,也是攻心战役的前哨战。自我推销不是炫耀,而是一种才华,是一门艺术。善于自我推销者,左右逢源;不善自我推销者,四处碰壁,你将不会被注意,难以被人接纳。我们的生活就是一连串的自我推销。在人际交往中,你希望别人喜欢你、赏识你、承认你,就把自己推销得更成功些吧。

再次,运用权威心理获得对方认同。笔者有位朋友是做蔬菜生意的,很想将其产品销售给一个大企业的食堂,其卖点是他的蔬菜是生态环保的。食堂管理人员说,我怎么能相信你的产品没有用农药是环保的呢？这位朋友说,某某单位都是从我这里进的菜,不信你问问。这某某单位是什么单位呢,就是一个环保机构。食堂管理人员听后很快与其谈妥价格并成交了。这就是沟通中的权威效应发挥了作用。

  再次,利用趋利避害的心理取得共识。趋利避害是生物的本能,当然也是人的本能,与生俱来。当沟通对象犹豫不决,举棋不定时,可对其晓知以利弊,分析其得失,一正一反一比较,可很快助其厘清思路,然后循循善诱,终成共识。

  再次,运用心理定势形成共识。心理定势也称刻板印象,而刻板印象原理无时无刻不在影响着人的思想和行为。苏联心理学家曾做过一个关于"刻板印象"的实验。心理学家把同一张照片出示给参加实验的两组大学生看。不过,心理学家事先告诉第一组的学生:照片上的人是一个作恶多端的罪犯;告诉第二组的学生:照片上的人是一位伟大的科学家。最后,心理学家让这两组学生分别用文字来对照片上这个人的相貌进行描述。结果,第一组学生描述道:此人深陷的双眼表明其内心充满了仇恨,突出的下巴昭示着他沿着犯罪的道路越走越远的内心……第二组学生描述道:此人深陷的双眸表明其思想的深度,突出的下巴表明他在求知的道路上不畏艰难险阻的意志……同一个人,之所以会得到如此截然不同的评价,仅仅是因为评价者之前得到的关于此人身份的提示有区别。一开始产生了反感,后来就很难认同;一开始认同,往往就会一直认同。在人际交往中,如果能够巧妙利用人的心理定势,就可以非常简单地让他人点头称"是",对你心悦诚服。

再次,让对方视自己为"自己人"。在日常生活中,如果对方将你视为对立面,沟通难度将骤增,但将你看做是与自己有相同志趣或经历的人,就会在心底渐渐接纳你,不知不觉对你敞开心扉,并接受你的意见。因此,聪明的人会在与人打交道时将"自己人效应"发挥得淋漓尽致,这不仅是空间距离的拉近,更是心理上亲近感、信赖感等的产生。

最后,请将不如激将,巧用逆反心理。逆反心理是一种常见的心理现象,每个人都有好奇心,因为好奇而想要了解某些事物。当这些事物被禁止时,最容易引起人们强烈的好奇心和求知欲。特别是只做出禁止而又不解释禁止原因的时候,反而更加激发人们的逆反心理,使人们更加迫切地想要了解该事物。因此,你越是禁止,对方越是想知道;你越不让干的事,他越要干。逆反心理的原理如运用得好,沟通效果是很好的,但得先熟悉对方的个性,并且使用得恰到好处。

(三)当退则退,退守有据

能攻,还得善守。有时该退的时候还得退。在人际交往与沟通中,不是每次交换意见、相互沟通都是情投意合、彼此相通的。事实上,很多时候大家相互沟通时,意思并非一致,有时对方还较尖锐。如果你的意见是对的,而且又希望人家能接受你的意愿,不妨用以下方法试试。

第一,允许有各自的天地、不同的意见。由于每个人的主客观因素不一样,因而对同一事物有不同的认识与反映是客观存在的,所以我们根本不可能企望别人同自己所有认识、看法完全一致。能做到的是,在保留各自不同的空间和看法时,彼此能在某一部分形成共识,而且这个共识部分越多越好。因此,在人际交往与沟通中,我们应该允许双方彼此有着各自的天地、各自的意见。

第二,换位思考、避免争吵。在人际沟通中,有时难形成彼此共识,并不是因为彼此意见的对立和情感的敌意,而是看问题的角度不一样,就好比同样一座山,"横看成岭侧成峰,远近高低各不同";同样一个人,就好比后面看到的是大致相同的平坦后背,前面看到的是各具不同的眼耳鼻唇等等。有时候,在一阵争论不休后,互换角色,换个角度一看,什么都明白了,什么都理解了,沟通也就顺畅了。有个叫"太阳与风"的寓言给我们的启示直观而深刻:温暖的方式更能改变人的行为。所以,在沟通中,为一小事争吵,其结果输赢都是输,而相互容忍、相互包含,必要的时候,做些理智的让步,保护好彼此的友情及相互沟通的基础,才是真正的赢家。

第三,允许对方反驳甚至发火。交往与沟通中,如对方有不同意见,一定要让他说出来,哪怕是激烈的反驳甚至火冒三丈。心理学中有句名言叫"发表就是减轻"。允许发表不同意见,一是对对方权利的尊重;二是让其胸中的不满发泄出来,心情平和得多,交往与沟通自然也就容易了。

三、顺其自然,留有余地

人际沟通是一个由表及里、由浅到深、由相识到成为知己的过程。既是过程,就应该循序渐进,所以,在沟通交往中,不应有期望一蹴而就,而是顺其自然、水到渠成,并适当留有余地。

(一)应尊卑得体,不宜过度讨好

不提倡虚伪地夸奖别人,无论对方是什么身份,如果过于贬低自己而曲意奉承上司,给人感觉一副奴相。在人际交往中,要做到既不献媚,又不歧视地位低的人,才是正确的。不仅不要讨好别人,也不要随便接受别人的讨好。其实不少奉承和讨好的语言都是趁人的虚荣心而入的,所以在听到不恰当的恭维时,先审视一下自己,看自己是不是在言行中无意流露出了喜欢被人讨好的苗头,要保持平常的心态。同时还要清醒地认识到,奉承讨好他人的人大多都是有目的的。在生活中,难免会遇到一些人想通过讨好的方式来达成自己的目的。不过也不一定非要对这些人冷眼相看,否则就可能会把来自对方的赞美也拒之门外,影响了人际关系,所以一定要清醒地分清诚意的赞美和虚伪的讨好。做人就要做到不卑不亢,不要刻意看低自己,不要以为看低自己就能得到别人的尊重,也不要以为看低自己就是一种"谦虚",恰恰相反,这样做只能让你失去尊严。对于别人的赞美,要保持冷静,想想自己是不是值得这样的赞美,既不要绝对地拒绝别人的赞美,也不要因为过度的赞美失去自己。

(二)情感投入不能"投资过度"

沟通是心灵相通,有些情感投入是必要的,但若"投资过度"就会适得其反的。因为过分的情感投资,常会给你带来一些负面效应。人际关系中如果不能相互满足某种需要,那么这种关系维持起来就比较困难。在卡耐基成功人际交往思想中,很重要的就是要遵循心理交往中的功利原则——这一原则是建立在人的各种需要(包括精神的、物质的内容)的基础上,即人际交往是满足人们需要的活动。心理学家霍曼斯曾经提出人与人之间的交往本质上是一种社会交换,这种交换同市场上的商品交换所遵循的原则是一样的,即人们都希望在交往中得到的不少于所付出的,如果得到的大于付出的,自己心理也会失去平衡,同时也可能带来讨好对方的心理负担。如果你想帮助别人,而且想和别人维持长久的关系,那么不妨适当地给别人一个机会,让别人有所回报,让其在交往中能够心安理得。而"过度投资",不给对方喘息的机会,就会让对方的心灵窒息;留有余地,彼此才能自由畅快地呼吸。

(三)应保持适当的距离

人际关系密切程度通常表现在人际距离上。双方关系亲密,相互间距离就较近;双方关系疏远,相互间距离就较远。若你生硬地去与人亲近,则有违交往规律,对方不仅不会作出友好表示,还会产生反感情绪。这种适得其反的效果,会把你置于被动地位。保持适当的距离,能给对方冷静地观察你、认识你的机会。你们会在逐步熟悉和了解中,实现思想的沟通,情感的交融。关系慢慢亲密了,彼此的距离就会悄然隐去。保持距离重在适当,掌握在对方认可接受的范围内,并能有效地促使双方互相吸引。

人际交往要有所保留。在人际沟通和交往中人们常犯的一个错误就是"好事一次做尽",以为自己全心全意为对方做事会使关系融洽、密切。事实并非如此。因为人不能一味接受别人的付出,否则心理会感到不平衡。"滴水之恩,涌泉相报",这也是为了使关系平衡的一种做法。如果好事一次做尽,使人感到无法回报或没有机会回报的时候,愧疚感就会让受惠的一方选择疏远。留有余地,好事不应一次做尽,这也许是平衡人际关系的重要准则。

人与人的交往、沟通、认识是一个过程,留有余地,才能客观、冷静地审视自己、认识别人,才不至于误打误判,彼此交往很深入了,才发现了自己交了一个不该交的朋友。保持适当的距离,彼此留有余地,利人利己。

良好的人际沟通,实现了与社会、与他人的友好交往,使个体实现了对外的平衡交换。这样,快乐便有了良好的环境和条件了。

第四章　因人而异与障碍克服

人际交往与沟通,很多原理及规则是有普遍意义的。然而,没有两片完全相同的树叶,因此也绝不可能有两个完全相同的人。作为与众不同的个体,都有自身生理和心理的特点,如不能根据其相应的特点进行有针对性的沟通,沟通难有较好的效果。因而,交往必须因人而异,沟通亦更加有针对性。同时,在沟通中,难免会出现一定的沟通障碍,妥善地克服这些障碍,也是成功沟通的重要环节。

第一节　不同社会群体的沟通

从社会学的角度,莫过于从不同的年龄、性别、职业将人分为几个大类。在这些不同的群体中,各自的意愿与需求是有很大差异的。

一、不同年龄者的沟通

我们每个人都有一个从婴儿到儿童再到青年、中年、老年的自然过程。这一过程的每一阶段,人的生理和心理状况都是有差异的。

(一)青少年时期

青少年时期,从生理上讲,其体格发育迅速,大脑和神经系统发达、健全,性机能已近成熟。从心理上讲,个性趋于稳定,但可塑性大,智力发展到高峰,自我意识发展到新的阶段,自尊心强,情感日益丰富,情绪容易激动,性意识产生,有追求异性的欲望。同时,青少年时期也是一个充满着矛盾的时期,可以说,人的一生中,此阶段是各种矛盾最集中的时候。在他们身上,无不充斥着孤独感与强烈交往需要的矛盾,独立感与依赖性的矛盾,情绪与理智的矛盾,愿望与现实的矛盾,强烈的性意识与正确的异性关系要求之间的矛盾等。因此,在与其沟通时,要了解其身心特点,理解其内心的矛盾,与其建立友善、朋友式的关系,多关心、多帮助。这样,他自然会向你敞开心扉,进行有效的沟通。

(二)成年早期

成年早期,从20岁到35岁或40岁左右。成年早期发展的主要内容是成家立业,并生育子女等。大多数30岁左右的夫妇已生育子女,既要赡养父母又要养育子女,既要干事业又要干家务,生活是很紧张的;到子女渐渐长大时,还要为子女上幼儿园、升学而忧虑。成年期要发展恰当的兴趣、角色态度和价值观,社会期待个体应肩负起成人的责任和职务,其行为应符合该社会文化的要求,扮演好配偶、父母、独立的劳动者等角色。一个成年人如果不能适应人们所期望的成人标准,他就会遇到挫折,会影响他成年中期工作、生活各方面的发展,也会影响成年晚年生活的幸福。这个时候的人生是最稳定与不稳定的矛盾体,相对于青少年,他们已经有了家庭和相对稳定的工作,但若对现状不满意,又还有作新的选择的可能,又使其趋于不安分。在这个阶段的交往与沟通中,如能多给一些实现其价值的启迪,对其成功多给一些机遇,对其未来的选择进行一些合理的分析,他是很乐意与你沟通的。

(三)成年中期

成年中期也叫中年期,大约始于35岁或40岁至60或65岁,是个人一生中在家庭生活及职业上的高峰期。中年人在各行各业所取得的成就、社会地位和声望,都深受人们的赞赏。中年期社会化的中心问题是事业的发展和适应生理上的变化。中年人随着生殖期的终止,生理上已有明显的变化,健康状况也走下坡路,但由于中年人的知识经验丰富,加上以往的工作基础,社会对中年人的期望也很高,因而中年人的工作负担和生活负担往往特别沉重。女性多半因更年期以致情绪低落,这种现象称为更年期抑郁。更年期抑郁是形成中年危机的主要原因之一。然而中年危机并非都与更年期生理变化有关,这个时候,明显地感觉到自己其他方面也在发生着变化,生理机能明显不如从前了。在这个时候,人的生命曲线从高峰跃下,而家庭和工作的负担曲线却上升,又可戏称为"中年剪刀"。总之,这个时候,常感到一个字:累。同中年人沟通,除要充分肯定他们所获得的成就与社会赞赏,又要感受到他们所负的责任和义务以及生理变化带来的诸多无奈。如此,他才能感受到你的理解,乐于进行良好沟通。

(四)成年晚期

成年晚期,大多数人都认为是65岁以后。因其生理与心理方面逐渐明显呈现老人特征,因此多以此年龄为界限。超过此年龄的老人,其心理现象与精神活动均有若干特点。一是心有余而力不足。人到老年,生理、心理功能逐渐减退。二是失落感加孤独感。老人在退休前,都有自己为之奋斗一生的事业。这项事业对他们来说,不仅是熟悉的,而且也是硕果累累。现在,离开了这项事业,心中不免有一种"事业不再需要自己"的被抛弃感。三是怀旧心理。由于过去历年来长久而丰富的生活经验,老年人心理活动的重点比较倾向于"现在"与"过去",而对未来,则没有什么向往与追求。四是返童心理。由于心理上的逐渐变化,渐渐失掉中年时期的性格,慢慢恢复呈现年轻时的气质,有点"退化现象"。所以,与老年人沟通,一要习惯其心态的变化,二要多给予陪伴,三要多讲过去快乐的事情。另外,人到这个年纪,比较忌讳"老"字,所以在沟通中,多称"先生"、"爷爷"、"婆婆",前面最好别冠以"老"字,如能注意这些,势必会成为老年人的良好沟通者。

二、不同性别者的沟通

男人和女人既有人的共性,又有做男人和女人的个性。在此,着重探讨一下其不同之处,以便沟通更有针对性。

除了生理结构上的差异外,男人和女人在个性心理结构、情绪表达、自我认识及处世态度、婚姻事业等各个方面都存在着显著的不同。因此,在看待同一问题时,常常是"公说公有理,婆说婆有理"。

首先,在个性心理结构方面。在记忆上,女性擅长于描述性记忆,男性则注重逻辑思维的记忆,这就是女生常对单词、成语有较强记忆能力的原因之一。在识记过程中,女性大多用机械识记,而男性多用意义识记,通过对材料的理解进行记忆。在记忆方面,女性比较专注且深刻,男性注意较广泛且易遗忘。在思维能力方面,女性有较好的具体及形象思维能力,而男性有较好的抽象和逻辑思维能力。

其次,在情绪、情感及表达方面。女性相对情感更加丰富,更富有同情心,易受暗示,遵从性强,但由于记忆比较深刻以及社会活动相对男性要少等原因,情感较男性更加专一和稳定。人们对恋爱中男女的评价"女人只有一颗心,男人可能有九个胃"是有一定道理的。女人常因崇拜而发生感情;男人则是因喜欢、因被依赖而产生感情。女人喜欢男人有一张娓娓道来的嘴,男人喜欢女人天真无邪的眼。相对女性特别是年轻女性胆小、怯懦及多虑的特点,男性则显得勇敢、大胆以及沉着稳定等。女性爱扮演弱者,常以弱制胜,以倾诉消除焦虑;男人则爱以强者自居,其实是外强中干,并常以独处来减轻紧张。女性容易极端、冲动、偏激;男性注重综合利益、克制沉稳。

再次,在自我认识和处世态度上。女性更习惯揣摩自己,考虑如何让他人接受自己;而男性则习惯思考怎么征服他人,更易忖度别人。女人常跟着感觉走,接受他人挑战;而男人则跟着利益走,常挑战他人。女人不愿同性当上司;而男人则不愿异性做上司。女人做事在乎他人评价,争取做到更好,引人注目;男人做事重视自己的感觉,在乎自己的成就。女人越年轻越被青睐;而男人越成熟越有魅力。

最后,在对待家庭与事业的态度上,也是大为不同的。人生的大事不外有二——安家立业。女人常把家庭放在第一位,而男人则把事业放在第一位。

人的性别心理差异是客观的,除了生理结构造成的差异外,它更多的是社会的产物。不管是哪个朝代,也不管是哪个国家或地区,女性一般都承担着生育和养育的任务,都不能不把大量的时间和精力消耗在家庭内。

与女性相反,男性一生中的大部分时间是在室外进行。他们的生活空间远比女性大,与社会的联系和交往远比女性多。女性所需要的生养的本领是可以在家庭内学会的,男性所需要的室外活动的本领则只有在室外才能学会;女性的生养的本领相对比较简单,因而女孩子可以无须上学,而男性的室外活动的本领相对复杂,因而男孩子总是优先上学。男性的生活空间,与社会的联系和交往,以及男孩子的受教育权利,这三者构成男性心理特征的成因。

社会分工决定男女的性别心理差异,社会需要女性成为"女人",男性成为"男人"。不同的性别角色表现出不同的性别心理特征。

男女之间的矛盾,常常是男人错误地期待女人以男人的方式去思考和沟通,而女人也错误地期待男人以女人的方式去思考和沟通。人们常常忘记男人和女人应该是不同的,所以常会在沟通中产生相应的冲突和摩擦。如果我们能清楚地认识和尊重这些差异,与异性相处时,就可以大大减少困惑,使沟通更为流畅有效。

三、不同职场关系者的沟通

个体的性别角色是无法改变的,年龄角色是发展的,而职业角色是第三种社会角色。个体由于职业不同而具有特定职业的心理特征,只有了解其相应的心理特征,才能进行有针对性的沟通。同时,这里是人们建功立业的战场,是展现人生才华、实现自我理想的舞台。职场沟通应是最重要的沟通内容之一。职场沟通,在于重点处理好对上、对下、对同级的沟通。

(一)与上级的沟通

职场中如何处理好与上级的沟通,是一个非常重要的问题。从某种意义而言,它决定着职场中的升迁、事业上的发展等重大问题,所以成了每个人都十分关心并渴求能妥善处理的问题。与上级沟通的主要形式有会议讨论、请示汇报等。希望能与上级进行有效沟通,首先得处理好以下关系:

一是尊重但不能依赖。每个人都渴望得到尊重,上级也一样。因此,我们必须对上级保持足够的敬意,这不仅是对他个人的敬重,也是对其所担负的职务职责的尊重。如果在其他人面前能适当地把这种敬意表达出来,效果会更好一些。如平时在一些公务应酬场合上,总想到的是多敬客人一点酒,这是没错的。但你若当着客人的面,适当地敬下自己的上级,他会很欣然接受,因为部下敬重他,使他在这个场合很有面子。但尊重上级却不能依赖上级,有水平的上级希望下级也有水平,希望你是个执行力强但又不人云亦云的人,而是有主见、有头脑、能办事的下属。

二是办事主动但不越位。没有哪个上级希望自己的下属是那种戳一下跳一下的无主见、无能动性的被动型下属。所以,如在工作中帮上级先想一步,提出有前瞻性的工作思路,将是会受到上级赏识的。但主动却不能越位越权。越位就是超越了你的职务和管理权限,去做了一些应由上级领导才能做的事,即和上级在一起时,你"站错了位置"。越权越位主要表现有:决策越位,就是在讨论重大事项时,有些决策你可以发言,但那些不该你发言的你也发言了。表态越位,在所属的单位中,对某些事情表态时,请切记自己的身份是否合适,哪些表态应由上级来做或授权于你,否则会喧宾夺主,让上级陷于被动。工作越位,有些事不是你的工作,不应该由你出面或出面组织,若抢着干,会费力不讨好。场合越位,在公众场合应突出上级,如在应酬、宴会、谈判中,你在这些场合表现过于积极,盖过了上司的风头,那麻烦就离你不远了。与上级交往相处,应该把握好分寸,即到位不越位,其核心就是不要触及他的权威。

三是学会"推功揽过"。上级也是人,也有犯错误的时候;上级还有上级,也有希望有所表现的时候。如果在工作中出现了问题而大家都有责任的时候,你主动将其揽过来;如果工作中有了成绩应大家分享的时候,你主动将其归功于上级英明的领导,你就一定会让上级欣赏你而亲近你。在实际工作中,善于"揽过"比会"推功"更为重要。因为,"成绩总是领导的",这个说不说都一样,而会"揽过"才是最让上级欣慰的。

四是善于保持距离。哲学家叔本华讲过这么一个意味深长的寓言:一个寒冷的冬天,一群豪猪冻得受不了了,就挤在一起取暖,但是身上的刺相互伤害,于是又不得不分开,可寒冷又把它们挤在了一起。这样,同样的伤害又发生了。最后,几经聚散,它们找到了最合适的距离,既可以满足取暖的需要,又不至于相互受伤。其实,人之所以能够从世间的万事万物中感受到和谐之美,全在于他与别人之间保持适当的距离。不要认为人与人之间的距离越近,关系就越深。与上司交往更应注意保持心理上的安全距离。只有与你的上司保持恰当的距离,你们之间的关系才能永葆和谐,周围的人也不会把你当成某一个特定人物。

与上级建立了良好的工作关系,其沟通也就相对方便得多。在与上级探讨问题时,一定要注意表达清晰而不混乱,简明而不啰唆,自信但不自负。善于察言观色,在上级心情愉悦时去提出你的要求或坦诚你的过失等,都会收到较好的效果。

(二)与下属的沟通

对职场管理者来说,善于与下属沟通的意义不亚于与上级的沟通。因为管理者要作出决策就必须从下属那里得到相关的信息,而信息只能通过与下属之间的沟通才能获得。同时,决策要得到实施,又要与下属进行沟通,再好的想法,再有创见的建议,再完善的计划,离开了与下属员工的沟通都是无法实现的空中楼阁。

沟通的目的在于传递信息。如果信息没有被传递到所在企业或部门的每一位员工,或者下属没有正确地理解管理者的意图,沟通就会出现障碍。与下属有效沟通最大的目的,就是要通过沟通充分调动他们的积极性,使他们潜力得到最大限度的发挥。

同下属间进行有效的沟通,同样应首先处理好下属的关系。

一是把握好不同的角色,做可敬可亲的上司。作为一名管理者,若能把工作与工余区分开,找准不同角色的场所范围,与部下既保持一定距离又恰当地融入团体,你就能做一名既可敬又可亲的领导,与下属的沟通自然也就有了个好的前提。

二是多发掘助发展,做名大仁大义的上司。职场人士希望能得到你各种各样的奖励,而最大的奖励不外就是职位的晋升而获得更大的发挥才能的平台。因此,我们应多发挥下属潜能助推其更好地发展工作,使其发展得更快更好。有人总害怕下属的发展超过了自己,在其发展的过程中或是不作为或是故意设障碍,都是不可取的。"水涨船高"的道理同样也适用于此。你的下属都进步了,"船"

还能不涨高吗？下属的成功，就是自己的成功，所以，我们一定要做名大仁大义的上司，多重视下属的努力，多助推下属的成功。

三是多担当少推责，让下属有面子。活在当下的人，常说我们是死要面子活受罪的，这是事实，我们国人是很看重面子的。所以，当你让一个人保住了面子，或给足了他面子，他会从内心深处感激你的，对你的下属你若能为他有所担当，有了什么责任，自己担待一点，给他个面子，那尤其如此。

四是都是你的兵，大家一样亲。有些领导者可能会有这样的毛病：对一些人倍加信任，视为心腹，对其他人则处处防范，甚至让心腹去监视那些人。把下属分为三六九等：对心腹有求必应，特别优待；对那些与自己不冷不热的，不闻不问；对那些不听话的、有棱角的，则寻机给小鞋穿。作为领导如果不能平等地对待每个下属，势必打击下属的工作积极性，产生内部矛盾，不利于组织的团结。所以，在团队中切忌亲疏有别。当然，在下属中，由于各自的天赋、特长等不一样，其工作能力和发展前景是不一样的，对个别人可适当给予多一些的关注。你可以关注几个人，但要关心所有人。

五是多指导少领导，多商榷少命令。在与下属的沟通中，切忌动辄就端领导的架子，发号施令，除在紧急情况下，安排布置工作外，这种工作方式多半不会收到好的效果。而多用指导的方式，多用商榷的口吻，既增强了沟通的流畅性，又能调动下属的主观能动性、创造性和工作的热情。因为在这种情况下他得到了尊重，也有了发挥其聪明才智的机会，会收到良好的沟通效果。

六是批评多用沟通进行，而且要留情。下属有了错误，必要的批评是应该的，否则他不知道错了或者不知错在哪里。但是，批评要有方法,而且不可不留情面。批评最好通过私下相互沟通的方式来进行。私下的批评比在公众场合批评更能保住面子,因而不会产生明显的抵触情绪。从赞扬开始,使沟通有一种较为愉悦的氛围作铺垫。多批评事,少批评人,给人对事不对人的感觉,并且尽量减少对其个人的伤害。给出正确的答案,如果你的批评有理有据、情理相容,但却没有一个很好的解决问题的方法,效果也不会好的,他会心里想,你就会说,还不是拿不出解决问题的办法。所以,批评完后必须给出好的答案,下属才会心服口服。一次错误只批评一次。这是非常重要的,在不同场合的反复批评,效果只会适得其反。批评完后还要善于调节氛围,使之在愉快的情绪中结束。

七是没把握的事,承诺要慎重。有时为调动下属的工作积极性,常常期许一些未来的激励。作为领导,在做许诺或承诺时,一定要谨慎行事。因为,有的诺言是可以实现的,而有的诺言实施是有难度的。对实现了的诺言,势必增加了你在下属心中的地位;而承诺未实现,则可能长久影响你在下属心中的形象。根据"近因效应"的心理影响,你十次承诺,兑现了九次,但最近一次未兑现,仍可能使你在下属心中的形象大为打折。所以,没把握的事,承诺要慎重。

(三)与同级沟通

在职场的各种关系,最微妙、最不易处好的关系可能应属同级之间了。因大家既是团队中不可或缺的伙伴,又是竞争对手。既有各自的"领地",又有相互合作的领域,因而在沟通中,就尤应注意技巧与方法。

和谐的关系乃是有效沟通的前提。而要建立良好的人际关系,彼此遵守职场中的规矩是必要的。作为同级,以下几个方面是要有所遵循的:其一,尊重彼此的职责,不做过界之事。俗话说,铁路警察,各管一段,每人做好自己分内之事即可,别插手其他伙伴的职责。宽容对待冒犯,不作过分追究。对他人的过头之举,只要说明原因,责任清楚,可不作过分追究。其二,真诚开展沟通,不提过分要求。既然是相互合作的伙伴,就总会在某些事项上出现职责不清、边界不明的情况,双方应真诚沟通、厘清边界、明确职责,切不可向对方提过分要求。其三,维持良好关系,不议他人不是。"同行是冤家,同事是对手。"因而在背后议论同事的不是,并希望把同级的不幸作为自己的胜利乃职场大忌。而在相互的支持与支撑中,彼此才能获得更好的进步与发展。

同级相处之道,最忌讳的莫过于争强好胜,望己胜出一筹。因而常常倾力以搏,最后两败俱伤。在人际交往与沟通中,逞强者常常笑不到最后。所以,少逞强、多示弱,有助于你获得最终的胜利。善示弱是一种人生的大智慧,它让你处下能容上,守拙能带巧,守虚能致盈。此乃印证了那句老话——土低为海,人低为王。

同级相处,还应多些欣赏和理解。同事间的竞争与摩擦是不可避免的。作为一个高明的职场人士知道怎样把这种摩擦降到最低限度。在同级别人士中,最大的顾虑就是别人超过了自己,你这样担心别人,别人也这样在担心你。因为我们每个人都认为自己是优秀的,是需要别人来欣赏的。如果你能率先表现出友善,多给对方一些欣赏,也许你就收回一份欣赏。另外,人在工作与生活中,常遇到一些不顺心顺意的事,如果你能多一分理解,他将视你为知己。

用共同的目标促成合作有利于同级沟通。作为同事,原本素不相识,但由于共同的职业、共同的机遇、共同的目标使大家从东西南北走到一起来。因此,虽有竞争,但还是有很多共同的地方,特别是有共同的奋斗目标。这个共同的目标无疑是促成共同合作的最核心的元素。因此,合作与沟通中,要善于围绕这个组织的总目标,协同一致,相互学习,共扬所长,互补所短。共同的目标,是促成沟通与合作的最大的公约数。

同级相处,要善于消除彼此的误解。矛盾时时存在,处处存在,在工作中与同事产生一些小矛盾是很正常的事情。这个时候,你得注意方法,尽量不要让你们之间的矛盾公开激化,不要表现出盛气凌人,非要和同事做个了断、分个胜负的样子。退一步讲,就算你有理,要是你得理不饶人的话,同事也会对你敬而远之,觉得你是个不给同事余地、不给他人面子的人,以后也会在心中时刻提防你,这样你可能会失去一大批同事的支持。此外,被你攻击的同事,从此也会与你结怨,你的职业生涯又会多一个"敌人"。其实,很多小矛盾都是由误解产生的,如能进行有效的沟通,这些误解和矛盾是能很快消除的。实际上,大多数误会产生的根源是因为双方不够了解,化解误会最有效的办法就是加强沟通。

同级相处,要学会果断拒绝无理要求。身在职场的人,不时可能遇到一些无理的要求,对此,该拒绝的就一定要拒绝。原则要坚持,处事时方法要灵活,对于不能接受的要求和一些没有必要回答的问题,不要迁就,也不要犹豫,一定要摆明自己的态度,明确拒绝对方。需要注意的是拒绝的语气要委婉,方式要灵活,但态度一定要坚决。切忌模棱两可,含糊其词,使对方产生误会,仍抱有不现实的幻想,既耽误别人的事,又给自己增添不必要的麻烦。

同时,同级相处要注意沟通中的禁忌。同级即是事业上的合作伙伴,又是职场中的竞争对手,注定是种很敏感的关系,因而,也有相应的禁忌,这在相互沟通中尤其要注意。不要命令他人,级别相同,其关系与地位是平等的,切不可用吩咐手下的口吻与同事说话,这样既使对方不愉快,也破坏你的形象。不要炫耀,在同事面前吹嘘自己的金钱、朋友的地位以及与老板的亲密关系,都是大忌,既可能暴露出你的一些私密,又可能刺激对方产生一些不良心理。不要对他人说三道四,在同事面前对其他同事说三道四,若被对方知道,必对你心存芥蒂。同时,你面对的同事心里会想,你在我面前议论他,想来在他面前也会议论我,必将对你人品大打折扣。不要对人家的工作评头论足,如同事在一起,探讨工作,应多谈自己分内的事,对人家领域的事,若没受到邀请,尽量少议论;否则,给人你手伸得太长了的感觉。

第二节 不同心理类型的沟通

从心理学来讲,可从多种角度对人进行分类,每一类都可有其不同的个性特点,都需要相应的沟通方法。

一、不同气质性格者的沟通

与不同气质性格的人沟通,要有针对性,找准方法。

(一)不同气质者的沟通

气质在这里,不再是社交形象中的风度气质,而是个体心理过程的速度、强度、稳定性和内倾外倾心理特点的总和。

气质是个人生来就具有的心理活动的动力特征,可以指个人的性情或脾气,也可以指个人心情随情境变化而随之改变的倾向,亦即个体的反映倾向。

对于这种先天差异,日本心理学家古川竹二曾经认为是因血型不同而导致,自从苏联心理学家和生物学家巴普洛夫论述了高级神经活动的各种特性和判定方法后,研究者大都认同气质的生理基础是神经类型。例如,在婴儿期就存在气质的最直接表现,有的婴儿特别爱哭、脾气急躁,而有的婴儿则安静、轻易不闹。根据巴普洛夫的研究,大脑皮质的神经过程(兴奋和抑制)具有三个基本特性:强度、均衡性和灵活性。根据这三者不同的表现,巴普洛夫提出了四种高级神经活动类型:兴奋型、活泼型、安静型和抑制型,分别对应四种气质类型:胆汁质、多血质、黏液质以及抑郁质。

表4-1 神经类型与气质类型表

神经类型(气质类型)	强度	均衡性	灵活性	行为特点
兴奋型(胆汁质)	强	不均衡		攻击性强易兴奋、不易约束、不可抑制
活泼型(多血质)	强	均衡	灵活	活泼好动、反应灵活、好交际
安静型(黏液质)	强	均衡	惰性	安静、坚定、迟缓、有节制、不好交际
抑制型(抑郁质)	弱			胆小畏缩、消极防御反应强

其中,抑郁质神经强度弱,神经系统工作能力弱,也就无所谓其均衡性和灵活性,所以,抑郁性神经在均衡性和灵活性上没有具体的表现。个体的气质类型可以完全处于四种类型中的一类,也可以同时表现出混合型气质类型,如胆汁—多血质类型、抑郁—黏液质类型。

胆汁质气质的人,一般表现为精力过人,不易疲劳;争强好胜、不怕挫折;大喜大怒、难以控制;办事果断,但容易急躁。具有明显的外倾性。

多血质气质的人,一般表现为精力充沛、活泼好动;反应迅速、适应性强;兴趣广泛、善于交际;容易轻浮、不够踏实。他们也具有明显的外倾性。

黏液质气质的人,一般表现为沉静、稳重;工作时坐得住、不喜欢表现自己;忍耐性强、情绪不易外露、办事容易拖拉、比较固执。具有内倾性。

抑郁质气质的人,一般表现为行为孤僻、不太合群;观察细致、非常敏感;表情腼腆、多愁善感;行动迟缓、优柔寡断。也具有明显的内倾性。

各种不同的气质,本身没有优劣之分。但是因为不同的工作有不同的要求,因此就有什么气质的人适合干什么工作的问题,同时也有适应工作要求改变自己某种气质的问题。气质是由各种神经活动类型决定的,因而它不容易改变,但也不是一点都不能改变。一个人年轻时心浮气躁,到了老年可能变得很豁达;一个意志不是十分坚强的人,通过长期的努力,有可能使自己意志坚强而持久。气质不只有前述的四种类型,大多数人是兼有四种典型气质中的多种特点的,因而对人的气质绝不可作简单判断及单一的分析。

在人际交往与沟通中,如果一个人的气质类型比较稳定,那么在特定的情境他应该有什么样的反映,我们就可以作出大致的判断。苏联心理学家达维多娃曾编写了一个故事,非常形象生动地说明了这一点。四个具有不同气质类型的人去看戏,但都迟到了,检票员不让他们进去。第一个人立刻面红耳赤地与检票员吵了起来,声称自己有票,一定要进去。第二个人头脑灵活,他想,检票员是不会让他们进入剧场的,他绕剧场一周,发现了一个无人看管的边门,就溜进去了。第三个人很有耐心,他慢条斯理地与检票员磨嘴皮、阐述自己想进去看戏的种种理由,在他的软磨硬泡下,检票员动了恻隐之心让他进去。第四个人首先想到的是自我责难,认为是自己运气不好,难得出来看戏就碰上这等倒霉的事情,算了,还是回家吧。

这四个人第一个人属于胆汁质,第二个人属于多血质,第三个人属于黏液质,第四个人属于抑郁质。

如果你是检票员,若知道这四个人的气质特征,自然会有对付他们的办法。

(二)不同性格者的沟通

性格是个人对现实的稳定态度和习惯化了的行为方式。例如,一个人在任何场合都表现出对人热情、与人为善,这种对人对事的稳定的态度和习惯化的行为方式表现出的心理特征就是性格。

一个人偶尔表现的特点不是性格的表现;性格主要是后天在与环境的交互作用中形成的,因此有"环境塑造性格"之说;性格主要在青春期后期渐渐稳定,但也可能因为成人期所遭受的重大事件的影响或者通过主观努力而改变。

由于个体差异,每个人的性格又有不同的侧重,因此,性格具有不同的类型。关于性格类型,一般有四种划分:

按照心理机能的优势来划分,大致有理智型、情感型和意志型三种性格类型;

按照心理活动的倾向性来划分,大致有外倾型和内倾型两种性

格类型;

按照个体独立性的程度来划分,大致有独立型和顺从型两种性格类型;

按照对社会的适应性和人际交往状况划分,大致有摩擦型、平常型、平稳型、领导型、逃避型五种性格类型。摩擦型和逃避型的社会适应性最差。前者表现为性格外露,人际关系紧张,容易造成摩擦;后者表现为性格内倾,不善交际,与世无争。平常型指态度、意志、情感、理智等性格特征均表现为一般,属于中间型性格。平稳型和领导型的性格社会适应性较好。两者的区别在于平稳型较多地表现为被动适应,而领导型较多地表现为自主能动;平稳型的特点在于善结人缘,而领导型的特点在于影响公众。目前,此种划分性格类型的分类法较为通用。

在日常使用中,人们常易将气质和性格混淆使用,实际上,二者虽有一定联系,但却是两个完全不同的概念。

虽然,它们同时受到神经类型的影响。但对气质来说,神经类型是其直接的生理基础,而对性格来说,神经类型只是它的生物基础,性格的养成主要受到后天环境的影响,即使性格具有某种遗传色彩,也显露出后天生活经历的明显印记。再次,具有类似气质的个性可以由于日后环境的变化而具有完全不同的性格。所以,气质具有相对稳定性,而性格却可以发生很大的变化。

二、不同行为风格者的沟通

行为风格是一个人天赋中最擅长的行事风格,并明确地区别出了天生的本我、工作中的我和他人眼中的我。

由美国南加州大学统计科学研究所、英国Ptcatch行为科学研究所共同发明的PDP,即行为风格测试,可以测量出个人的基本行为对环境的反应和可预测的行为模式。25年来全球已累计有1600万人次有效计算机案例,5000余家企业、研究机构与政府组织持续追踪其有效性。经过研究机构的调查显示,当PDP所建议的程度被采用执行时,则其误差率低于4%。PDP被赞誉为现今全球涵盖范围最广、精确度最高的人力资源诊断系统。

PDP用较直观的形式把人的性格及行为风格大致分成了老虎型、孔雀型、考拉型、猫头鹰型、变色龙型等五种。而每种类型在面对同样的情境刺激时,都有不同的行为风格。因而,在其沟通的内容及方式上,也需因人而异。

(一)老虎型的特点及沟通

老虎型的人率直而理性,属支配型人格模式。他们喜欢冒险,个性积极,竞争力强,凡事喜欢掌控全局发号施令,不喜欢维持现状,行动力强,目标一经确立便会全力以赴。在决策上较易流于专断,不易妥协,有对抗性,故较容易与人发生争执摩擦。他们有自信,够权威,决断力高,胸怀大志,喜欢评估。老虎型的人的优缺点都十分鲜明。

优点:善于控制局面并具有果断地作出决定的能力,成就非凡。缺点:当感到压力时,这类人会太重视迅速地完成工作,而容易忽视细节,他们可能不顾自己和别人的情感。

由于他们要求过高,加之好胜的天性,有时会成为工作狂。

在与老虎型对象沟通时,要根据其行为动机常常关注于成功这一特征,采取以下的方式。

欣赏他的成就而不必表扬他的人品。他们在行为方式上常常是重结果而不顾过程,重成就而不顾修为,认为弃成就而顾名节乃书生之气。所以,你应多欣赏他的能力及所获得的成功。

注重效率,简明扼要。由于行为做事重结果轻过程,所以,与其交谈,尽量开门见山、直奔主题,说话简明扼要、干净利索。

避免公众场合与其难堪。既然是老虎,老虎屁股是摸不得的。如果你上司是老虎型,就一定注意不要在公众场合唱反调;否则,老虎咆哮起来是很吓人的。

压担子,给责任。如果下属是老虎型,可多压压担子,让其承担一定责任。他会认为这是一种信任,可激发其成就感。当然在使用中一定要注意导向与引导。

(二)孔雀型的特点及沟通

孔雀型的人率直而感性,属表现型人格模式。他们希望得到别人认同,吸引他人注意,担心失去声望;他们热情洋溢,好交朋友,口才流畅,重视形象,擅于人际关系的建立,富同情心,最适合人际导向的工作;容易过于乐观,往往无法估计细节,在执行力度上需要高专业的技术精英来配合;他们个性乐观,口才流畅,好交朋友,风度翩翩,诚恳热心,热情洋溢,表现欲强。

优点:此类型的人生性活泼。能够使人兴奋,他们高效地工作,善于建立同盟或搞好关系来实现目标。他们很适合需要当众表现、引人注目、态度公开的工作。缺点:因其跳跃性的思考模式,常无法顾及细节以及对事情的完成执著度。

与孔雀型的人进行沟通时,应充分意识到吸引别人的注意为其最大追求的特点,充分给予关注,表现出对其深厚的兴趣,对其积极的表现不吝赞赏,有可能的情况下,协助其提高形象。同时,要防止其情绪化,以及对细节的忽视所带来的工作疏漏。

(三)考拉型的特点及沟通

考拉型的人感性而优柔,属随和型人格类型。他们行事稳健,不会夸张,强调平实,性情平和,不喜欢制造麻烦,不兴风作浪,温和善良,在别人眼中常让人误以为是懒散不积极,但只要决心投入,绝对是"路遥知马力"的最佳典型。他们稳定,够敦厚,温和有规律,不好冲突。行事稳健,有过人的耐力,面部表情和蔼可亲,说话慢条斯理,声音轻柔,常用赞同性、鼓励性的语言,办公室里摆有家人的照片。

优点:他们对其他人的感情很敏感,这使他们在集体环境中左右逢源。缺点:很难坚持自己的观点和迅速作出决定。一般说来,他们不喜欢面对与同事意见不合的局面,他们不愿处理争执。

考拉型人格常有注重团结、寻求归属感的动机,他们希望被人接受,生活工作稳定。常有缺乏安全感的忧患,人际交往过敏多疑。因此,在与其沟通中,要注意以下几方面:

创造安全感和友善的氛围。与考拉沟通,首先要打消他的戒心,你必须面带微笑,言语和善,使其有沟通的友好氛围及环境。

多聊情感,少说道理。考拉是感性动物。与其沟通,以情感人、比以理服人效果更好。特别是看法产生分歧时,你讲一大通道理不如声情并茂地讲几个故事,特别是发生在身边的故事更能打动他的心。

关心他的亲人。对考拉型人,你关心他的家人就如同关心他自己,与其多拉家常,多谈子女父母,无疑是打开他心扉的最好办法。

(四)猫头鹰型特点及沟通

猫头鹰型的人理性而优柔,属分析型人格类型。他们传统而保守,分析力强,精确度高,是最佳的品质保证者,喜欢把细节条例化,个性拘谨含蓄,谨守分寸忠于职责,但会让人觉得"吹毛求疵"。"猫头鹰"思路清晰,分析道理说服别人很有一套,处事客观合理,只是有时会钻在牛角尖里拔不出来。他们注重细节,条理分明,责任感强,重视纪律。个性拘谨含蓄,他们很少有面部表情,动作缓慢,使用精确的语言,注意特殊细节,办公室里挂有图表、统计数字等。

优点:天生就有爱找出事情真相的习性,因为他们有耐心仔细考察所有的细节并想出合乎逻辑的解决办法。缺点:把事实和精确度置于感情之前,这会被认为是感情冷漠。在压力下,有时为了避免作出结论,他们会分析过度。

猫头鹰型以进步和发展为其工作动机,他们追求精细准确、一丝不苟,担心略有疏忽而导致批评与非议,所以,在沟通中要有相应的针对性。

以理服人,用道理说服他。猫头鹰是理性思维者,常常是服理不重情。所以,在与其沟通中,应准备充足的道理,最好是从不同的侧面,旁征博引,以理服人。

书面沟通效果较佳。由于猫头鹰善分析善判断,而书面沟通常准备更充分,数据更准确,如再配上图表和附件说明等,效果会更好。

除了上述四种比较典型的行为风格外,还有一种综合型的类型,即变色龙人格类型。

(五)变色龙型特点及沟通

"变色龙"中庸而不极端,凡事不执著,韧性极强,擅于沟通,是天生的谈判家。他们能充分融入各种新环境、新文化且适应性良好,在他人眼中会觉得他们"没有个性"。但"没有原则就是最高原则",他们懂得凡事看情况看场合,具有高度的应变能力,性格善变,处事极具弹性,能为了适应环境的要求而调整其决定甚至信念。他们是支配型、表达型、耐心型、精确型四种特质的综合体,没有突出的个性,擅长整合内外信息,兼容并蓄,不会与人为敌,以中庸之道处世。他们处事圆融,弹性极强,处事处处留有余地,行事绝对不会走偏锋极端,是一个办事让你放心的人。然而,由于他们以善变为其专长,故做人不会有什么立场或原则,也不会对任何人有效忠的意向。

"变色龙"既没有突出的个性,对事也没有什么强烈的个人意识形态,事事求中立并倾向站在没有立场的位置,故在冲突的环境中,是个能游走折中的高手。由于他们能密切地融合于各种环境中,可以进行对内对外的各种交涉,只要任务明确和目标清楚,都能恰如其分地完成其任务。

优点:善于在工作中调整自己的角色去适应环境,具有很好的沟通能力。缺点:看别人眼色行事,会觉得他们较无个性及原则。

与"变色龙"的沟通,相对容易又不容易。容易的是他绝对会察言观色,不会与你直接对抗,说些话总是十分得体,不会伤你尊严和自尊。不容易的是他太善于投其所好,难以看清其所思所想,所以与其沟通打交道,对其所言是真心话还是假话,常费思量。

因此,与"变色龙"沟通,一定要注意倾听,尤其是弦外之音;同时,要注意观察,特别是微表情动作。唯有此,才可能分出所言是真是假。

三、与不善打交道者沟通

不善打交道者,常被视为个性怪异者,即个性与常人相异的个体,他们虽然没有什么心理疾病,但由于在个性的表现上与常人有着诸多不尽相同之处,而觉得与之沟通、与之交往非常困难。美国心理学家罗伯特·M.希拉姆斯将其称之为"难以相处的人",如易怒攻击性型,凡事都不顺心的抱怨型,满口承诺而从不兑现型,别人意见总是不对的否定型,自己无事不晓、无处不通的万能型,做事总是犹豫不决、优柔寡断型等。这些怪异的个性,不自觉地成了人们在沟通中的障碍。而这些类型,我们在工作与生活中都曾相遇。那么,如何根据其个性特点进行有效的沟通呢?如能与之进行有效的沟通,实质上也是对沟通障碍的一种克服。在这个问题上,希拉姆斯提出了不少有见地的建议,极具借鉴意义。

(一)与易怒攻击性型的沟通

易怒攻击性型的人,一遇到刺激或不愉快的事,即使极为轻微,也容易产生一些剧烈的情感反应。极易生气、激动、愤怒甚至大发雷霆。其表现主要有两种形式:

一种是粗暴型。这种人在交往与沟通中,常极具攻击性,他们在与人交往中口无遮拦、语言粗暴,时常带着一种傲慢专横的腔调,其无情的批评常常是责骂式的;他从不考虑你的自尊心和承受能力,只图自己一时为快,像个主战坦克,横冲直撞,让人难以抵御。

另一种是冲动型。在一个原本气氛很平和理智的讨论会,有人因一轻微的刺激或意见不合,突然大发脾气,而且劝说不止。在场的人都可能为其莫名其妙的大发雷霆而愕然不已及困惑不解。这种人,就是典型的冲动型。

粗暴型人物有一种强烈的欲望,即向自己和他人表明自己的看法总是正确的,在他们看来,要完成的任务既简单又明确,完成任务的方法既简单又明了。如果这样的事都还做不好,你简直就是一个"猪脑"。面对粗暴的进攻,切不可恐惧或随之而暴怒,可采取相应的方法,与之沟通。

一是给对方发泄怒气的机会。心理学中有句名言:"发表就是减轻。"因此,你首先要给对方发泄怒气的机会,让他把火气发泄出来。但是,你切不可为其暴怒而恐惧或方寸大乱。你应该挺直你的腰杆,直视他的两眼,冷静地面对他的指责,一旦他的弹药发射完毕,火力有所减弱,你便可以开始你的行为。

二是避免正面冲突。面对一辆主战坦克压过来,你若正面去阻挡会有好效果吗?显然效果不会好的。其结果,要么你被轰轰隆隆的坦克碾压,要么因为干掉他而同归于尽。所以,面对坦克的进攻,从侧面出击更能获得成功。

三是引起对方的注意,并适时地打断他的话。这类人之所以旁若无人、滔滔不绝,就是在于他根本就没在乎你的存在。所以,引起他的注意是必要的,这就是要适时地打断他的话,否则你听完再说,可能得等上半天,那时你可能已被责骂得方寸大乱了。人最敏感的声音是其名字,你可通过直呼其名引起他的注意。同时明确告诉他"你的观点不正确"或"你应该听听我的意见"等,使其攻击受到遏制,为下一步的沟通打下基础。

四是把自己的观点表达清楚。避开正面攻击后,你必须把自己的看法、观点以及感受予以正面而清晰表达,并努力让他感受到你观点的正确性；否则，他会在这波攻击结束后接着又会进行第二波攻击。

五是随时作出友好的表示。任何事情都要适可而止，和这类人沟通尤其如此，当他攻击暂告段落而你又把自己的观点阐述后，应考虑进行冷静而平和的沟通了。为了沟通流畅而有效，你可主动作出友好的表示。

冲动型的表现有点类似成人发小孩子脾气，这常是一个人认为受到挫折或攻击时所作出的一种突然的、几乎是无意识的反应。应付冲动型的人，是在他大发雷霆时帮助他恢复自我控制。

一是让他先发泄。成人突然大发脾气，常常是一种失控的、无意识的行为。这时，他经常顾忌不了这种失控行为的后果。所以，这时你要希望和他讲道理是很困难的。与其如此，不如先让他发泄吧。

二是暂停双方的沟通。既然这时双方的沟通是困难且难有效果的，不如暂时中断一下，让对方冷静下来。

三是表明自己应有的态度。在对方冷静并能进行正常沟通后，可严肃地指出对方冲动可能带来的严重后果，并阐述自己应有的观点。这个时候，他应该可以接受你的帮助及所阐述的观点。

(二)与诸事抱怨型的沟通

在你所接触的人中，可能有一种人对任何事情都是吹毛求疵的，对别人的所作所为常常都要抱怨一番并愤愤不平。这就是典型的诸事抱怨型的人。

诸事抱怨型常由两种人物构成：一是认为自己在生活面前是无能为力，自己总是不为人注意，意见引不起他人重视的；一是认为自己是完美的，人家的所作所为总是漏洞百出，因此需要按他的想法来调整或修改的。这种人格类型,虽不如易怒攻击型那样不顾一切地冲击并伤害你,但诸事不顺心地抱怨,不停地唠唠叨叨,也是让人平生烦恼的。在沟通中,把握以下几点,或许能让你减少些烦恼:

一是认真倾听。认真倾听将使抱怨者很满足并有成就感,因他感到自己的抱怨引人重视,自己也得到尊重。在倾听时,尽量不要做出不耐烦的神情与动作,尽管你已确实不耐烦了。同时,还得让他感到你已听清楚其抱怨的内容并表示理解。唯有此,才能为你与他正常沟通打下良好的基础。

二是适当地打断他的话,在理解的基础上发表自己的意见。对有些抱怨型的话痨子,若你给他时间,他会一整天唠叨不停,所以,你必须在适当的时间接上他的话,在理解的基础上发表自己的意见。明确地告诉他,你已知道他所抱怨的实质内容,他的有些观点是有道理的,但某些抱怨却是多余的,而且非常影响自己的心态,因此,最好别再抱怨了。

三是不要支持其报怨行为。对人过多地指责与抱怨,是内心缺乏阳光与友善的折射。所以,无原则地支持,是加重这种心态的折射,带来更多的抱怨与唠叨。因此,对其抱怨,即便理解,也不能表现出赞同。同时,也别轻易承认自己的不是;否则,是对抱怨行为的正强化,以后沟通中会增加更大的难度。

四是避免抱怨—指责—抱怨的循环。在对抱怨者的唠叨作出答复而不是赞同后,要尽快地转入解决问题的阶段,不然很可能进入抱怨—指责—抱怨的不良循环中去。这恰恰是抱怨者最热衷并最擅长的行为模式,一旦进入这个循环,你将精疲力尽,沟通效果便可想而知了。

五是探讨他关心的话题。只有探讨他感兴趣的事和关心的话题,才能将其从无边无际的唠叨抱怨中吸引过来。如果你提出的问题是他不关心和毫无兴趣的,必将使其再次关注抱怨的话题,而且会更加兴奋地唠叨下去。

六是请他提出解决问题的办法。抱怨者多由自信心缺失或自我感觉太好两种极端者构成。所以常对他人的意见,要么是怀疑缺乏认同感,要么是认为对方的主张毫无道理,唯有自己才掌握真理。所以,你提出的建议与要求常不易获得接纳,如是倒不如请他提出解决问题的办法以及探讨问题的方案,很可能在沟通中找到一个双方都能接受的共识。

(三)与一言不发、沉默不语型的沟通

与易主动爱放炮以及唠唠叨叨的抱怨者极度相反的一种类型,就是不管你怎么说,他都一言不发、沉默不语,对任何刺激都毫不反应。与这种类型的人交往与沟通,给你带来的烦恼,并不比前两种类型少,有时甚至急得你发疯。当然,需要说明的是那不善言语和奉行沉默是金的格言而不喜嚷嚷、心中有数者不属此类型。这种人的反应更多的是不愿负责任的自我逃避,或是利用沉默来作为反击你的武器,看你急得不得了的样子,他在心中偷着乐。

与这样的人交往与沟通,你主要的任务就是让他开口说话。

一是注重身体语言,多给友善的关注。一言不发、毫无反应之人常对你提出的问题、耐心的解说毫无兴趣,也拒不回答。这个时候,语言这一媒体,在沟通中已遇障碍,那就换个沟通媒体,用身体语言。可通过接触、抚摸传递你的友好之情,目光默默地、友好地关注对方,也能传递你的友爱之情。这无论是对那些害怕人际接触带

来痛苦的还是希望以沉默作武器看你笑话的人,都是具有针对性的,有可能开启他开口说话的欲望。

二是讲与他有切身关系的事,用封闭性的方式提问。探讨与他本人有关系的事,让他感受到这个事不先说清楚,吃亏的就是自己。在提问与探讨时,不需要找阐述或陈述的内容,因为其表达的语句一多,他又不愿意开口了。最好的就是先让他开口回答是与不是。只要一开口说话,其心理上的限制也就开启,其语言也将随之而来。

三是冷场的时候,可给点激将。对这种人要让他开口是很难的,有时好不容易让他开了口,说了几句又沉默了,突然大家都找不到话说了。这个时候,用恳求的方式"你有什么事愿意告诉我吗","怎么突然又不说话了呀,有很为难的事吗",效果常常不太好,他会认为你在套他说出不愿讲的事。如这时对他说:"你如果认为你这些事说出来对你可能不利的话,就别说吧。"或者说:"有什么难为情的事吗,好吧,那就不说吧。"这个时候,则常常可以看到的反应是:我有什么对自己不利的东西或有什么难为情的东西,有啥说不得的事嘛。为了证明他并不纠结或并不心虚,会主动地把心中想的事告诉你。

四是对方开口应认真倾听,并适当提问。对方好不容易开了口,是因为觉得给你倾诉,能得到你的理解与关注,若这时你听得漫不经心或闪烁其词,势必会影响到他沟通的欲望。这个时候闭嘴后,希望他再开口说话的难度就倍增了。所以,一定要饶有兴趣地倾听,并适当重复对方的关键词或少许提问,都会加强他倾诉的积极性。

五是应有时间限制,并有明确的态度。对待沉默不言者,得事先有个时间规划,如果过了预定的时间都未能让其开口说话,就没必要再耗下去了。因一个心理关口他挺过去后,短时间将很难打开,这个时候就要果断地结束沟通了。但没必要客客气气地对他说,你今天可以不说话,以后什么时候想好再找我吧。而是要明确地告诉他,今天的问题没解决,事情还未了解,还得找你再谈。造成一种心理压力后,下次沟通就方便一些了。

(四)与满口承诺但难以兑现型的沟通

在交往与沟通中,你遇见过这样的人吗？总是挑一些让你高兴的话说,他对你的期望与要求总是持赞成的态度,但结果总是难以兑现让你失望。有些事,明知落实有困难,但对你还是满口承诺,最后无法落实,还很诚恳地向你解释原因。这就是典型的满口承诺但难以兑现的人。遇到这种人,除了让你哭笑不得以外,有时还会因承诺未兑现而耽误工作。所以,在交往与沟通中,要采取相应的办法。

一是让他知道你乐于实话实说。对明知兑现有难度的事,为什么要满口承诺呢？重要原因是怕说出兑现的困难会让你不高兴。这种人由于总说别人喜欢听的话,所以,人缘较好,因此,他希望一直能给人以好印象而不愿讲真话。与其交往时,要打消他这一顾虑,即对不愉快的结果,虽使人不太舒服,但还能接受。所以,最好实话实说,行就行,不行就不行。那些满口承诺的人,就是对方没有要求直言相告,或者听到实话后表现出不愉快的神情。

二是适当阻止他作不恰当的承诺。如果能够阻止满口应承型的人作出那些他们不会遵守的承诺,那么大家都可免去不少麻烦。当一位满口应承的人说:"我15分钟之后回来。"你可说:"好吧,不过这会儿的交通状况,我前几次都差不多花了45分钟。我也给你45分钟时间,你要是能回来得再早一点,那就更好了。"如果他说:"今天下午支票就会寄来。"你不要回答说:"才不会寄来呢。"而要说:"据我所知,在一年中的这个时节,很多人都难以筹集到现金,你会不会也遇到这个问题?"

三是学会听出他的弦外之音。有些时候,满口承诺者也会觉得要兑现诺言有困难,因而就用一些闪烁其词的话来表达他的承诺,用一些"可能"、"应该"、"大致"等模棱两可的术语,给自己留条退路。因你已经知道他是满口承诺型人物,当听到他用这些术语在表述结果时,大多数都是不可能完成的。所以,你必须让他直接回答"行"还是"不行",否则你又得为其的承诺而吃苦头了。

四是给他留点面子。如果多次承诺都没有实现,可能你会和他有所冲突了。在这种情况下,你要给他留点面子,因为这种人特别在乎在人际圈中的形象以及别人对他的评价。他之所以对别人的话都予以赞成,对别人的要求都予以同意,就是希望获得一个好评价。所以,面子对他特别重要。如你指出了他的不是,但是面子还是保住了,他可以接受你的指责与批评;相反,会怀恨在心,以后会给你带来更多的不愉快。

(五) 与凡事皆否定型的沟通

这种人有能力,但显得有些难以合作。其表现是对任何人有益的建议都回答以"这行不通"、"试也没用"、"这个我们去年就试过","算了吧,他们不会让我们那样做的"。你要是反问道:"好,那我们该怎么办?"那你就等着他告诉你吧:"没办法,这个问题没法解决。"这种使人无法继续与之交谈的话说得是那样坚信不疑,以至于你不由得开始认为自己对未来的憧憬,都不过是由愚蠢的盲目乐观而形成的虚无缥缈,而失去继续探索的信心和勇气。这种情况常常对一个团体共同努力的愿景有很大的破坏。有些事,如果单靠一个人去努力是有困难的,但如通过集体的努力却是可以克服障碍而实现的。但如遇到这么个顽固的否定论者,就可能使你一事无成了。因此,必须认真对待,切实做好沟通工作。

一是不要试图说服他是错的。首先,他们未必是错的,也许他的否定是有道理的。其次,这样做是徒劳的。既然他们一开始就认定做什么都没有用,要说服他们改变自己的观点也绝非易事。这种讨论很容易变成"你是错的,我是对的"这类争吵。发生这种情况后,如果你执意要一味否定论者说出"我同意你的意见"这句话,是非常困难的。

二是不要急于提出新的方案。对于否定者,你在未了解其思路和真正意愿前,很快提出新的方案,其结果还是要遭否定的。与一位否定论者打交道,要注意克制一下急于求成的心态:A方案不行,B方案总可以了嘛。其结果A、B都可能遭否决。因为,他觉得除了自己的想法外,其他的办法都是不可行的。

三是表明有方案按他意见调整后便可实现。历史上有个著名的故事,叫"大卫的鼻子",讲的是米开朗基罗对付文化检查官的事。米开朗基罗是意大利文艺复兴时期的大艺术家,长于绘画和雕刻。他和达·芬奇、拉斐尔被世人并称为当时的三杰。1501年的春天,26岁的米开朗基罗在佛罗伦萨接受了一块谁也不愿意接受的巨大的大理石块,他想把它雕刻成一个正在走向战斗的青年,这就是后来闻名于世的大卫雕像。三年之后,高达五米的大卫像问世了,无论从哪个角度看，这尊雕像都是一件完美的、少见的艺术珍品。有一天，佛罗伦萨的文化检查官匹哀尔·索台里尼来到米开朗基罗工作的地方，想先睹一下这尊大卫像，以饱眼福，米开朗基罗带他看过之后，请他提提意见，这个地方长官，实在看不出什么问题来，但为了显示自己具有卓越的艺术鉴赏能力，就煞有其事地说大卫的鼻子稍微高了一点，而造成雕像面部的不协调。米开朗基罗听了很生气，但又碍于情面，不便发作，便一声不吭地随手从地上抓起凿子和一小把大理石砂，顺着梯子爬到雕像的头部，一面在大卫的鼻子尖上轻轻地晃动着凿子，一面让手里的石砂慢慢地落了下去，就像刚从鼻子尖上凿下来似的。过了一会儿，他转过头来，问道："索台里尼先生，请再用您那明察秋毫的眼睛看看，鼻子的高度，现在符合它审美的要求了吧。"索台里尼忙说："这下可好了，这下可好了。"其实米开朗基罗什么都没做。在这故事里，索台里尼就是典型的否定论者，在他眼里，反正什么都是有问题的，而米开朗基罗如直接反驳他的指责，在这文化检查官面前，肯定是通不过的。所以，顺着他的要求作一下调整，满足了这位庸官型自以为是的虚荣，检查顺利过关。

四是要有采取行动的新方案。对于否定论者的否定，不要急于抛出新的方案，但不等于不要有新的方案。有些时候，否定论者是非常顽固的。所以，实在难以沟通，无法达成共识且影响较大时，你就应该考虑采取新的方案了。

（六）与武断主义型的沟通

这种人最突出的行为特征总是以命令、不容置疑的口吻与人交谈。他们在说话办事时，常以绝对肯定、不容怀疑的语气在表现自己，但他们并没感到自己过于武断和霸道，因为这就是他们的日常行为方式。他们的行为常常让人感到气愤,使你的才能得不到发挥,而按他的意见执行出了差错,又常常将责任推说是办事者的无能。与这种人打交道,真的有点累,沟通时要注意:

一是注意倾听以避免其重复。和这种人打交道,听他们拿腔拿调地说话,是件很累的事,但你若要避免更累,你就得注意倾听他的讲话。这种人自尊自负,如果认为他在讲话而你不当一回事,会十分愤怒,加重他的武断及命令的口吻。认真听他讲话,让他感受到你赏识并尊重他的果断,从而减轻对你的命令与指挥。否则,你得忍受他再次重复并喋喋不休地让你增加负担。

二是提出你的见解,但要注意方法。如果你认真听了并毫无保留地按他的命令去做了,他会觉得他的指示完美无缺,在以后的交流与沟通中,会复制并加重这种行为方式。所以,你必须要亮出自己的观点,但以尊重、商榷的方式交流为好,别让他觉得你就是他的对立面,将以后的目光及攻击力集中于你。

三是实在要摆谱,就让他摆。对武断者而言,最大的快乐就是看着人家执行着他的指令,最大的挫折就是没人听他的话。如果你其他方式都不奏效的话,就让他摆谱而不理睬他,让他感受到发号施令不奏效的挫折感。这种情形多几次,也会让他觉得自讨没趣,逐步放弃这种行为方式。

四是单独交谈效果会更好。这种人是属于那种死要面子的人,如果你对他的做法有不同看法,私下交流更能让他保住面子,更有可能接受你的意见。所以,与他不同的意见,如有可能,最好不要在公开场合发表。

第三节 克服障碍沟通更畅通

人际沟通中难免会出现种种障碍,若不能分析其原因并有效克服,就会影响到沟通的进程和效果,而要克服这些障碍并使交往与沟通更流畅,一是要注意自身的障碍,二是注意对方可能出现的障碍,三是注意交往沟通双方客观存在的差异。

一、克服来自自身的障碍

克服自身障碍包括自身个性特征中的障碍和交往、沟通中的信息发送障碍两个方面。

(一)个性特征障碍

在个性心理方面,以下个性是不利于交往与沟通的:

一是自卑。自卑心理是相处中非常常见的一种心理特征,一些人因对自己的身体、能力、社会地位不满意,在与他人的交往中有自卑心理,不敢阐述自己的观点,做事犹豫,缺乏胆量,习惯随声附和,没有自己的主见。

二是嫉妒。嫉妒的人容不得别人超过自己,对别人的优点、成就等不是赞扬而是心怀嫉妒,企望着别人不如自己甚至遭遇不幸。一个心怀嫉妒的人,绝对不会在人际交往中付出真诚,给别人温暖,自然也不会讨人喜欢。

三是猜疑。总是怀疑别人在说自己的坏话,捕风捉影,对人缺乏起码的信任且喜欢搬弄是非的人,自然少朋缺友。

四是自私。自私自利的心理,容易伤害别人,一旦别人认清其真实面目后,就会坚决中断与其交往。

五是自傲。孤芳自赏,自我感觉特别良好,总是高高在上,端着个架子,一副骄傲冷漠的样子,让别人不敢也不愿意接近,自然不会拥有朋友的。

(二)沟通过程障碍

在沟通过程中,以下几个方面也可能影响信息的发送,从而成为交往沟通的障碍:

一是准备不足,目的不明。在双方的沟通中,希望表达什么样的信息给对方,达到什么样的目的,如果没有比较明确的了解和计划,势必在双方交谈中口无遮拦、漫无目的,让对方听得云里雾里、不知所云。

二是信息量太小,表达不清。目的明确,但缺乏适当的沟通技巧,发送者口齿不清、词不达意、用词贫乏、语句干瘪或缺乏适度的身体语言、表情木然等,也难以调动对方接收信息的兴趣。

三是人为取舍,信息不完整。在信息传递或交换意见时,信息发送者为了自身利益,有时故意扣留了部分与自己有关的信息,使整个信息源支离破碎,前后不相衔接,使接收者无法接收完整的信息而进行有效的沟通。

四是形象不佳,威望缺乏。信息传递者的形象气质、知识阅历的状况直接决定着沟通的效果。如衣着不整、拖拉疲沓、缺乏相应的知识和阅历,难以使对方产生亲近感和认同感。

五是自我中心,夸夸其谈。成功的沟通在于考虑对方的心理需求,谈论对方感兴趣的事。如丝毫不考虑对方的需求及兴趣,一味按自己感兴趣的事情大肆发挥。可以说,不管你说得多么辛苦,对方也会无动于衷的。

二、克服来自对方的障碍

对方在交往与沟通中的障碍除其个性心理的缺陷、对信息接收不全等原因外,主要是由其社会知觉偏差造成的。社会知觉属社会心理学范畴,也叫社会认知,是个体对他人、群体及自己的知觉。对他人和群体的知觉叫人际知觉,对自己的知觉叫自我知觉。社会知觉是一种基本的社会心理活动,人的社会动机、社会态度、社会化过程、社会行为的发生都是以社会知觉为基础的。个体的社会知觉在产生和发展时,易出现一些带普遍性的偏差,这些偏差相应产生一些比较固定的心理效应,即形成人们所说的"社会知觉偏差效应"。"社会知觉偏差"及形成的心理效应,常常有碍于信息完整准确地接收而形成沟通障碍。在与其沟通时,就要有意识地注意并克服这些偏差可能带来的障碍。这些心理效应主要有:

(一)首因效应

当与人接触,进行认知的时候,首先被反映的信息,对于形成人的印象起主要作用。人们往往注意开始接触到的细节,如对方的表情、姿态、身材、仪表、年龄、服装等,而对后面的细节则不太注意。在人们交往中,这种比较重视前面的信息,据此对别人下判断,而在最初(原始)的印象形成之后,就对后来的信息较不重视的现象,称为"首因效应"。"首因效应"属于第一印象,第一印象又叫做"初次印象",在与陌生人交往的过程中,所得到的有关对方的最初的印象称为第一印象。在人们之间形成的相互吸引或者排斥,总是与第一印象有密切关系的。

第一印象在日常的社会生活中和工作中都有一定的作用,即所谓"先入为主",作为认识的起点。当然,这第一印象并非总是正确的,但却总是最鲜明、最牢固的,并且决定着今后双方交往的过程,如对方开始就对你有好感,他就愿意和你接近,并较快地取得相互了解;反之,有了反感,即使因各种原因难以避免与之接触,也会对你很冷淡。在极端情况下,甚至会产生对抗情绪。

(二)近因效应

如果说,一个新识的第一印象叫"首因效应",那么,熟识的对象最近的形象和行为对你的影响就是"近因效应"。"近因效应"是指在总体印象形成过程中,最近获得的信息对个体社会知觉所起到的更大的影响作用。在生活中,常听见有人抱怨:某某真没意思,他提的要求,你做到了九件,但就最后一件没做到,还是把他得罪了。这就是"近因效应"在作祟。前面的九件,随着时间推移,他逐渐淡忘,而最后一件,却作为一项新鲜的刺激,让他产生对你不良的反应。"近因效应"符合人们认识事物的规律,但也可能因当前发生某一事件而否定以往长期的看法或评价。无论是因一眚掩大德,还是为眼前的假象所迷惑,都是一种知觉上的偏差,有可能成为沟通中的障碍。

(三)晕轮效应

"晕轮效应"指对别人知觉的一种偏差倾向。当一个人对另一个人的某些主要品质有个良好印象——如认为这个人勤奋、诚实、聪明、热情——之后,就会认为这个人的一切都很好。这就好像刮风天气之前晚间月亮周围的大圆环(月晕,又称晕轮)是月亮光的扩大化一样,所以称为"晕轮效应"。"晕轮效应"在某种意义上是一种以偏概全，在人际交往与沟通中，某一方面看得顺眼，其他方面也觉得不错了，而在某些问题上不合意，看不顺眼，其他一切都无法接受了，沟通势必产生障碍。

（四）定式效应

"定式效应"是指在人们头脑中存在的关于某一类人的固定形象。当我们认知他人时，常常会不自觉地有一种有准备的心理状态，按照事物的外部特征对他们进行归类，从而产生了"定式效应"。比如在日常生活中认识一个初交者，在较短时间形成了印象，往往把无关联的品质联系在一起，见某人是健康的，就以为他也是聪明的。经常根据A特点推测他必然有B特点，如认为容易发脾气的人一定是很顽固的，好脾气的人多半是没有主见等。心理定式有些时候会变成一种主观成见，当以成见去观察世界时，必然要歪曲客观事物的原貌，而成为认识事物和相互沟通的障碍。

（五）刻板效应

"刻板效应"也称社会刻板现象，是指人们对社会某一类事物产生的比较固定的看法，一种概括而笼统的看法。在日常生活中有些刻板印象与籍贯有关。例如，山东人被认为是豪爽、正直的，能吃苦耐劳的；而江浙一带的人被认为是聪明伶俐的、随机应变的。对于不同职业的人也有不同的刻板印象，如认为教师是文质彬彬的，商人是唯利是图的，草原上的牧民是粗犷豪放的。社会刻板印象是对社会团体最简单的认识，虽然有利于对某一群人做概括的了解，但也容易产生偏差，容易阻碍人与人之间正常的认识和交往。

三、克服沟通双方的差异造成的障碍

沟通中的障碍,有时并不是由交往中的某一方造成的,而是双方差异造成的障碍。

一是双方文化经验背景的局限。文化背景及经历经验不同所带来的沟通障碍是不言而喻的。不同语言带来的沟通困难,不同的风俗习惯、规范差异会带来的沟通误解。如世界上很多国家,"V"的手势都意味胜利,但在英国,掌心向上或手指向上却表示"滚出这里"。沟通过程中,信息发送者把信息翻译成文字时,他只能在自己的知识范围内进行编译;同样,接受者也只能在自己的经验知识范围内进行编译、理解对方传递过来的信息含义,并按自己理解的方式予以反馈。因而,不同的文化经验背景,必然成为彼此沟通的障碍。

二是双方价值观和信仰的差异。沟通双方因不同的人生经历、不同的生活背景而形成各自不同的价值观和人生信仰。因而,对不同乃至相同的事物都有各自不同的价值判断,从而导致沟通中的障碍。

三是双方社会心理的差异。在同样的社会情境及同样的社会行为中,人们的需要动机是不同的。同一事物对人们的激励作用也是不相同的。人们社会心理因素方面的差异,也常造成彼此沟通的障碍。

四是双方个性间的障碍。每个人的个性心理及个性倾向是不同的,气质、性格、能力、兴趣的不同,会造成人们对同一信息的不同理解。如双方理解的差异过大,势必将成为彼此沟通的障碍。

总之，交往的障碍是在沟通中产生的，必须在沟通中加以克服。

对由自身个性特征产生的障碍，就需要不断健全个体人格确保心理健康。而由信息发生产生的障碍，就需要通过明确沟通目的，加强沟通准备；加大信息量，增强感染力；增强自信心，给对方以信任感以及全面对称组织信息等确保信息畅通。

对对方可能产生的各种交往沟通障碍，尤其是社会知觉偏差方面要有较为准确的判断，并做好有针对性的调整引导工作，以确保双方沟通的流畅。

在克服沟通双方差异方面：一是保持双方的平等性。双方处于平等地位，才能保持一种平衡的双向沟通。双方可能在身份、地位、年龄、资历上各有不同，但在人格尊严上是平等的。所以，双方只有把对方放在朋友的位置上，才能以情相待，以心相见，取得好的沟通效果。二是增强彼此的包容性。作为不同的个体，双方都有与对方不相一致的地方，如文化背景、价值观与信仰以及地位、资历等，只有包容对方的不同点，才能找到双方的共同点。所以，我们不能仿效别人，也不可能要求别人仿效自己。但既然坐在一起探讨同一个话题，就总得寻找相互的共识，彼此包容，这是有效沟通的重要前提。

第三编
对内与己能相通,快乐亦轻松

　　有机体的生存,除了必须不断地与外界进行物质交换外,还得进行有效的内部循环。人体的循环系统是生物体内的运输系统,它将消化道吸收的营养物质和肺吸进的氧输送到各组织器官并将各组织器官的代谢物通过同样的途径输入血液,经肺、肾排出。这种内部循环系统同样是人的生命通道,这一通道出现不畅、堵塞,人的生命就危在旦夕!

　　人的心理、意识系统与人的生理系统一样,也有一个内部循环、内部通畅的问题。不少人经常感叹:"我搞掂外部没问题,但就是搞掂不了我自己。"而要搞掂自己,就需要自我沟通的能力。"通则不痛",心理状况同样也适应这一原理。

　　一般来说,人的心理或意识可以分为两个层次:我们意识到的及未意识到的,意识到的这部分叫意识或显意识,未意识到的叫潜意识。为此,个体对自己的认识及沟通,也可分为意识和潜意识两个层面展开。在意识层面中,主要是主我与客我的沟通;而潜意识层面,主要是意识与潜意识的沟通。

　　与己能相通,快乐亦轻松!

第五章　主我与客我的沟通

主我与客我的沟通,作为自我沟通的重要形式,是在意识层面进行的。

第一节　主我客我都是我

从概念上来讲,自我沟通即信息发送者和信息接收者为同一行为主体,自行发出的信息,自行传递,自我接收和理解。但是,这种个体自身的"内向沟通"都并非一种简单的信息传递,其间也包含着较为复杂的互动形式。这互动的双方,即由个体自我派生出来的主我与客我。

一、既是一个我又是两个"我"

在人际沟通中,主我与客我都在起作用。

(一)主我与客我

最早将个体自我分为主我和客我是哈佛大学的心理学家詹姆斯(1891)对自我的讨论。詹姆斯将自我分为"主体我"(I)和"客体我"(Me),前者表示"自己认识的自我",也即主动地体验世界的自我;后者表示人们对于自己的各种看法,如人的能力、社会性、人格特征以及特质拥有物等。

美国另一社会心理学家米德,沿用了詹姆斯的主我、客我概念,并予以进一步的阐述。米德认为,自我并不是意识的处理系统,它本身就是意识的对象。人一生下来并不存在自我,因为他不可能直接开始自己的实践活动。随着从外部世界获取实践经验,人学会了将自我作为一个对象来考虑,并形成了他们对于自我的态度和情感,这就是自我的发展。对自我的发展来说,产生社会交往的社会环境是十分重要的。米德认为,一个人如能接受他人的态度,像他人一样扮演自我角色,那么,他就达到了自我的程度。实际上,在人的发展过程中,人可以获得许多自我,能够相互影响其他群体中的我。自我的概念是两种"我"("I"和"Me")的结合体。"Me"是指通过角色扮演而形成的社会中的自我,"I"是指并非作为意识对象的独立个体。

由此可见,我们每个个体都包含着主我与客我两个方面。主我和客我的对话和互动成了统一的社会自我。而这个对话和互动的过程揭示的就是一个长期过程,也就是主我同客我进行对话、互动的过程。在这一过程中,有代表本能的、自然的、自主的主我,以及人对自己的评价和角色期待而后进行自我反思的客我。"我"与"我"的沟通,自然地存在于每一个体之中。人的自我意识就是在主我与客我的互动中形成、发展和变化的,同时,又是这种互动关系的体现。二者间的互动不断,形成新的自我,互动形式与介质就是沟通与信息。

(二)主客我沟通的特点

主我与客我之间的沟通,实质上是一种在意识层面的自我沟通。这种自我沟通，有着自身独特的特点，其主要特点是通过与人际沟通相比较而得出的。

这种自我沟通其实是种特殊的人际沟通，除了具有人际沟通的一般共性，还具有自身的特殊性。

分析以下的示意图便可得出相应结论。

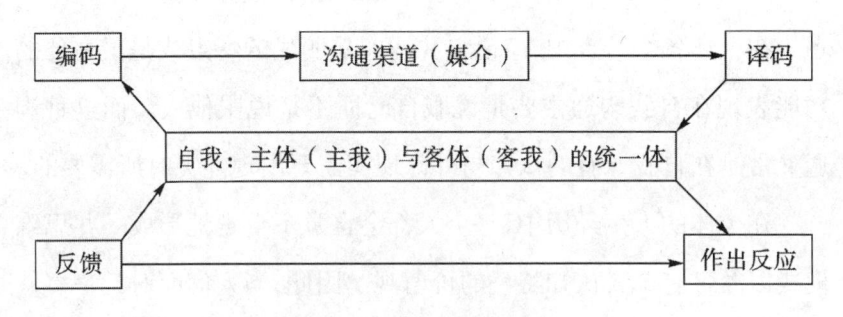

```
┌──────┐      ┌──────────────┐      ┌──────┐
│ 编码 │─────▶│沟通渠道（媒介）│─────▶│ 译码 │
└──────┘      └──────────────┘      └──────┘
    ▲     ┌────────────────────────────┐     │
    │     │自我：主体（主我）与客体（客我）的统一体│     │
    │     └────────────────────────────┘     ▼
┌──────┐                                  ┌────────┐
│ 反馈 │─────────────────────────────────▶│ 作出反应│
└──────┘                                  └────────┘
```

图 5-1　自我沟通示意图

通过示意图可看到：自我沟通与人际沟通同样地存在着沟通的主体（主我）、客体（客我）以及沟通中的编码、译码和反馈过程，这和人际沟通是一致的。

同时，自我沟通又具有自身的特点，与一般人际沟通又存在着差异，具体表现在：

一是沟通主客体的差异。人际沟通是个体与不同的沟通对象的沟通；而自我沟通主体和客体同为一人，"我"同时承担信息的编码和解码的功能。

二是沟通目的差异。人际沟通是希望与他人有效沟通，说服他人，形成共识；而自我沟通的目的在于说服自己，特别是在自我角色丛中的各种角色矛盾冲突时，这种说服与协调就尤为重要。

三是沟通媒介的差异。人际沟通的媒介是外部的文字、言语（包括肢体语言）；而自我沟通的媒介是"我"自身，沟通渠道可能是语言、文字，也可能是自我暗示。

四是反馈过程的差异。人际沟通的反馈是在个体与沟通对象之间相互进行的；而自我沟通的反馈则来自"自我"本身，其信息的输出、接受、反应和反馈在"我"身上几乎是同时进行的。

在上述各个特点中，应说自我沟通最明显的特点或是最主要的功能表现在自我沟通主要是说服自己而不是说服他人。而这种沟通又常是在自我原有的认知与外部现实需要出现冲突时所需要的。

在个体的人生经历中，每个人都会自觉不自觉地形成一些思维模式以及带有个人认知特色的价值观。因此，当人们面对某一事件时，就会用已有思维和价值观来衡量并作出相应的判断。而一旦自身的先验判断与外部的期望发生矛盾，冲突就出现了。这时，人们往往表现出烦躁不安、反感、恐慌甚至抵触的态度与行为。为了使自身的心态恢复平衡，人们会不断地说服自己，调整自己的判断标准、价值观念和处理问题的方式。这种自我的原本定位与现实之间的冲突的产生、发展、缓解和最终解决的过程，即为自我沟通。成功的自我沟通要求自我在面对问题时有良性的反馈，在面对冲突时有积极的反应。希望说服别人，首先说服自己。

通过对其特征的分析，我们看到，自我沟通要求我们遇到任何问题、状况与事情时，不要怨天尤人，不要怪别人甚至怪老天无眼，而应冷静下来先想想自己，做自我检测与沟通。自我沟通的首要条件，即在于认知，知自己不足、障碍、限制和问题到底在哪里。认知后，接着必须动心，用心去感觉、去体悟，使自己的心开放，增加自我沟通的内心动力。心动不如马上行动,当自己内心的动力增强后,即刻就要付诸实践,让行动发挥出自我沟通的充分效果。自我沟通非一蹴而就,必须持续不断一次又一次地为之,不可心急或求速效,而必须慢慢的,一步一步来,方能真正达到自我沟通的确实效果。

二、两个"我"沟通的渠道

由于这种自我沟通主客体集于一人,随时都可进行,所以其沟通形式也是多种多样的。而自我暗示对个体心理行为有着其他形式所不具备的重要意义。为了方便叙述,把其他常见的沟通形式列为一类,而自我暗示予以单独分析。

(一)沟通形式

自我沟通常见形式主要有:

一是自我考问。自我考问即自问自答,就是自己给自己提出问题,再加自己思考、分析并给出答案的过程。如到领导办公室汇报工作,并没得到期望中的表扬,出办公室后常常问自己:我今天哪里没说对?然后自行分析找原因,即属此类。

二是自我批评。在人际交往与沟通中,如别人批评了自己,出于对自我尊严、颜面的维护,我们常常表现出不予接受。但如我们意识到人家的批评是对的,或者自己确实在哪些方面做得不对,自己内心的自我批评是常可以接受并加以改正的。因为这种批评是在自己心中做的,除了自己,别人并不知道,因此,能很好地维护自尊和颜面,所以乐于为自己所接受。自我批评除注意别过分宽恕自己而推卸责任外,还别对自己批评过于严厉而形成自责。如果过分地责怪自己,或者把不属自己的过失也揽在自己身上,会造成严重的心理负担,不利于自身的心理健康。

三是自我表扬。除了善于进行自我批评、自我沟通外,还应善于自我表扬。人体时常在内心给自己一定的表扬和鼓励,发扬自己的优点和长处,是培养健康、积极向上心理的重要手段。如同积极的期待和鼓励在人际交往与沟通中能对交往对象产生积极的作用一样,自我沟通中的积极期待和鼓励对个体自身也会产生同样的效果。如同自我批评要适度一样,自我表扬也应把握分寸,看不到自己的优点和长处是不对的,但过于放大自己的优点和长处也是不可取的,如是会导致个体自负、自大甚至自傲,同样将损坏个体身心健康,成为有效交往和沟通的障碍。

四是自我安慰。自我安慰常是自我心理慰藉的一种方法,即遇到不顺心的事,依靠自我调节、自我解脱来实现心理平衡。如通过转移注意力,去做自己感兴趣并得到愉悦的事,不知不觉地把烦人的事慢慢忘却,随着烦闷逐渐消退,心情也就慢慢开朗起来。另外,适度的精神胜利法,对没得到的东西来点"酸葡萄效应",对自己必须接受的事物来点"甜柠檬感觉",都是不错的自我安慰办法。

五是自我激励。自我激励是个体具有不需要外界奖励和惩罚作为激励手段,能为设定的目标自我努力工作的一种心理特征。自我激励是一个人迈向成功的动力。善于自我激励者,会树立远大的目标,能正确调节自己的情绪,直面成功路上可能会遇到的各种困难,直到达到预期目标。

主客我沟通还有多种形式,就不一一列举了。下面,重点分析一下自我暗示。

(二)自我暗示

自我暗示即个体通过主观想象某种特殊的人或事物的存在来进行自我刺激,以达到改变自身行为或主观经验的目的。自我暗示是一种常用的自我沟通及心理调整方法,具有下列心理效应:

一是镇定作用。人的心理十分复杂,经常会受外界情境的影响。尤其是在对抗、竞争的条件下,对手创造一个好成绩,或工作做到你前面去了,会造成你的内心紧张。本来你完全有实力超过他,因为心理上的紧张,反而束缚了你的潜在能力的发挥。自我暗示在这时就能起到排除杂念、镇定情绪的作用。

二是集中作用。这与镇定作用密切相关。一件事情,尤其是一定难度的事情的成功,总是离不开注意力的高度集中。缺乏心理训练的人,到了注意力应该高度集中的时候,却出现心猿意马的现象。自我暗示,能减少苦恼。

当你将做一件你认为不该做的事,如果能提醒自己立即停止下来,这也是一种自我暗示的方法,它可以提醒你不去做某件事情。另外,当你准备做某件事情,而出现心理障碍如胆怯、紧张时,自我暗示也能起到强化的作用。

在我们的生活中,到处充满了自我暗示的现象。例如,清晨对着镜子梳妆打扮一下,如果看到自己的脸色很好,往往会心情舒畅,这是一种积极的暗示;如果在镜子中,发现自己的脸色不好,眼皮略有浮肿,怀疑自己肾脏可能出了毛病,于是就感到腰痛,这是一种消极的暗示。每个人的自我暗示性高低不一。有的人自我暗示性很高。自我暗示性高的人,有时也可能导致可怕的后果。曾经发生这样一个事故,一个人偶然被关进了冷藏车,当时车中的冷冻机并没有开动,可这个人却被冻死了,这是自我暗示起作用的可悲结果。而"望梅止渴"的故事,则体现了自我暗示的积极作用。

所以,在自我沟通及心理调整中,一定要注意发挥自我暗示的积极作用,避免消极因素。如何有效地发挥其积极作用?可注意自我暗示的三大定律。

一是重复定律。无论是使用自我暗示来镇定自己,还是集中注意或提醒自己,偶尔一次自我暗示常难奏效,所以要多次进行。如面对强手,就应多次镇定、多次提醒,我相信自己的实力,一定能战胜他。如此,可使自己真正地静心凝气,发掘潜力,实现成功。对自己希望不予发生的行为,也需多次提醒,才可有效地抑制。

二是内模拟定律。当一个人内心在想什么事时,其不由自主地模拟什么,心理学称此为内模拟。如看到漂亮的女孩或阳光的帅哥,感觉到什么叫赏心悦目、心情愉悦,表情自然灿烂,这时表情模拟了自己的内心世界;反之,看到不愉快的事,看不惯的人,也将严重地影响你的心情,这也属内模拟。

三是替换定律。录音磁带录上了新的音乐,原有的就被覆盖和消失了;小区里的监控,在规定时间后,原有的录像不再存在,而保留了新的内容,这就是一种替换现象。在自我暗示中,常常新暗示对已有的心理活动具有影响和制约,成为一种新的心理力量,即属替换定律。

(三)回馈分析

回馈分析法就是在你准备做一件事情之前,记录下你对结果/效果的期望,在事情完成之后,将实际的结果/效果与你的预期进行比较,通过比较,你就会发现什么事情你可以做好,什么事情你是做不好的。用此方法便可检验其沟通的效果。

回馈分析法在14世纪由一个默默无闻的德国神学家发明,本是用于信徒的修行,后慢慢推广至其他。回馈分析的具体方法是:每当作出重大决策、采取重要行动时,都要事先写下你所预期的结果;9个月到12个月以后,再将实际的结果与预期的结果进行对比。

通过这种简单的方法,在相当短的时间内(也许在两三年内),人们就可以发现自己的优势所在。要了解自己,这可能是最重要的事情了。利用这种方法,不但能够显示出,由于你所做或者未做的哪些事情妨碍了你自身优势的发挥,还可以了解到哪些工作是你不具有优势和不能涉足的领域,或者甚至是你不能胜任的。

在实施了回馈分析法后,总结出以下结论:

一是集中精力发挥你自身的优势。你能够在哪些领域发挥优势?能创造出优异的业绩和成果的就是你的领域。

二是努力增强你的优势。回馈分析法很快就能发现人们需要提高哪些方面的技能或者必须学习哪些新知识。它可以指出哪些方面的知识和技能已经不能满足所需,需要更新。它还告诉人们在知识面上存在哪些差距。为了胜任某项工作,人们通常有能力掌握任何足够的技能和知识,即明己所长,知其所短。

主客我沟通的各种形式,如果能有效地利用且扬长避短,就一定能在化解内心矛盾、保持主客体平衡、追求快乐人生中发挥其有益的作用。

三、沟通效果制约情感心态

主我与客我虽然在个体身上统一为"社会自我",但很多时候,它们常常是不统一而且对立的,两者间的矛盾与对立,成了导致个体内心痛苦、焦虑的根源。如这种痛苦与焦虑得不到有效沟通和协调,有可能导致个体采取一些极端行为。《楚辞补注》中的《渔父》篇,用屈原与渔父的对话揭示了屈原的心路历程。而这一问一答,从某种角度反映了屈原内心主我与客我的情感纠结,但最终二者没有有效沟通且达成一致,导致了屈原投江悲剧的发生。

屈原(约公元前339年—约公元前278年),战国时期楚国人。名平,字原。楚怀王时任左徒、三闾大夫。对内主张举贤授能,修明政治;对外主张联齐抗秦。然被谗,遭放逐。楚襄王时再遭谗毁,迁于江南多年,后见楚国政治腐败,无力挽救,怀着深沉的忧愤,自沉于汨罗江。他一生创作了许多不朽作品。传说屈原于农历五月五日投江自尽,中国民间五月五日端午节包粽子、赛龙舟的习俗就源于人们对屈原的纪念。1953年,屈原还被列为世界"四大文化名人"之一,受到世界和平理事会和全世界人民的隆重纪念。《渔父》选自《楚辞补注》,是战国至秦汉间人记述屈原事迹的文字,但也有一说是屈原所作。本篇表现了屈原不愿同流合污,宁愿"伏清白以死直"的高尚品质,但我们也可从中看到屈原在两个"我"中的缠斗。

先看看屈原与渔父的对话:

屈原既放,游于江潭,行吟泽畔,颜色憔悴,形容枯槁。渔父见而问之曰:"子非三闾大夫与?何故至于斯?"屈原曰:"举世皆浊我独清,众人皆醉我独醒,是以见放。"

渔父曰:"圣人不凝滞于物,而能与世推移。世人皆浊,何不淈其泥而扬其波?众人皆醉,何不哺其糟而歠其醨?何故深思高举,自令放为?"

屈原曰:"吾闻之,新沐者必弹冠,新浴者必振衣;安能以身之察察,受物之汶汶者乎?宁赴湘流,葬于江鱼之腹中。安能以皓皓之白,而蒙世俗之尘埃乎?"

渔父莞尔而笑,鼓枻而去。

乃歌曰:"沧浪之水清兮,可以濯吾缨;沧浪之水浊兮,可以濯吾足。"遂去,不复与言。

译成现代白话就是这样的:

屈原遭到了放逐,在沅江边上游荡。他沿着江边走边唱,面容憔悴,模样枯瘦。渔父见了向他问道:"您不是三闾大夫么,为什么落到这步田地?"屈原说:"天下都是浑浊不堪,只有我清澈透明,世人都迷醉了,唯独我清醒,因此被放逐。"

渔父说:"圣人不死板地对待事物,而能随着世道一起变化。世上的人都肮脏,何不搅浑泥水扬起浊波,大家都迷醉了,何不既吃酒糟又喝其酒?为什么想得过深又自命清高,以致让自己落了个放逐的下场?"

屈原说:"我听说,刚洗过头一定要弹弹帽子,刚洗过澡一定要抖抖衣服。怎能让清白的身体去接触世俗尘埃的污染呢?我宁愿跳到湘江里,葬身在鱼腹中。怎么能让晶莹剔透的纯洁,蒙上世俗的尘埃呢?"

渔父听了,微微一笑,摇起船桨动身离去。唱道:"沧浪之水清又清啊,可以用来洗我的帽缨;沧浪之水浊又浊啊,可以用来洗我的脚。"便远去了,不再同屈原说话。

无论《渔父》作者是屈原还是纪念屈原的楚人,都不影响所希望表达的深意。其中一问一答,充分表现了诗人屈原内在主我与客我的矛盾。作为"渔父"的客我，希望用一种高蹈循进的无为思想说服屈原；而作为主我的"屈原"，宁愿流走湘江，以身殉国，也不愿避世隐归，自求安乐，最终怀着深沉的忧愤自沉于汨罗江。

人其实是一个复杂的复合体，有些时候其烦闷与困难，不仅来源于主我与客我，还来源于多个角色之间的缠斗。

从社会学角度来说，人在社会舞台扮演着不同的社会角色，但人在这个舞台上，都不可能只扮演一种角色，而是同时扮演着多种角色。如人到中年的张勇，同时扮演儿子、父亲、丈夫、董事长等多种角色，多种角色集于一身，又称角色丛。而角色丛内每个角色扮演的要求和他人的期望，常常是有矛盾的：对父亲，张勇得扮演好儿子的角色，父亲希望张勇能多尽尽孝道；对妻子，张勇扮演着丈夫的角色，妻子则希望张勇能多给自己一点儿爱心；作为董事长，希望能多一些精力在正在起步的事业上；但儿子却希望父亲能多抽点时间陪陪自己……各种不同角色的义务和期求，给张勇带了许多烦恼。这时就需角色丛的角色们相互沟通与协调，如作为父亲的张勇就与作为董事长的张勇商量：能不能把工作放一下，抽个星期天陪陪儿子？其实，作为角色丛的张勇，内部各角色间的沟通与协商是经常存在的。如内部的沟通协商顺利，张勇就神清气爽，轻松无比；否则，则心事重重，焦头烂额。

良好的自我沟通，协调好主我与客我的矛盾，平衡好各角色间的期望与要求，对人的快乐具有重要的作用。

第二节　主客我沟通之主题

人的苦痛,常来源于不能正确地认识自己、评价自己,或对自己认识不全面、不准确,或对自己评价不客观、不公正,都可能因与他人不一致而导致烦恼。所以,正确地认识与评价自己,具有十分重要的意义。而主我与客我的沟通,要解决的主要课题就是如何正确地认识自己、评价自己以及生活与工作中遇到的各种烦恼与纠结。

一、正确认识自我

我们谁不认识自己？但谁又真正地认识了自己？多数人的回答可能都是我认识我自己,但又没完全真正认识我自己。如果善于自我沟通,就可以深入我们内心去感觉、观察和分析自己,以便对自己作出一个正确的自我评价。这种主我对客我的认知,就称之为自我认识,它是自我提升和超越的基础。

一般地来说,个体对自我的认识主要有三个方面,即物质的我、社会的我和精神的我三个方面。

物质的我,即对自己物理体态的一种认识,包括身高体重、容颜相貌等。经常对自己提出的问题是:我已长大成人吗？我身体发育正常吗？我的容貌姣好(帅气)吗？我的形体(身材)优美吗？在这些问题上,如能给自己一个满意的回答,就可能自得其乐,甚至感觉良好并以此为傲；如不能给自己一个满意的回答,则可能导致自卑、内向甚至影响到对人生的态度。当下,人们不遗余力地研究增高、整容、形体等,其目的都是让物质的我更能让自己满意。

社会的我，主要是自己对社会生活中作用与地位的认识，包括我在机构、群体中有自己的作用和地位吗？我能得到别人的尊敬吗？我能适应社会需要并为社会接纳吗？对这方面认识的正确与否，严重地制约着个体与社会的关系，也影响着个体的情绪和情感。

精神的我，主要是对自己聪慧、品格、情操及人格魅力的认识，包括：我聪明能干吗？我为人正直吗？我有理想追求吗？我有风度和气质吗？我有理想和信仰吗？我具有人格魅力吗？等等。对精神的我的认识，常决定着个人人生旅途中的目标、志向和成功的状况以及能否获得成功的喜悦、自我实现的体验等。

怎样才能正确地认识自己呢？主我与客我在沟通中是通过以下几种方式进行的。

(一) 自我感觉

在心理学定义上，感觉是人脑对直接作用于感觉器官的客观事物个别属性的反映。一个物体有它的光线、声音、温度、气味等属性，我们没有一个感觉器官可以把这些属性都加以认识，只能通过一个一个感觉器官，分别反映物体的这些属性，如眼睛看到了光线，耳朵听到了声音，鼻子闻到了气味，舌头尝到了滋味，皮肤触到了物体的温度和光滑程度。每个感觉器官对物体一个属性的反映就是一种感觉。

自我感觉是自我对于作用于感觉器官的某些客观对象的心理反应。自我感觉不是独立存在的，往往受到外部环境的影响，如人们的评价、态度、环境的变化等。有的人自我感觉良好，如人生顺利、幸福如意；有的人自我感觉差，事事不如意，因而愁眉苦脸、垂头丧气；有的人本来计划做一件事，可是，别人说三道四，就因而怀疑自己,犹豫不决,不知所措了。

由于感觉仅是感觉器官对客观事物个别属性的反映,因此,自我感觉常常是不全面或不准确的。所以,应对自我感觉及感觉对象进行认真思考、逻辑推理、调查研究、全面反映,作出科学而准确的判断。如是错误的感觉,就会作出错误的判断,进而实施错误的行动。仅仅是感觉还没有什么,有的人主观认定某人是他的对手后,于是,对人的所作所为就都采取了敌视态度,处处对抗,讽刺挖苦,为难对方,直至针锋相对。一旦发现是个误会时,为时已晚,良好的人际关系已受到损伤,自己的心情也受到了影响。

由于对客观的反映或个体心理结构出现偏差,可能在自我感觉上出现偏差。有的人自我感觉良好,幸福指数颇高;有的人总认为自己不幸,每个人都在与其作对,每件事都那么不顺心,是在自我感觉上出了问题。

有什么样的感觉,就会有什么样的心态。感觉和心态有着必然的关系,感受影响心态。感觉不快乐,就不会快乐;感觉痛苦,痛苦就会来临;感觉烦恼,真的就有烦恼。所以,通过自我沟通,要善于控制自己的感觉,培养一种向善的、向上的感觉,祛除不利于身心健康的感觉。培养正确、良好的自我感觉,对于人们的情绪、心态、行为都会产生积极的作用。这样才能正确地面对别人对自己的态度和行为,增强心理调节能力,才能保持一种愉快的心境。

(二)自我观察

自我观察是对自己的感知、思想和意向等方面的察觉。人在实践活动中的动机与意识,或对某些心理特点和行为的感觉与评价等,都可以进行自我观察和分析。

将自我观察作为一门学问引入心理学的,是科学心理学创始人德国心理学家威廉·冯特。冯特于1879年在德国莱比锡大学创建了世界第一个心理学实验室,并创建了自己的心理学派——构造心理学派。同时,冯特将内省实验法引入了心理学。他请对方向内反省自己,然后描写他们对自己的心理工作方法的看法,通过此种做法使对方更好地看待和完善自己。这种方法,即称反省法,也称为自我观察法。

自我观察是自我沟通的重要方法之一。它有两种方式:一种是个人凭着非感官的知觉审视自己;另一种是要求被试者把自己的心理活动报告出来,然后通过分析报告资料得出某种心理学结论。在自我沟通中,这两种方法均可采用。在一般的日常生活中,我们可以多自我审视,把握自己的心理状态,调节自己的情绪和反应,但在自认为是重要的自我沟通中,最好就能用书面的方式,分析整理自己的心理活动,并对其是有利沟通还是阻碍沟通作出一定的评估。

在这方面,我们的先圣早已有所教诲。其中最有名的不外是"吾日三省吾身"了。《论语》写道:"曾子曰:'吾日三省吾身;为人谋而不忠乎？与朋友交而不信乎？传不习乎？'"翻成白话是这样:我每天必定用三件事反省自己:替人谋事有没有不尽心尽力的地方？与朋友交往是不是有不诚信之处？师长的传授有没有复习？

当然,内省也相当于内审,有时还是个相当痛苦的过程。所以,凡属对自身的审视都需要有大勇气,因为在触及到自己某些弱点、某些卑微意识时,往往会令人非常难堪甚至痛苦。但是,无论是痛苦还是难堪,你都必须去正视它。不要害怕对自己进行深入的思考,不要害怕发掘自己内心不那么光明甚至有阴暗的一面。

可见，无论是自我修身为人，还是交朋结友、自我观察、自我审视，都是十分重要的。

善反省者明，善自律者强。如果能长期坚持自我观察、自我审视，势必有助于对自己形成一个正确的认识。

(三)自我分析

自我分析是个体对自己理性、全面的分析。自我分析对我们每个人都是非常重要的，人只有通过不断的自我分析，才能明其所长，知其所短；只有不停地进行自我分析，才能与环境协调一致，与时俱进。

自我分析常常与自我定位联系在一起。所谓的自我定位，就是通过较为准确的自我分析和精心设计，为自己在人际交往沟通以及事业发展中找到较为准确的位置。

在自我分析时，最常用的还是SWOT分析法。SWOT分析法最早是由美国旧金山大学的管理学教授在20世纪80年代初提出来的，主要是用来分析组织内部的优势与劣势以及外部环境的机会与威胁，是在市场营销管理中经常使用的功能强大的分析工具。近来，SWOT分析已经被应用在个人的自我分析等方面。

在自我分析上，SWOT分析是检查自我的技能、能力、兴趣喜好的有用工具。如对自我进行详密的SWOT分析，会很明了地知道自我的个人优点和弱点在哪里，并且会仔细评估出自己事业发展中的机会和威胁所在。

SWOT的含义是：S——Strength(强项、优势)，W——Weakness(弱项、劣势)，O——Opportunity(机遇、机会)，T——Threat(威胁、对手)。

SWOT可分为两部分：第一部分为SW，主要用来分析自身的内部条件；第二部分为OT，主要用来分析自身的外部条件。每一个单项如S又可以分为外部因素和内部因素。

利用这种方法可以从中找出自己积极健康值得发扬的因素,以及对自己不利的、要克服的性格弱点,找出解决办法,并明确以后的发展方向。根据这个分析,可以将问题按轻重缓急分类,明确哪些是目前急需解决的问题,哪些是可以稍微拖后一点儿的事情,然后用系统分析的思想,把各种因素相互匹配起来加以分析,从中得出一系列相应的结论,以便更加准确地认识自己。

在具体操作上,可分为以下步骤:

首先,评估自己的优点和短处。每个人都是一个复杂的全媒体系统,这就造成了人的个性特点以及人生观、价值观和态度的差异性。做一个提纲,列出自己的性格特点、长短处以及自我沟通的现状。通过分析自己的长处和短处,可以扬长避短,继续发扬自己的优势,并努力改正自己常犯的错误,提高自身的素质和沟通能力。

其次,找出机会和威胁。机会和威胁作为一个矛盾的统一体,总是同时存在于周围的环境中,对机会和威胁进行比较客观的分析将有助于我们认清环境并果断地进行抉择。

最后,作出调整和改进的规划。了解在生活与工作中自身的短处和现状后,就作好有针对性的调整:属自身的问题,就加强改善和调节;属外部环境的问题,能适应的就尽量适应,能改变的就尽量改变,而不能适应又不可改变的,就尽可能地规避,以免受到不必要的伤害。

二、正确评价自己

自我评价是个体对自己思想、愿望、行为和个性特点的判断和评价。它是自我沟通的重要方式之一。它对人的自我发展、自我完善有着特殊的意义。其具体表现：

一是自我发展的功能。自我评价会促使人们进行自我验证，从而为自我发展提供动力。自我评价一旦形成，人们就容易坚持自己的自我评价，而实际行为却必须符合环境的变化，环境常与自我评价有不一致性。善于自我评价的人会采用自我敦促的方式来减少自我评价和实际行为之间的这种差异。这样就有可能消除自我评价中不正确的因素，从而使自我评价更加正确，自我从而得以发展。

二是自我完善的功能。自我评价有利于个体的自我完善。当人们形成自我评价之后，他就会努力地寻求对这种自我评价的社会承认。例如一个人在考试中失利，他会用其他的方式来证明自己仍然很聪明，是一个有才华的人。自我评价对自我完善的促进作用还表现在个体通过自我评价来进行自我形象管理。为了有效地管理自己的形象，人们会经常自我检查（自我评估），并有意识地对他人关于自己的印象进行管理，从而促使自我不断完善。

三是自我评价还明显地影响人与人之间的相互关系，也影响一个人对待他人的态度以及人际沟通状况。研究发现，当一个人为另外一个人帮了什么忙的时候，他在以后就会更加喜欢给这个人做更多的事，因为他会通过这样的方式来证明自己对自己能力的评价：我有价值，我能够帮助别人。

四是自我评价还影响对他人的评价。不能正确评价自己的人，一般也不大会正确评价别人。

正确认识自己、评价自己，既是人生成功的前提，也是追求快乐之必需。哲人尼采有句名言："聪明的人只要能认识自己，便什么也不会失去。"可见,正确的自我认识是多么重要。

但是,要正确地认识自己,谈何容易。为此,中国的智者老子在《道德经》里说道:"知人者智,自知者明。胜人者有力,自胜者强。"虽把知人与知己放在同等重要的位置,但紧接着指出,能战胜别人者,只是因为有力量,而能战胜自己者,则更为强大,显然把自知与自胜放到了更为重要的位置。当然,自知之明也是一个人最为难得可贵的品质。

战国末年的思想家荀子说道:"自知者不怨人,知命者不怨天。怨人者穷,怨天者无志。失之己,反之人,岂不于乎哉……故君子道其常,而小人道其怪。"(《荀子·荣辱》)把这段话翻译成今天的语言就是:有自知之明的人不抱怨别人,懂得命运的人不埋怨天。抱怨别人的人自己就会困窘而无法摆脱,抱怨天的人就会无法立志进取。错误在自己身上,却反而去责怪别人,难道不是拘泥守旧、不合时宜吗……所以君子会遵循这正常的事,而小人则遵循异端。

有的人之所以难受和烦恼,就在于缺乏自知之明,对自己缺乏正确的评价,以致不知道自己到底能吃几碗饭了。宋代有人编了一本叫《太平广记》的类记,编纂了从汉代至宋初的一些野史及道经,其中无不给人一些启迪之处。书中记载了这么个故事:

一监察御史文笔不行却爱好写文章,人家奉承他两句,他就拿出一部分工资请客。他老婆劝他说:"你对文笔并不擅长,一定是那些同事在拿你寻开心。"这位老兄想想是这么回事,就再不肯出钱了。其他御史感觉到了,互相嘀咕道:"人家后面有高人,不能再玩了。"还有一位就不是这样了,作诗作得臭,别人刻意称赞来嘲弄他,他还当真了,杀牛置酒来招待人家。他老婆知道他那两下子,哭着劝他。没想到这位老爷以为是老婆在嫉妒他，竟然感叹道："才华不为妻子所容！"前者虽不自知，一经人点拨，便幡然醒悟；而后者乃病入膏肓，竟连老婆也信不过，以为自己实在了得，所以愈加可笑可悲。老婆劝他竟至于哭，可见对他这毛病早就看不过眼了，而且深为丈夫被人耍笑而耻辱。可见人是多么不容易自知；把自知称之为"明"，又可见自知是一个人智慧的体现。人之不自知，正如"目不见睫"——人的眼睛可以看见百步以外的东西，却看不见自己的睫毛。人要知道自己、了解自己、正确评价自己，才能作出恰如其分、符合自己身份的事，也就不至于自寻烦恼、自取其辱了。

但是，中国历史上也不乏有诸多因自知之明而审时度势，既让自己持有好心情，又把事情办得很好的事例。战国时邹忌讽齐王纳谏，便是一个让人饶有兴味的事例。在《战国策·齐策》里面，讲述了齐国谋士邹忌劝说君主纳谏，使之广开言路，改良政治的故事。在这个故事里，既看到一个善于纳谏、政治开明的君主，又看到一个善于表达、有自知之明的邹忌。

邹忌是战国时期齐国人。在齐威王时期，他鼓琴自荐，被封为相国。邹忌身高八尺，相貌堂堂。一天早晨，邹忌穿戴好衣帽，照着镜子，对他的妻子说："我同城北徐公比，谁漂亮？"他的妻子说："您漂亮极了，徐公哪里比得上您呢？"城北的徐公，是齐国的美男子。邹忌不相信自己会比徐公漂亮，就又问他的妾："我同徐公比，谁漂亮？"妾说："徐公怎么能比得上您呢？"第二天，有客人从外面来，邹忌同他坐着闲聊，邹忌又问他："我同徐公比，谁更漂亮？"客人说："徐公不如您漂亮。"又过了一天，徐公来了，邹忌仔细地看他，自己觉得不如徐公漂亮；再照镜子看看自己，更是觉得自己与徐公相差甚远。晚上躺着想这件事,说:"我的妻子认为我漂亮,是偏爱我;妾认为我漂亮,是害怕我;客人认为我漂亮,是想有求于我。"

于是邹忌上朝拜见齐威王,说:"我确实知道自己不如徐公漂亮,可是我妻子偏爱我,我的妾害怕我,我的客人有求于我,所以他们都认为我比徐公漂亮。如今齐国有方圆千里的疆土,一百二十座城池,宫中的妃子、近臣没有谁不偏爱您,朝中的大臣没有谁不害怕您,全国范围内的人没有谁不有求于您,由此看来,大王您受蒙蔽很深了!"

齐威王说:"好!"就下了命令:"群臣、官吏和百姓能够当面指责我的过错的,受上等奖赏;书面劝谏我的,受中等奖赏;能够在公共场所批评议论我的过失,并能传到我的耳朵里的,受下等奖赏。"命令刚下达,许多大臣都来进谏,宫门前庭院内人多得像集市一样;几个月以后,还不时地有人偶然来进谏。满一年以后,即使有人想进谏,也没有什么可说的了。

通过这个故事,我们看到,一个人有自知之明是多么的重要啊!

三、协调处理内心冲突

在生活与工作中,人常会产生诸多的内心冲突与烦恼,如情感中的爱与愁、事业中的进与退、面对诱惑的取与舍、人际交往中的方与圆等等。尽管我们在人生智慧与人际交往等地方已探讨这些问题,但真正地要解决这些问题带来的烦恼和冲突,还需要通过自我沟通,自己"搞掂"自己。人家再好的建议,必须通过自身的认知才可能发挥作用。在屈原与渔父的对话中,已清楚地看到了这一点。在这些问题上,对自己如何认识和评价,具有极为重要的作用。主客我间如能有效协调这些问题,人生中的烦恼及内心冲突会减少许多。

首先,通过自我沟通,个体能对自己有个较为准确的自我评价。自我评价是个体对自己思考、愿望、行为和个性特点的判断和评价。同时,自我评价也可称之为自我态度,是对自己满意与否的一种心理体验,这种体验常常决定个体是否能自我接纳(自我接受)。个体对自己的评价可分为非常满意、满意、基本满意、不太满意、一点都不满意等,行为中就常表现为自高自大、自爱、自尊、自卑、自暴自弃等。而善于自我沟通者,通过自我观察、自我考问等多种沟通形式,能逐渐对自己进行正确的评价,正确地认识自己,继而推动自我不断发展和不断完善,从而自我实现。在这一过程中,个体的情绪情感,必将是以正面、积极的为主,能充分体会到在自我完善和自我实现中的快乐。同时,对很多人与事,也就能够想得通和看得透,其烦恼自然就少了。

其次,通过自我沟通,正确认识自我,减少个体的内心矛盾和冲突。在社会交往和人际沟通中,自我评价和他人评价常常是不相一致的,这是因为不同的观察和认识造成的。一般说来,别人对自己的行为和思想分已察觉和没察觉两方面。同样,自己对别人的行为和思想也分已察觉和没察觉两个方面。两者相结合表现为四种情况(见图5-2)。该图的四区里,A、D两区表现了自我认识与社会认识的一致性;B、C两区则表现了矛盾性。在B区,个体自己并没发现自己行为和心理(包括思想意识)中的因素(特别是消极因素),但是被别人指出来了,因而不服气。这种情形有可能挫伤自我的自尊;在C区则表现为一些消极因素已为自己发觉,但别人并没有发觉而给予赞扬,因而导致心理上的内疚、不安,这有可能使自我感到自卑或抑郁。

		自己	
		已察觉	没察觉
别人	已察觉	A	B
	没察觉	C	D

图5-2　自我评价与他人评价关系图

因而,在评价方面,有时自己做了一件事,自以为是做了一件好事,予以自慰,但人家却可能指责他行为不轨、心术不正。在这种情况下,有可能维持原来的自我评价,我行我素,也有可能按照社会或别人的要求改变自己的观点,按他人所接受和赞许的方向发展。还有一种情况,就是不知是该自我坚持还是顺从他人,在这种情况下,内心的矛盾与冲突就产生了。无论是选择哪条路,都应具备较强的自我说服能力即自我沟通能力。唯有此,才能真正认识到自我的需要之处,以此明白取舍,才可能使自己内心冲突得以缓解,而趋于平静,并渐获快乐。

第三节　主我客我善沟通,人生真轻松

通过自我沟通,正确地认识和评价了自己,面对生活与工作中的各种不利情境,能形成良好的自我体验,内心会更加强大,同时,也更善于控制与调节自我,因而增加了快乐的感受。

一、良好的自我体验

自我体验是个体对自己怀有的一种情绪体验,即主我对客我所持有的一种态度。这一态度影响着个体对自己的看法,制约着其心态和情绪,对快乐与否有直接作用。自我体验的内容十分丰富,比如自信心与自尊心、成功感与失败感、自豪感与羞耻感等。此处介绍自信、自尊、自爱的几个要素。

自信、自尊、自爱,是寻求人生快乐的基本条件,也是良好的自我沟通的必然结果。

(一)充满自信心

自信是个体对自己品德、能力、身体以及人际关系等方面的肯定和信任的一种心理体现。在个体发展中,自信心是相信自己有能力实现目标的心理倾向,是推动人们进行活动的一种强大动力,也是人们完成活动的有力保证,它是一种健康的心理状态。其次,自信是成功的保证,是相信自己有力量克服困难,实现一定愿望的一种情感。有自信心的人能够正确地实事求是地评估自己的知识、能力,能虚心接受他人的正确意见,对自己所从事的事业充满信心。自信心是一种内在的精神力量,它能鼓舞人们去克服困难,不断进步。

自信心是在个体对自己正确认识和评价基础上获得的。通过自我观察等形式的自我沟通,个体看到了自己的能力,获得了胜任感,坚信只要通过自己的努力,就没有干不成的事,没有克服不了的困难。当然,自信心的培养要有个适度的问题。

过度的自信便成了自负,不仅对自己没有帮助,反而还影响了成就及心情。自负,是缺乏正确的自我认识与评价的结果,是属于那种过于自信而表现出来的"夜郎自大"的心态,过高评价自己,看不到自己的缺点和不足,在行为上常表现为刚愎自用。因此必须正确认识自我,恰当评价自己,做到自信而不自负,方能对己有所帮助。

(二)注重自尊心

自尊是尊重自己,对自己尊严和价值维护的一种心理体验。

自尊的人会自觉地维护自己的尊严,在与他人交往时会把自己与他人放在平等的位置,而不会感到自己渺小、低下而卑躬屈膝或者缩手缩脚。春秋末年晏子奉命出使楚国,楚王百般刁难他。因晏子身材矮小,楚国人就在城门中开了一个小门,让晏子从小门进去。晏子说:"只有出使狗国,才从狗洞进去。"楚王只好让晏子从大门进去。等到拜见楚王时,楚王又说:"齐国没有人了吗?怎么派你这样的人来呢?"晏子回答说:"齐国有规矩,派有能力的人出访上等国家,派无能的人出访下等国家。我是最无能的人,就只好出使楚国了。"晏子以不卑不亢的态度以及高超的外交手段维护了自己和国家的尊严,结果楚王自取其辱。

自尊是对自我价值感的一种维护。自我价值感是内心深处的动力,它驱使人们不甘于平凡而奋力追求成功。一个具有高度自我价值感的人,必定是敢于行动的人,即使是受到了生活的磨难和挫折,也绝不会轻易向困难低头认输。

自尊者,也同样知道把握分寸和度。通过自我沟通,既明其长,也知其短。因此,自尊不会成为自傲。自傲的人常常高估自己,贬低别人。这样的人既易使人际关系紧张,又容易搞坏自己的心情。

(三)拥有自爱意识

自爱是自我接受、自我肯定、自我呵护的心理体验。

首先,要接受自己。自爱本质上就是爱自己,而爱自己,首先得接受自己。在生活中,多数人都能正确地面对自己,坦然地接受自己。但也有一些人因自己的相貌、性格、能力等方面的不满意而不能接受自己,并为此常陷于苦恼。笔者曾经看过两个青年难以自我接受的自述,就是比较典型的例子。

第一个案例是觉得自己长相丑,而不能自我接受,她写道:"我好丑好自卑,想改变,但不成功,我要怎么接受自己丑呢。想死没勇气,被无数人伤害过。他们笑我不配得到纯净的爱情,他们笑话我长得丑,我很不想接受自己的丑,但不得不接受,我丑但不是我的错,我已经很安静了,我已经不去招惹你们了,为什么要招惹我,就因为我丑吗?我不想被你们招惹,但又能改变什么;希望接受自己,但又不知怎么接受……"

第二个案例是不能接受自己的性格,他的痛苦是感觉自己很懦弱,见到脾气不好的人有些害怕,不能放松自如,而且特别注意自己的形象和外人的眼光,觉得老受人欺负。他写道:"我接受不了自己,我感觉自己好累,想尽各种办法来掩饰伪装自己,想让自己变得看起来坏一些,厉害一些,但是都很失败。这一点已经困扰我十年了,我真的很累。我很想改变,谁能帮我指条明路。"

针对两位青年的烦恼,人们给予了很多的关怀和建议。其实要改变已有的坏心情就只需一点,就是坦然地接受自己。我们每个人在相貌、性格、能力等方面都和他人有差异,而正是这种差异使自己成为这个世界上独一无二的人。因为这种独一无二,使每个人成为了自己。因此，我们不需要谁像我，我也不需要去像谁，我就是我。

其次，要肯定自己。爱自己就要肯定自己，如果不能接受自己，大多对自己持否定的态度；如能坦然接受自己，就能既看到自己的不足，又能看到自己的优势。肯定自己就是在接受自己的基础上，赏识自己的优点和长处，同时对自己的缺点和不足也坦然接受。其实，我们每个人都是有优点和长处的，都拥有着自己的财富，只是自己没看到而已。

最后，要呵护自己。爱自己就要呵护自己，我们每个人在人生旅途中，在人与人的交往中、在工作中，都有不遂心之事，都有疲惫伤神之际，都有挫折受伤之感。这个时候，与其等待他人安抚，不如多给自己呵护。爱自己，就要善于给自己心灵找个归宿；爱自己就是向自己敞开胸怀，使自己能感受周围和自身的一切；爱自己就是愿意接受自己所做的一切，不加任何评论或批判；爱自己就是给自己以足够的重视与关注，使自己能常常和自己接触；爱自己就是让自己这样的生活，说出自己受感动的东西，说出自己觉得重要的东西，使自己越来越被自己和别人所看见；爱自己就是做自己生活以及所经历、所领悟和所发现的事物的主人，并对其承担责任；爱自己就是按照自己的意志而不是别人的价值来判断什么对自己很重要；爱自己就是不要脱离世界其他部分去观察自己、体验自己，而要把自己作为整个世界的一部分来理解；爱自己就是给自己一个生活方向，给自己的心灵端来一碗"鸡汤"。

我们怎样才能做到自爱？仍然需要良好的自我沟通。沟通中，我们能不断地发现自己的优势、能力以及价值，自觉不自觉地给自己增加信任、给予关爱，维护自己的尊严，让自己活得心安、踏实、有意义、有价值,从而使自己喜悦了他人也悦纳了自己。

二、适度的自我增力

自信、自尊、自爱固然重要,如仅留于此,难免有些自我怜爱了。面对生活,要克服许多困难,方能找寻胜利的快感,进而笑对人生。那么,通过自我沟通,看到自身价值,从而自我给力、自我增力,增强自主自立、自持自强的心理品质,就尤为重要了。

(一)自主自立

自主就是自己做主,不受人支配。自立就是从过去所依赖的情境中独立出来,自己行动、自己做主、自己判断,对自己的行为和承诺负责的过程。自主和自立相辅相成,自己的事情自己负责的前提是能自立,而缺乏自主判断,自立则又是不可能实现的。

自主要求我们保持自我,别遗失了自我。中国古代有个经典的禅宗故事,讲的是有一个衙门的差役,奉命解送一个犯了罪的和尚。临行前,他怕自己忘带自己,就编了一句顺口溜:"包袱雨伞枷,文书和尚我。"在路上,他一边走一边念叨这两句,总是怕在哪儿不小心把东西丢了,回去交不了差。经过一个客栈,和尚说:"歇歇吧,长途跋涉的,我快走不动了。"傻差役想:"歇歇就歇歇吧,反正给和尚上了枷锁,逃也逃不了啦!"于是傻差役与和尚来到了客栈歇息。和尚叫了一桌的好菜好酒,说是要犒劳犒劳差役。一炷香的功夫,傻差役醉得一塌糊涂,跌倒在桌上呼呼大睡。和尚见此情景,悄悄地找到枷锁的钥匙,解开了枷锁。接着,和尚找来了剃刀,给熟睡的傻差役剃了光头,还往他脖子套上了枷锁,换上了僧袍,然后就溜走了。待傻差役醒来的时候,摸着身上的枷锁,望着眼前的包袱、雨伞和文书,还在碎碎地念:"包袱雨伞枷,文书和尚我。包袱在,雨伞在,枷锁在,文书也在,和尚呢?"傻差役拍了拍光溜溜的脑袋,还看了看身上的袈裟:"嘿!和尚不在这嘛。那我呢?去哪儿啦?"他大惊失色:"我哪儿去了?怎么找不到我了呢?"看完这个故事,在捧腹之余,我们不是应常常问道:我呢,我还在吗?为了那些身外之物我丢掉了自己吗?

在人生的旅途上,得得失失是常有的事,功名利禄,身外之物,失掉几件也并不可惜,但唯有一样是不可失,那就是自我。因此,我们要做自己的主人,不能成为金钱的奴隶,不能成为权力的俘虏。在各种诱惑面前保持自己的本色,在众多不顺中坚持自己的个性。人生旅途中,为坚持自己的梦想,我们应自己为自己做主,自己为自己鼓掌,自己为自己加油,自己做自己的观众,自己为自己助威。总之,宁可失去一切,万勿失掉自我。

那么,怎么才能不失掉自我?其中重要的方式就是在自我沟通过程中,看到自己的存在,知晓自我的价值。如同挪威大剧作家易卜生说的那样:"人生第一天职是什么,答案很简单,做自己。"

自立就是自己的事自己做。自立就意味着要离开所依赖的环境,用自己的手去开拓属于自己的那片天地、那份事业。摆脱依赖,是自立的基本要素。只有摆脱了对他人的依赖,才可以独立自主地去规划自己的人生、事业。自立更是一种勇于承担,敢于对自己决定和行为负责的生活态度。自立者能够自己做主、自己判断、自己行动,对自己的承诺和行为负起责任。一个自立者是能够担当起责任的人。没有责任意识的人,不可能也不敢于有自己的想法、决断,更不敢付诸行动。自我负责就是自己承担行动的后果,对自己的决定和行为的后果,无论是好是坏,均坦然接受和面对。成功固然可喜,失败也不抱怨。不怨天,不尤人。面对成功,则思如何百尺竿头更进一步;遇到失败,则思如何改进,如何避免一错再错。自立的人敢于也乐于承担责任,做了错事不推脱、不掩饰,不逃避该受的惩罚。自立者,敢作敢为。

自立者,内心强大,心理坚强,始终对前途充满着乐观的精神,若要达到这样的境界,良好的自我沟通是必不可少的,通过沟通,鼓励自己做到自我决断、自我行动和自我负责。

自我决断是个体在内在意愿上能够自己做主、自己判断,也就是有自己的想法、主张和愿望。自我决断是以自我的意愿为基础的,而外在的、强加的意愿下作出的决定不属于自我决断的范畴。自立的人首先是能够自我决断的人,他们希望按自己的想法做事,而不是听任他人指令,在行动上表现出对自己工作的真正兴趣,而不是应付了事。并且,由于是出自自己的选择和决定,因此,对行动的结果能坦然接受和负责。

自我行动就是自己的问题自己解决,自己的事情自己动手来做。如仅有决断、愿望,而不付诸实践,还是不能称之为自立。自我行动有助于提高自身的自我意识和自主能力。

自我负责是个体应对自己的言语、行为承担相应的责任。自我决断、自我行动,常常是有行为后果的。真正自立的人,是敢于对自己行为负责而不推诿的人。

(二)自持自强

自持即保持自己的本色。自强是在保持自己的基础上充分认识到自己的优势,不断进取,争做生活的强者。自持、自强都是美好的品德，既体现了做人的尊严和实现自身价值的追求，又体现了个体人格的健康及良好的心态。

通过自我认识和自我观察，我们可以看到：

这个世界上林林总总共有几十亿人，而我们每个人都是与众不同的。我是这个世界上的全新人，以前从来没有过，从开天辟地到今天，没有哪个人完全和我一样，将来直至永远永远，也绝不会有另一个人完完全全跟我一样。在这个世界上，我是独一无二的。我是从数亿竞争者中脱颖而出，这个世界上才有了我，我能出生这一点就足以说明：我是与生俱来的强者。因此，我们每个人必须尊重自己，保持自己，没有必要去模仿谁，也没有必要让谁来模仿自己。为此，我们得承认自己、接受自己，既接受自己的优点和成功，也接受自己的缺点和失败。人们常常能接受并保持自己的优点、财富和能力，却很难接受自己的不足、贫穷与无能，用一些做作的手法来掩饰，因而失去自我。我们常常能够看到这样一种人，他们本身已经具备了不少优点，但他并没有看到自己的优点，而是想尽办法地去研究其他人身上的优点，渴望把他人的优点全部集中到自己身上，可最后的结果是，不仅没能使自己成为完美无缺的人，反倒由于去模仿别人而把自身的优点和优势也丧失殆尽。其实，一个人，只要能够把自己的优点发挥到极致，就完全可践行出一番美好的人生，而模仿别人，最后则"画虎不成反类犬"。要做到这样，必须有良好的自我意识和自我沟通，才能在其中明己所长、知己所短。

爱默生说过："羡慕就是无知，模仿就是自杀。"不论好坏，你必须保持本色。谁的身边都有别人，而别人如何如何，又极有可能成为自己的效仿对象，这是我们经常遇到的事。只有认识了自己、选择了自己、重视了自己，才能舒畅地发挥自己、实现自己。

美国著名作曲家柏林，在他刚出道的时候一个月只有120美元的薪水。而当时的奥特雷在音乐界已如日中天，名气很大。奥特雷很欣赏柏林的能力，就问柏林要不要做他的秘书，薪水不低于月800美元。"如果你接受的话，你可能成为一个二流的奥特雷；如果你坚持自己的本色，总有一天你会成为一个一流的柏林。"奥特雷忠告他。柏林接受了这个忠告，后来成为美国最著名的作曲家之一。

其实每个人都有自己的本色。每一位成功者，不外乎就是保持了自己的本色，并把它发挥得淋漓尽致。伟大的喜剧演员卓别林，在刚开始踏入影视圈时，导演坚持让他学当时非常有名的一位德国喜剧演员，可是他不为所动，潜心创造出属于自己的表演方式，终于成为著名的喜剧大师。

由此可见，认识自己，是多么的重要。

自强是一种精神，是一种美好品德，是一个人活得精彩、活出人生价值的必备品质，是一个人健康成长、努力学习、成就事业的强大动力。自强是在自爱、自信的基础上充分认识自己的有利因素，积极进取，努力向上，不甘落后，勇于克服，做生活的强者。自强是历史上仁人志士的共同特点。唐人李咸用有诗："眼前多少难甘事，自古男儿当自强。"正是自强，才有了孟子治天下"舍我其谁"的豪迈；才有了司马迁含垢忍辱"发奋著书"的坚忍；才有了曹操"老骥伏枥，志在千里"的雄心；才有了岳飞的"待从头收拾旧山河"的爱国激情……在追求真理的漫漫长途之上，在人生的曲折坎坷之中，在保卫国家免遭外敌入侵的危难时刻，仁人志士用自己的行为实践着自强不息的誓言，充满着坚强，充满着乐观。自强表现在方方面面：

在困难面前不低头、不丧气;能自尊自爱,不卑不亢;积极进取,勇于开拓;不怕挫折,敢于挑战;志存高远,执著追求,等等。但最终都体现在一点,就是克服了无数困难,取得成功,体现了自身价值,找到人生的快乐。

(三)杜绝自馁与自卑

自馁与自卑是一种不良的自我体验。自我体验是个体对自己所怀有的一种情绪体验,即主我对客我所持有的一种态度。这一态度常决定了个体的心境与情绪,是个体是否悦纳自我,感受快乐和幸福的重要因素。有效的自我沟通有助于个体良好自我体能获得,使其杜绝自馁与自卑,更加自信、自尊及自爱,获得更好的情绪情感体验。

自馁是由于不自信而畏缩不前,怀疑自己的能力而导致的自我怀疑,因过大地夸大自己的缺点、忽视自己的优点而产生的不自信。尤其是自卑感,更是产生自馁的主要原因。

自卑是一种性格上的缺陷。体现为对自己的能力、品质评价过低,常常自己轻视自己,拿自己的缺点与别人的优点比较,进而觉得自己毫无价值,低人一等;把困难想象得过于严重,常处于孤僻、悲观的状态,易自暴自弃。同时可能伴有一些特殊的情绪体现,诸如害羞、不安、内疚、忧郁、失望等,严重者会轻生。

经常遭受失败和挫折,是产生自卑心理的重要原因。一个人经常遭到失败和挫折,其自信心就会日益减弱,自卑感就会日益严重。但是,自我沟通不畅,看不到自己的优势和潜力,也是非常重要的原因。

由于自我沟通不畅,自馁与自卑的人,常常是对"我"的某一方面或全部都不满意,如生理上的缺陷、智能上的弱点或角色的冲突等。他们可能拒绝认识自己,不承认自己,而常常装扮出另一个形象来掩盖自己。甚至用过于自尊的方式来折射其自卑心理。如有的人经济比较困难,却故意装得十分富有,恣意挥霍。他们常常情绪低落,郁郁寡欢,因害怕别人看不起自己而不愿与人来往,只想与人疏远,他们缺少朋友,顾影自怜,甚至自疚、自责、自罪。自卑的人,缺乏自信,优柔寡断,毫无竞争意识,抓不住稍纵即逝的各种机会,享受不到成功的乐趣;自卑的人,常感疲劳,心灰意冷,注意力不集中,工作没有效率,缺少生活情趣。

其实,自卑与自信的人相比,常常在能力上并没有什么区别,区别仅在于一种心态。如果能调整好这种心态,你就和别人一样的优秀。而这种心态,应是自己造成的。因此,我们保持良好的自我沟通,正确认识自己,学会从多角度看问题,全面辩证地看待和评价自己,从而发现自己的长处,树立自信心。同时,要用理性的态度面对失败和挫折,不因挫折而放弃追求。善于挖掘自己的潜能,利用自身的特点,大胆尝试,勇于拼搏。如是,除能获得事业上应有的成功,还能获取一份好心情。

三、有效的自我控制

自我沟通对人的意义,不仅应让个体爱护自己,自强不息,同时,在适当的时候,也得约束自己、调节自己。如果一味强调个人的存在和价值而忽视了他人及社会的存在及利益,那么自己的存在与价值是不可能存续长久的。因此,应通过自我沟通增强对自己有效的自我控制,并要善于自律自制、自我调节。

(一)自律自制

自主自立、自持自强主要体现了自我的发动功能,而其抑制功能,则主要通过自律自制体现。一辆汽车,发动不起来固然不是辆好汽车,但在运行中没有了刹车,那则是更可怕的事:这是一辆危险的汽车。因此,某种意义上说,抑制功能对个体情感情绪的调节,比发动功能具有更为重要的意义。

自律是指行为主体对自我的约束和自我管理。根据弗洛伊德的自我分区理论。我们每个心理的原始冲动为"本我",而"本我"按"快乐的原则"在行事,包含着较多的欲望与冲动。这些欲望与冲动可能与社会规范,与他人利益发生矛盾,甚至带有较强的破坏性,因而必须有所约束。这些约束,不外乎分为他律与自律两种。他律就是用社会的法律与道德规范来约束自己,而自律就是通过自我约束来管理自己。

在社会生活和人际交往中,每个人都应有做人做事的底线,什么事能做、什么事不能做,什么话可以说、什么话不能说,必须遵循一定的规范。自律不是让自己失去自我,而是对自我的强化。人只有懂得自律,才能不做不该做的事,不说不应说的话,才能增强自己的修为,才能不断地完善自我。

自律重在慎独、慎微、慎初。慎独就是在无人监督的情况下,始终能保持清醒头脑。慎微就是要注重小事、小节和不良习惯,以防"千里之堤,溃于蚁穴"。慎初即指第一次开始之意,"一念之差,足丧平生之善,终身检饬,难盖一事之愆"。可见,"第一次"连着毕生的路,小事连着大节,独处之时,"人在做,天在看"。因此,慎独、慎微、慎初,乃为自律的重中之重。

自律贵在自爱,重在反省。只有爱惜自己名声、荣誉及形象的人,才会时时提醒自己,注重约束自己,强化慎独、慎微、慎初意识。同时,通过反省,经常检察自己,冷静地回顾自己的思想和行为,发现缺点,纠正错误,严于律己。这样,才能真正做到自律。

自制是一种控制自己思想和行为的能力。自制力既是意志的重要品质,也是情商的重要元素。自制力常从两个方面表现出来:一是要求自己执行定下的决定,哪怕这些事情是不喜欢的事;二是善于抑制自己所欲望的事,哪怕实施之后让自己感到非常痛快。

个体自律及自制力的状况直接影响着本人与他人、与社会的关系,也影响着生活的幸福及事业的成功。在这方面,有个经典的案例很能说明问题。拿破仑·希尔(一位成功学的有名学者)曾对美国各监狱的16万名成年犯人作过一项调查,发现这些不幸的男女犯人之所以沦落到监狱中,有90%的人是因为缺乏必要的自制。自律及自制力不强,不但给他人和社会带来了伤害,自己也受到惩罚,受到了法律的制裁;不仅破坏了别人的幸福,也断送了自己的快乐。这就是我们所说的,对一辆行驶的汽车而言,刹车比油门更为重要。

自律及自制的培养,同样也离不开良好的自我沟通。在良好的自我沟通中,不断强化自我意识,善于调节自己情绪。自律及自制作为一种自我控制的能力,自我的调节尤其重要。特别是自制力的重要表现是对自身的情绪控制。因此,要善于通过自我启示、自我激励等方式,调节控制自己的情绪。平衡的情绪,对自制力的发挥,作用甚大。其次是加强自我诫勉,抑制不良诱惑。自制力对自己的约束控制主要表现在两个方面:情绪和诱惑。面对不良诱惑,应加强自我诫勉和自律意识。在这方面,良好的开端就是成功的一半,把住了初始关,就为抵御不良诱惑提供了有利的条件。三是逐步培养,坚持到底。作为重要的意志品质,自律及自制力培养是一个过程,其中可能有所反复。比如,希望控制自己的情绪,努力决心戒烟酒等,在一个时期里努力做到了,但在特定的情况下,老毛病又犯了。有反复是正常的,自我沟通本来就是在不断的反复中进行的,只要目标确定,决心下定,措施得当,坚持下去,终会如愿以偿。

(二)自我调节

自我调节是自我控制的一种综合形态。它通过自我意识对个体心理行为控制调节,能始动或阻止某种心理与行为,以及心理活动的转移、加速或减速,积极性的加强和减弱,动机的实施与停滞等。善于自我调节的人,常能保持主我与客我一致,认知与运作协调一致以及个体与环境一致;相反,自我调节能力弱的个体,常处在郁闷、烦恼与冲突中。

自我调节作为一种自我控制能力,体现在个体的各个方面。如自身的能力结构、知识结构、情绪状态、个体与他人的关系、人际沟通的方式等。因此,它既是意志品质,也是个体情商的表现。

由于自我调节是自我控制的一种综合形态,作为一种能力体现,也应是种综合的能力,需要不断增强自我观察、自我评价、自我分析以及内省的能力。在调节的类型上,则分为公开和隐蔽两种形式:公开型是自我调节在人的个性倾向与发挥个性潜能的条件和环境完全一致的情况下形成的。这时他对自身的调节采取了公开的形式,面对他人公开暴露自己个性品质中存在的缺点和优点,因而形成诸如直率、忠诚等性格特征。隐蔽型是在个性的倾向与个性潜能发挥的条件和环境完全不一致的情况下形成的。这时他对自身的调节采取了隐蔽的形式,不公开暴露自己个性的真正实质,对待周围人的意见、劝告乃至批评阳奉阴违或者伪装、欺骗,久而久之,便形成诸如虚伪、不老实等性格特征。通常,人总是处于现实的个性与实现个性的条件既相适应又相矛盾的情景中,人们的自我调节的类型常常不是单一的,而是混合的。

在社会生活中,善于自我调节更是十分必要的。妥善的自我调节,可以控制自我的情绪和认知,把控沟通的氛围,增强沟通的效果。自我调节要注意以下几个方面的问题:

一是心怀诚意,尊重他人。只有心怀善待他人之心,人家才会以善意回馈于你;尊重他人,才能得到他人尊重。所以,诚心与善意是有效沟通的前提,也是我们在自我调节中应明确的基础。

二是善于控制自己的情绪,别说过头的话。在沟通中,难免意见有差异甚至较大分歧。如不善于控制情绪,则可能导致沟通障碍甚至沟通中断。因此,沟通中一定要控制好自己的情绪,尤其不能在气头上说些过头的话。

善于自我调节的人面对挫折时,更能清楚地知道怎样去实现目标或调整目标,以及自我心境的调适,以减少挫折感给自己带来的压力和失落。对此,杜慕群博士做了个挫折调适示意图(图5-3),很有借鉴意义。

在这一过程中,面对挫折,能克服就克服,不能克服就调整,如能顺利地完成这一调整,便可完成挫折调适,走出挫折情境;反之,则可能出现消极心理防御机制,进而出现不愉快的挫折反应。在这一过程中,自我调节能力对其结果的影响是不言而喻的。

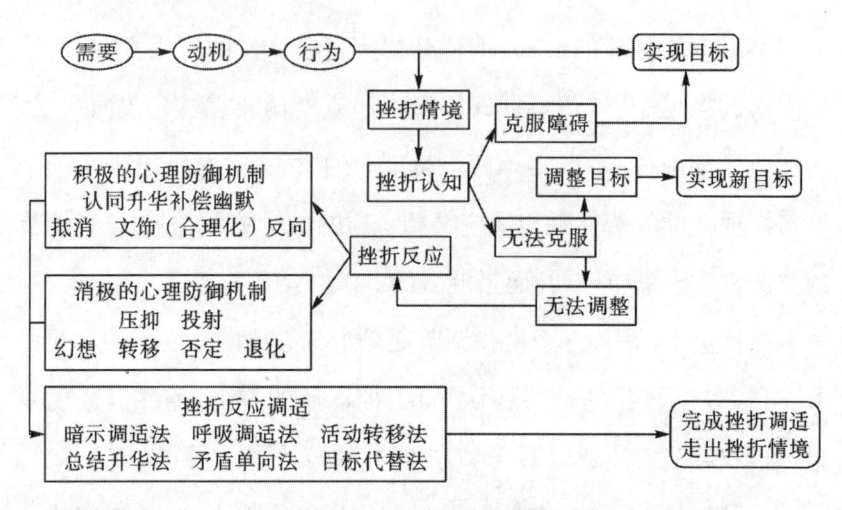

```
                          ┌─────────────────────────────→ 实现目标
   需要 → 动机 → 行为 ─┤                    ┌─ 克服障碍 ─┤
                          └─ 挫折情境 ─┐  │                  
   ┌─ 积极的心理防御机制          └→ 挫折认知 ─┤─ 调整目标 → 实现新目标
   │  认同升华补偿幽默                    ↑        │
   │  抵消 文饰（合理化）反向           │        └─ 无法克服 ─┐
 ──┤                                         挫折反应                │
   │  消极的心理防御机制                    ↑        ┌─ 无法调整 ←┘
   │  压抑 投射                              │        
   │  幻想 转移 否定 退化                  │        
   │                                           │
   └─ 挫折反应调适 ─────────────┘ ──→ 完成挫折调适
      暗示调适法 呼吸调适法 活动转移法           走出挫折情境
      总结升华法 矛盾单向法 目标代替法
```

图 5-3 自我调节示意图

三是设身处地地站在对方立场想问题。善于自我调节的人，在沟通中，一定会经常站在对方的立场，设身处地地想问题。只有经常站在对方立场想问题，才能理解对方所言所思，才能够与其形成共识和认同。

善于自我调节的人，既能设身处地地为他人着想，赢得他人的友谊和良好的人际沟通效果，同时，也让自己知进退、明方圆，恰到好处地把握刚与柔，适时地调节自己的情绪和心态。达到这样的境界，还不能避开烦恼、寻找快乐吗？

第六章　意识与潜意识的沟通

人的意识分为已被意识到的部分和存在着但常未被意识到的部分,即潜意识。按心理学理论,潜意识占据了人们意识的绝大部分,并决定着我们心理和行为的运行状况。因此,自我沟通如仅限于在意识部分进行沟通,是不够的,必须深入到潜意识部分,通过与潜意识有效沟通,掌握个体心理、行为的真正动力以及情绪情感的真实发源地,才能调节心态同时发掘因此而产生的巨大潜能。

第一节　意识与潜意识

一、水面上的意识

意识犹如水面上的冰山,容易被人们发觉。

（一）意识的概念

意识是一个有多种含义及解释的概念,有哲学的、心理学的、宗教的等。仅就心理学而言,又分群体意识和个体意识。此处的意识是从心理学角度所表述的个体意识。

关于个体意识的含义及内容,也有不少争论及表达方式。但多数学者倾向于接受弗洛伊德的表述及分类。

西格蒙德·弗洛伊德(1856—1939),奥地利人,心理学家,精神病医师,潜意识理论发展的里程碑式人物,精神分析学派创始人。曾在维也纳大学医学院学习,1881年获医学博士学位。次年,作为临床精神病学家私人开业。早期从事催眠治疗工作,后创用精神分析法,1936年当选为英国皇家学会通讯会员,1938年奥地利被德国侵占,赴英国避难,不久因颌癌逝世。

弗洛伊德认为,人类的心理活动分为潜意识和意识两大层次,两者之间以前意识为中介。潜意识是人的心理活动的深层结构,包括原始冲动和本能,这些内容因为同社会道德准则相悖,因而无法直接得到满足,只好被压抑在潜意识中。关于潜意识,后面将专门分析,此处从略。前意识是介于潜意识和意识之间的一部分,是由一些可以经由回忆而进入意识的经验所构成,其功能是在意识和潜意识之间从事警戒任务,它不允许潜意识的本能冲动到达意识中去。意识则是心理结构的表层,它面向外部世界,是由外在世界的直接感知和有关的心理活动构成。对这一结构,弗洛伊德有个形象的比喻,他说:"潜意识的系统可比做一个大前房,在这个前房内,各种精神兴奋都像许多个体,互相拥挤在一起,和前房相毗连的,有一较大的房间,像一个接待室,意识就留于此。但是这两个房间之间的门口,有一个人站着担负守门之责,对于各种神经兴奋加以考察、检验。对于那些他不赞同的兴奋,就不许它们进入接待室……但是,就是被允许入门的那些兴奋也不是一定成为意识,只是由能够引起意识的注意时,才能成为意识。因此,这第二个房间可称为前意识系统。"在这个心理结构里,我们能感受到的意识是不多的,好像飘浮在海上的冰山露出水面的一角(如图6-1所示)。

意识在整个心理结构中，虽然占的比重不大，但它是心理结构中直接面对外部世界的，因而，对人的思想和行为的调控仍具有重大的作用。

图6-1 心理结构示意图

意识与潜意识相对，有时又称为显意识，是人们自觉认识到并有一定目的控制的意识现象和心理过程的总和。其特点有：一是自觉性。它表明主体处于自觉反映外部事物或自觉地与他人交流信息的思维过程。二是他觉性。它可以为别人所了解、记录、评价、吸纳和利用。三是普遍性和常规性。无论是群体还是个体，多以意识来反映其存在和发展的需要、情感和意志的。

作为人对客观现实反映的心理现象总体，意识表现为知、情、意三者的统一。

知：指人对客观世界的知识性与理性的追求，它与认识的内涵是统一的。

情：指情感，是指人对客观事物的感受和评价。

意：指意志，是指人追求某种目的和理想时表现出来的自我克制、毅力、信心和顽强不屈等精神状态。

（二）意识与潜意识的关系

意识与潜意识都是人脑的机能和属性，两者相互影响、相互作用，并在一定条件下相互转化。如梦幻意识，属于特殊的潜意识，但在科学家、发明家的脑海中反复呈现、储存后，不断走向程式化，而转化为创造性的意识。平时为研究课题而积储大量的显意识信息，达到一定程度，会引发解决问题的潜意识，做到有所发现。因此，要沟通潜意识，必须经过意识方可进行。

被称作"永恒的沉默之乡"的潜意识，在人类哲学史、心理学史，乃至整个认识史上不时闪烁着诱人的光泽。自19世纪以来，潜意识日益成为人们对自身认识的焦点。在众多有关的探讨学说中，对潜意识作出重大理论贡献的有两块理论基石——弗洛伊德的个人潜意识理论和荣格的集体潜意识理论。这两个理论堪称是对潜意识研究的经典学说，须加以分别介绍。

二、弗洛伊德的个人潜意识

关于潜意识，早在公元前3世纪古希腊哲学家柏拉图、中国古代思想家庄子那里就有所猜测、发现和描述。后来，潜意识一直被心理学家所研究，而真正引起世人广泛注意的还是弗洛伊德。前面，我们已介绍过弗洛伊德及其理论框架，而潜意识理论，则是其理论重要的内核，在此不再赘述。

在这里具体介绍一下弗氏有名的分区理论。

（一）分区理论

在心理结构中，人的整个心理结构分为意识、前意识和潜意识三个层次。三个层次的理论，也称心理活动分区理论。该理论认为，人的精神活动，包括欲望、冲动、思维、幻想、判断、决定、情感等，会在不同的意识层次里发生和进行。意识、前意识和潜意识三个层次，好像深浅不同的地壳层次而存在，故也称之为精神层次。

在这三个层次中，弗洛伊德认为，它们分别处于精神活动的表层、中间层和最底层。他打了一个比方：人的全部精神生活犹如一座漂浮于海上的冰山，意识只是呈现在海洋表面上的一小部分，潜意识则是海洋下面的那巨大的山体，人的精神生活的这三个层次是紧密联系的，又各有不同的性质和特点。弗洛伊德认为，科学的研究就是要透过人的精神生活的表层，揭示人的全部精神生活的原初基础。

意识是呈现于表层的注意中心部分，包括感性、意志和思想等精神活动，属于片断的、零碎的、暂时的东西，始终处于捉摸不定的状态，但可以用语言来表达。

前意识是意识同潜意识之间的过渡领域，属于暂时退出意识的部分，还有可能被召回到意识领域去，即可以再次复现或被回忆，是来自意识的东西如想法、印象等暂时储存的地方，从本质上说，它属于意识领域。

潜意识是潜伏在人的心理深处的、人们意识不到的，在正常情况下也体验不到的一种精神活动。弗洛伊德说："无论何种心理过程，我们若由其所产生的影响而不得不假定其存在，但同时又无从直接感知，我们称此种心理历程为潜意识。"潜意识主要是充满着不容于社会的各种各样的本能和欲望，它虽花费很大的气力，也极难被意识所接纳，或根本不能进入意识领域。因此，潜意识成了人的本能欲望以及与之相关的被压抑的情感、意向的贮存库，它具有强烈的心理能量，总是伺机渗透到意识领域，以求得满足，从而构成了人类一切活动的总源泉。

但同时，弗氏又认为潜意识、前意识和意识虽是三个不同层次，但又是相互联系的系统结构。前面讲到弗洛伊德对这种结构有一个形象的比喻:无意识系统是一个门厅,各种心理冲动像许多个体,相互拥挤在一起。与门厅相连的第二个房间像一个接待室,意识就停留于此。门厅和接待室之间的门口有一个守卫,他检查着各种心理冲动,对于那些不赞同的冲动,他就不允许它们进入接待室。被允许进入了接待室的冲动,就进入了前意识的系统,一旦它们引起意识的注意,就成为意识。他将潜意识分为两种:"一种是潜伏的但能成为有意识的"潜意识——前意识,"另一种是被压抑的但不能用通常的方法使之成为有意识的"潜意识——无意识。

(二)潜意识的特征

我们可以看到,在弗洛伊德心理学里,潜意识有四个比较明显的特点:一是原始性。无论从人类系统发展,还是从个人心理发育来看,潜意识都源于人们心理中的原始与非理性的低级部分。二是冲动性。潜意识具有强大的内驱力,不顾一切追求快乐满足。三是非时间性。潜意识的活动与时间没有任何关系。四是封闭性。不受外部任何现实的制约。

通过对个体心理结构及潜意识特征的分析,我们可以看到我们平时能感觉到的意识是不多的,好像漂浮在海上的冰山露出水面的一角,而冰山的主体都在海水下,是看不到的,而水下部分以其巨大的质量决定着冰山的运行速度和方向。所以,我们只有了解人的潜意识,才算读懂了这个人,才能帮助其减轻内心深处的痛苦。在这个结构里,潜意识是在意识和前意识之下受到压抑的没有被意识到的心理活动,它包括人的原始冲动和各种本能(主要是性本能)以及同本能有关的各种欲望。由于潜意识具有原始性、动物性和野蛮性,不能容于社会理性,所以被压抑在意识阈(所谓意识阈,是指能否意识到的分界线)下,但并未被消灭。它无时不在暗中活动,要求直接或间接的满足。正是这些东西从深层支配着人的整个心理和行为,成为人的一切动机和意图的源泉。它将明显地制约着个体的心态及情感情绪,决定着我们的喜怒哀乐。因此,要追求内心的快乐,不了解、不熟悉自己的潜意识,不能与其进行有效的沟通,快乐从何而来?

三、荣格的集体潜意识

荣格(1875—1961)是瑞士著名心理学家,曾任国际心理分析学会会长、国际心理治疗协会主席等职。曾与弗洛伊德有过长达六年的紧密交往与合作,后因理论观点不合而分道扬镳。

荣格的理论对心理学有重大的影响,其中最主要的就是其人格整体论理论。荣格把心灵当作心理学的研究对象,他认为,心灵是一个先在性的概念,与精神和灵魂相等。心灵是人的心理内容的全体,如思维、情感、行动等一切意识到的,一切潜意识的内容。人格的原始统一性和先在整体性,不仅在理论上追求心灵整体综合,而且在临床上要求恢复人格完整。因此其方法论实质上是一种整体论。

(一)人格结构理论

荣格认为,心灵或人格结构是由意识(自我)、个体潜意识(情结)和集体潜意识(原型)等三个层面所构成。

意识是人格结构的最顶层,是心灵中能够被人觉知的部分,如知觉、记忆、思维和情绪等,其功能是使个人能够适应其周围环境。自我是意识的中心,是自觉意识和个体化的目的所在。荣格认为,意识是心灵中很少的一部分,具有选择性和淘汰性,正是出于自我才保证一个人人格的统一性、连续性和完整性。

个体潜意识是人格结构的第二层,包括一切被遗忘的记忆、知觉和被压抑的经验,以及属于个体性质的梦等,相当于弗洛伊德的前意识,可以进入意识内领域。荣格认为个体潜意识的内容主要是情结,即一组组压抑的心理内容聚集在一起的情绪性观念群,如恋父情结、性爱情结等,它决定着我们的人格取向和发展动力。

荣格认为情结的作用是可以转化的:它既可以成为人的调节机制中的障碍,也可以成为灵感和创造力的源泉。

集体潜意识是人格或心灵结构最底层的潜意识部分,包括世世代代的活动方式和经验库存在人脑结构中的遗传痕迹。不同于个体潜意识,它不是个体后天习得,而是先天遗传的;它不是被意识遗忘的部分,而是个体始终意识不到的东西。集体潜意识的内容是由全部本能和它相联系的原型所组成,本能与原型相互依存,本能是原型的基础,原型则是本能内身的潜意识意象。由于人类遗传下来的原型就不需要借助经验的帮助即可使个人的行动在类似的情境下与他的祖先的行动相似。有时我们接手的新工作,但却感到有似曾相似的经历,就是原始意象起着一部分的作用。

由见,荣格与弗洛伊德有共同之处,都承认个体心理结构中能被感知的意识即个人潜意识。但是,他却在此基础上发现了潜意识的新领域——集体潜意识。

荣格曾用岛打了个比方,露出水面的那些小岛是人能感知到的意识;由于潮来潮去而显露出来的水面下的地面部分,就是个人无意识;而岛的最底层是作为基地的海床,就是我们的集体潜意识。

集体潜意识既是荣格对弗洛伊德个体潜意识的发展,也是他自己的一种创造,是人类心灵中所包含的共同精神遗传。它们揭示了集体潜意识作为人类心灵规律存在的必然性。集体潜意识包含着人类进化过程中整个精神性的遗传,是有史以来沉淀于人类心灵底层的、普遍共同的人类本能和经验遗传,也包含了文化历史上的文明的沉淀。作为人类心理中具有倾向性、制约性的心灵规律,它们对人类的行为、理解和创造产生着重大影响。

(二)原型理论

在荣格的潜意识理论中,"原型"的概念具有重要的意义。原型是构成集体潜意识的主要内容,是人类原始经验的集结,是一切心理反应的普遍形式。原型普遍地存在于我们每个人身上,并且会在意识以及无意识的层次上,影响着我们每一个人的心理与行为。它是一种本原的模型,其他各种存在都根据这种原型而成形。它深深地埋在心灵之中,因此,当它们不能在意识中表现时,就会在梦、幻想、幻觉和神经症中以原型和象征的形式表现出来。当原型将其自身呈现给意识时,其形式就称为原始意象。原型本身是无意识的,我们的意识无从认识它,但可通过原始意象理解原型的存在及其意义。

荣格曾根据自己的分析与体验,以及自己的临床观察与验证,提出了阿尼玛、阿尼玛斯、智慧老人、内在儿童、阴影和自性等诸多分析心理学意义上的原始意象。这些原始意象存在于我们每个人的内心深处,在意识以及无意识的水平上影响着我们每个人的心理与行为。现将比较有典型意义的几项介绍于下:

首先,是阿尼玛与阿尼玛斯。阿尼玛是每个男人心中都有的女人形象,是男人心灵中的女性成分。阿尼玛身上有男性认为女性所有的美好特点,每个男人的阿尼玛都不尽相同。男人会对心中阿尼玛的特点感到喜爱,在遇到像自己的阿尼玛的女性时,他会体验到极强烈的吸引力。阿尼玛斯是女人无意识中的男人性格与形象,可以让女人盲目迷恋男人。通常正面的阿尼玛斯有父亲的形象,也常有哥哥、伯伯、叔叔、姑父、姨父或男老师的影子。影剧界甚至政治界的美男子或偶像常是女性阿尼玛斯形象投射的目标。荣格认为,无论男女在无意识中,都有另一个异性的性格潜藏在背后,男人的女性化一面叫阿尼玛,而女性的男性化一面叫阿尼玛斯。当阿尼玛高度聚集时,它可使男子变得容易激动、忧郁等;当阿尼玛斯高度聚集时,则会让女性具有攻击性、追求权力等。

其次,是阴影。阴影是荣格描述我们自己内心深处隐藏的或无意识的心理层面。阴影的组成或是由于意识的自我压抑,或是意识自我从未认识到的部分,但大多是让我们的意识自我觉得蒙羞或难堪的内容。这些让我们不满意而存在于自己无意识中的人格特点,往往会被我们投射到其他人身上。阴影有时也称为阴暗的自我,具有兽性的种族遗传,类似于弗洛伊德所说的"本我"。它虽是人的心灵中遗传下来的最黑暗隐秘、最深层的邪恶倾向,它寻求向外部投射,但它的本性却是生命力、自发性和创造性的源泉。

最后,是人格面具。人格面具指人格最外层的那种掩饰真我的假象,总是按着别人的期望行事,与其真正人格并不一致。我们平时所表现给别人看到的我们自己,并非就是我们真实本来的自己。人格面具与阴影是相互对应的原始意象。我们倾向于隐藏我们的阴影,同时也倾向于修饰与装扮我们的人格面具。当我认同于某种美好人格面具时,我们的阴影也就愈加阴暗。两者的不协调与冲突,将带来许多心理上的问题。人格面具可使我们在公共场合表现出对自己有利的良好形象以便得到社会认可。人格面具能够使人在社会中获益,但过分关注人格面具必然要牺牲人格结构中的其他部分,从而对心理健康造成危害。

自性,也就是心性或本性,人心性的中心是集体潜意识的核心。其作用是协调人格的各组成部分,使之达到整合、统一,即自我实现。荣格认为,这是人性所要达到的最高目标。

荣格的集体潜意识理论,庞杂晦涩,但对我们探讨人类的深层心理却作了有益的探索,对人们时常的心理冲突与矛盾也作了相应的探讨,对人与人之间的有效沟通和良好的自我沟通,是有裨益的。

弗洛伊德和荣格,从不同的角度对潜意识进行了探讨,既有共同之处,又有各自不同的特点。两位大师的理论,对潜意识的探讨提供了不可或缺的理论启迪。

第二节 潜意识制约情感心态

在介绍了潜意识的经典理论后,再看看人们通过对潜意识进行探讨,揭示出的一些带有普遍性的现象。

一、潜意识的确存在着

潜意识犹如水面下的冰山,不易被人们发觉,但的确存在。

(一)潜意识的客观存在

潜意识客观存在的事实,不仅在实践中逐渐被人们所公认,而且也为现代实验心理学通过对脑阈限下的各种不同潜意识信息的电反应(诱发电位)实验所证实。

脑科学研究证明,前额叶不仅与意识和思维等心理活动有关,而且与调节内脏器官活动的下丘脑之间也存在着紧密的纤维联系。这种结构上的联系可能是人类能主动利用意识和意象来调节和控制内脏生理功能的主要物质基础,潜意识对调节和控制人体的呼吸、消化、血液循环、免疫反应、物质代谢以及各种反射和反应均起着很大作用。

潜意识虽然看不见、摸不着,却一直在不知不觉中控制着人类的行为,控制着人类原本具备却没有看到的能力——潜能力。我们都有相似的经历,如明天有重要事情,清晨六点必须起床,当天睡前,我们就常会给自己指令:明天六点要醒来,准时起床。到了第二天六点,果然就醒了。是什么在起作用?是潜意识,因为睡觉时,意识已经休息,但潜意识在工作,到时它就会提醒你,该醒醒起床了。

心理学中有名的"酝酿效应"其实也是讲的潜意识的存在及其作用。有些事情,一时解决不了,搁一搁,做点其他的事情,再回过头来,思考这件事情,也许还能收到意想不到的效果。心理学把这种现象称为"酝酿效应",在酝酿期间,个体虽然在意识中中止了对问题的思考,但潜意识并未停止思考,其思考仍断断续续地进行着。

关于潜意识存在与表现的主要形式之一——梦的现象,是颇有争议而又最能获得人们认可的。弗洛伊德认为,梦是潜意识欲望的满足,人在清醒的状态中可以有效地压抑潜意识,使那些违背道德习俗的欲望不能为所欲为。但当人进入睡眠状态或放松状态时,有些欲望就会避开潜意识的检查作用,偷偷地浮出意识层面,以各种各样的形象表现自己，这就是梦的形成。梦是人的欲望的替代物，它是释放压抑的主要途径，以一种幻想的形式让人体验到这种梦寐以求的本能的满足。而梦有时的确就是人们欲求的一种满足方式，在这方面的事例不胜枚举。如德国化学家凯库勒宣称梦见一条正在吞食自己尾巴的蛇，而悟出苯环的分子结构。另外俄国化学家门捷列夫发现元素周期表相传也是在梦中实现的。门捷列夫发现元素周期表得助于梦中的思考，半醒半睡状态使他潜意识活化，从而思路变得明晰并有所升华，最终发现了元素周期表。说到发现过程有点传奇，但其实是他对某一问题长期研究的结果。1869年2月17日，门捷列夫结束了一天紧张的研究工作，十分疲劳地倒在沙发上，休息了一会儿。几个星期来，他食不甘味，一个囫囵觉也没有睡过。面对堆积如山的资料，他有一种预感："自己15年来萦绕他的研究即将迎刃而解。"这使他非常兴奋，极度的疲劳使他渐渐进入梦乡，在梦中他看到一张表，元素纷纷落到了合适的格子里，他突然觉得元素周期表由模糊变得清晰起来，令他感到一阵惊喜。他随即醒来，急忙拿起笔把梦中的元素周期表写了下来，于是，一个伟大的发现诞生了。

门捷列夫根据元素周期表预言了新的元素存在，这些新元素在此后相继被科学家们发现，事实证明他的周期表完全正确。

我们生活中常会出现一些莫名其妙的事，事实上，它就是潜意识在发生作用。潜意识客观地存在着，只是多数时间我们不知道而已。

(二)潜意识的特点

潜意识与意识相比，有着明显而独特的特点：意识是可以进行推理、可以作出选择的。例如,你可以选择你的爱好,今天是看球赛还是看电影,选择你的朋友圈子、交往对象等。而潜意识是不受控制的,例如心脏的跳动、消化系统的运作、血液的循环、呼吸等,都是潜意识的作用。潜意识不能进行推理,你就不必同潜意识进行争论。潜意识就如同土壤,意识如同种子。潜意识不能区别好坏,如果你认为某事是真的,潜意识也接受它为真的,即使实际上可能是假的。

潜意识常被人称做主观心理,主观心理认识环境通过直觉。当你的五官停止活动时,就是它的功能最为活跃的时候。也就是说,当客观心理停止活动或处于睡眠状态时,主观心理的智慧就彰显出来。意识处于抑制的时候,潜意识就显得特别兴奋。主观心理观察事物不需要使用视觉官能,它有超人的视力和超人的听力。你的主观心理可以离开你的身体,漂离到遥远的地方,给你带回来的信息往往很真实、很准确。通过主观心理,你可以读懂别人的心思,你的主观心理不需要交流就可以理解别人。因此,潜意识的作用是巨大的。人们总结出了潜意识的五大特征:

一是能量无比巨大;

二是比较容易受图像方面的刺激;

三是一旦接受便不识真假,直来直去,绝不打折扣的执行者,说什么就做什么;

四是我们不能觉察到,但有时可通过催眠开发它;

五是人在放松时,最容易进入潜意识。

二、潜意识蕴藏着巨大的潜能量

在分析潜意识特征时,第一条就是能量无比巨大。人们潜藏着的能量叫潜能,而潜能来源于潜意识。从某种意义上讲,潜能就是潜意识,开发潜能力量,就是诱发潜意识的力量。那么,人的潜意识里究竟蕴藏了多大能量呢?我们先来看一个中国古代的故事。

清人陈梦雷等人将中国各种医书集为《医部全录》,在这部书有这么个记载:明朝年间,某地有一个姑娘得了一种怪病,打哈欠后两只胳膊怎么也放不下来了,多方求医无济于事。后来家人请了一位郎中来家诊治。这位郎中看后当着病人说,要想治好病就得用艾灸肚脐下的丹田穴,一边说着一边用手去解姑娘的裤带。这一下羞得姑娘无地自容,赶忙用手一护,想不到奇迹出现了,姑娘的两只胳膊竟于不知不觉中放了下来。现代医学心理学认为,由于各种复杂的内部和外部原因,人的大脑机能存在着一种抑制现象,使得人们长期难以察觉自己的能力。在意想不到的强刺激条件下,这种抑制被解除,蕴藏在人体内的潜能会突然爆发出来,产生一种神奇的力量。科学家指出,人的能力有90%以上处于休眠状态,没有开发出来。如果我们能多挖掘自己一些潜能,我们将成多么神奇的一个人。

来看看我们的大脑吧。据研究,人脑由140亿个脑细胞组成,每个脑细胞可生长出2万个树枝状的树突,用来计算信息。人脑"计算机"远远超过世界最强大的计算机;它可储存50亿本书的信息,相当于世界上藏书最多的美国国会图书馆(1000万册)的500倍;它的神经细胞功能间每秒可完成信息传递和交换次数达1000亿次;处于激活状态下的人脑,每天可以记住四本书的全部内容。人类对于大脑的研究有2500年的历史,然而对自身大脑的开发和利用程度仅有10%。

于是，美国知名学者奥图博士说："人脑好像一个沉睡的巨人，我们均只用了不到1%的大脑潜力。"一个正常的大脑容量有大约6亿本书的知识总量，相当于一部大型电脑储存量的120万倍。如果人类发挥出其一小半潜能，就可以轻易学会40种语言，记忆整套百科全书，获12个博士学位。

除此以外，人们还研究出人的确存在但并没意识到的其他潜能，以下列举一二。

一是身体潜能。躯体拥有自身的潜能。无论是演员，还是运动员，凡是靠体力工作的人都知道这一点，经常锻炼可以增强身体的潜能。在特定的情况下，有人曾跨越了四米的悬崖，事后他连想都不敢想象。大家所熟知的"李广射虎"的故事，司马迁在史记里是这样记载的："李广出猎，见草中石，以为虎而射之，中石没镞，视之石也。因复更射之，终不能复入石矣。"译为白话就是：李广出门打猎时，看见草丛中的一块大石，以为是老虎，所以一箭射去，石头吞没了箭头。于是，李广在原地多次重复射箭，但是箭没有能够再次射进石头里。在正常情况下，箭是射不进石头的，但在应激状况下就可以了。可见，人的潜能是多么的大。

二是感觉潜能。我们的鼻子有500万个嗅觉感受器，我们眼睛可以辨别800万种色彩，但我们常常是不知道的。经常进行有意识的锻炼，可帮助分辨大自然的声音，例如可提高分辨各种鸟儿叫声的这种能力。

三是计算潜能。许多人认为，计算能力是一种天才。这种看法是错误的。每个人都具备计算能力。不过，这种能力需要被激发出来。有个简单的方法不妨试试：例如数数在每个超级市场的收款台前有多少人在排队？货筐里有多少件商品？

四是空间潜能。空间潜能就是看地图、组合各种形式以及使自己的身体正确通过空间的能力。舒麦加就是一位空间天才，他能够驾驶时速为300公里的法拉利赛车灵活地在其他F-1赛车之间穿行。调查表明，出租汽车司机的脑子随着开车时间增加越来越好使，因为他们把城市的情况都储存在脑子里了。

五是文字表达潜能。扩展你的文字财富，如果你开始时掌握1000个单词，哪怕每天只增加1个新的单词，那么一年后你的文字表达能力就会提高40%。最好的办法是多看书、多练习写作。

也许上面的研究结果和推论有些夸张，但是我们大脑相当一部分还未被开发，我们的潜意识和潜能还在"水面下面"潜藏着的，这是不容置疑的事实。只要你乐于与潜意识沟通，乐于开发你正存在着的潜能，你照样可以成为让人羡慕的能人、神人乃至超人。

三、潜意识制约着情感与心态

潜意识不仅能发掘巨大的潜能，也直接制约着个体的心态，决定着人们的喜怒哀乐。

快乐者之所以快乐，是因为他感受到了快乐。悲观者之所以悲观，是因为他自己觉得自己很悲观。因此，我们说，人的快乐与否决定于他本人的心态。

那么，个体的心态又是什么决定的呢？是潜意识。

（一）潜意识是情感的发源地

潜意识里有着个体人生经历的沉淀。它贮藏着我们一生的经历，接收无数个信息与指令，这些经历有快乐的，也有悲伤的；这些指令,有给予正能量的,也有带有负情绪的。不能推理,不能选择,是潜意识的特点,它犹如一片土壤,承接着各种种子,只要有适宜的气候及其他相应的条件,积极的、悲伤的、快乐的、忧愁的,各种种子都会生长。如心理学家做过大量的试验,表明人在催眠状态下,潜意识对所有指示和暗示都接受,哪怕是错误的暗示,而且一旦接受后就会有相应的反应。催眠医师对试验者在催眠状态下暗示他是某某人,是猫或狗,试验人都能有相应反应,有些反应与暗示的非常相像。有一个熟练的催眠医师,在受试者进入休眠状态后,分别向他们暗示:你的背要发痒,你的鼻子流血了,你现在成了大理石塑像,你现在被冻起来了,现在温度在零摄氏度以下之后,每个受试者的反应均与暗示的内容有关。

需要指出的是并非催眠师有什么特异功能并随心所欲,而是在人们潜意识中早已贮藏了这些经历与信息。要知道,潜意识贮藏了我们心理95%以上的信息,而这些信息在正常的情况下,我们自己并不知道。催眠师的作用,仅是让我们意识抑制下来,让潜意识唤醒并将其诱导出来而已。

因此,潜意识既是人生经历信息贮藏的仓库,也是情感经历的汇聚地,当然也就成了个体情感的发源地。里面贮藏着一切情绪情感,积极的、消极的、低级的、高级的。

(二)潜意识决定着个体的心态

既然潜意识是情绪情感的发源地,那么个体的快乐与忧伤,理所当然地受制于潜意识,并为其所决定。

喜、怒、哀、乐各种因子均存在于个体的潜意识,让谁出来影响和制约你的心态,全凭潜意识所决定:让快乐的因子出来,你便快乐;放出忧愁的因子,你便忧愁。

潜意识使你快乐。来看一个因快乐因子而快乐的人吧,这个人便是号称世界十大著名推销专家、美国杰出的推销专家克莱门特。

克莱门特最初愿望是成为一名律师,但阴差阳错地做了一名推销员,并成了世界上最著名的推销员之一。他从100美元开始建立了他的公司,最终成为美国联合保险的创造者和主席,并让联合保险公司的资产在短期内由3000万美元跃升至9亿美元,成为全美乃至全世界都享有盛誉的销售管理大师。克莱门特·斯通的成功,与其超人的商业天赋和过人的推销才能有关,但更与其潜意识中的积极心态和快乐因子密不可分。他曾经说过这么一段话,对我们是深有启迪的:"从基本上说,你对自己的态度,可以决定你的快乐与悲哀。如果你在潜意识中把自己看成弱者、失败者,你将郁郁寡欢,你的人生也不会有太大的作为;如果你潜意识中把自己看成强者、成功者,你将快乐无比,你往往还能成为一名成功人士。"他还讲了个饶有寓意的故事。

上帝听说人间有一个乐天派,他一天到晚都是开开心心的,没有人见过他忧伤的样子。于是,上帝去拜访他。他乐呵呵地请上帝坐下,笑嘻嘻地听上帝提问。

"假如你的亲人都离开了你,你还会这样乐呵呵地么?"上帝问。

"当然,我会高兴地想,幸亏离开我的是我的亲人,而不是我自己。"

"假如你正行走间,突然掉进河里,你拼命地爬了上来,却弄得全身湿漉漉的,你还会这样乐呵呵地么?"

"当然,我会高兴地想,幸亏掉进的是一条河,而不是万丈深渊。"

"假如你被人莫名其妙地打了一顿,你还会这样乐呵呵地么?"

"当然,我会高兴地想,幸亏我只是被打了一顿,而没有被他们杀害。"

"假如你在拔牙时,医生错拔了你的好牙而留下了患牙,你还会这么乐呵呵地么?"

"当然,我会高兴地想,幸亏他错拔的只是一颗牙,而不是我的内脏。"

"假如你正在瞌睡着,忽然来了一个人,在你面前用极难听的嗓门唱歌,你还这样乐呵呵地么?"

"当然,我会高兴地想,幸亏在这里号叫着的是一个人,而不是一匹狼。"

"假如你的妻子背叛了你,你还会这样乐呵呵地么?"

"当然,我会高兴地想,幸亏她背叛的只是我,而不是国家。"

"假如你马上就要失去生命,你还会这样乐呵呵地么?"

"当然,我会高兴地想,我终于高高兴兴地走完了人生之路,让我随着死神,高高兴兴地去参加另一场宴会吧。"

看吧,凡事均有快乐的因子,就看你想到它没有。当然,要做到这一点,潜意识具有重要的作用。如不快乐的因子来管控你的心态,相反的事情就常常会出现。

潜意识让你烦恼。有些人常常无声地自言自语,或者向他人唠叨,"这样的麻烦事,又一次被我遇上了"或者"我天生就是个倒霉鬼"等。这些都属于内心独白。内心独白其实就是潜意识的一种表现。一般而言,内心独白的内容能体现出这个人的人生态度。显而易见,消极的内心独白会带来消极的行为。那些经常抱怨或嫉妒别人的人,也会在自己的日常生活中做出相应的举动,导致人际关系恶化,甚至处处不受欢迎,处处碰壁。反过来看,那些总是认为周围人很好的人,往往也会受欢迎。

这种内心独白表现出来的潜意识,作用常常非常强大。有不少人经常称自己为白痴、傻瓜和笨蛋。结果呢?他们在现实生活表现出来的就是如此,不是丢三落四,就是做出各种蠢事。接下来,他们自怨自艾,继续埋怨自己,或者用更加刻薄的字眼进行自嘲,成天说自己是傻瓜。这样一来,就形成了恶性循环。换言之,他们"唱衰"了自己,通过内心独白表达潜意识的力量,真正把自己变成了白痴、傻瓜和笨蛋。

内心独白往往是不经意的,很多时候,我们根本就没有感到它的存在,但在无意识中为自己输入了很多负面的信息,稀里糊涂地把自己引入歧途。然后由于这些负面的信息和由此导致的各种不良后果,让我们处处碰壁,心力交瘁,并形成了消极的习惯和行为模式。因此,那些经常抱怨"这也不顺,那也不好"的人,往往会让自己的生活更加糟糕,进而为自己带来更多苦恼。

让潜意识释放快乐的因子,抑止忧愁的种子,我们便快乐;反之便烦恼、忧伤乃至痛苦。

第三节 沟通潜意识,培养好心态

人的潜能是巨大的。只要适度发掘,人人都将拥有辉煌人生;人的生活是由心态决定的,只要善于培养,我们都可拥有快乐的人生。而潜能的发掘和心态的培养,都离不开我们心灵深处最厚重的部位——潜意识。而与潜意识进行有效沟通,便是个体走向人生的辉煌与快乐之金钥匙。

如何有效地与自己的潜意识进行沟通?这一直都是个十分迷人的问题,引起了不少学者的好奇与探讨,形成了诸多的理论与方法。应该说,既称之为潜意识,就是在意识中我们还未看到的那部分。如何与潜意识有效地沟通,以便更好地认识潜意识,是整个人类应研发的一个世界级课题。目前对潜意识沟通开发的研究,多数还停留在研究者个人的揣测、感受阶段。但先有后好,这是科学研究一惯性的路径。为此,将收集到的研究成果与笔者自身的理解,整理于下,供读者参考。

一、沟通潜意识应有遵循

在与潜意识沟通中,以下原则是重要的:

一是不要自设禁区。别总是认为一个人的思维和行为能力总是有限的,有的地方是自己可以沟通、发掘和培养的,而人的个性在某些地方是先天决定的,不可改变的。要看到,潜意识是我们人生的宝藏聚汇地,只要愿意沟通与发掘,总能找到你所需要的。

二是不要总把潜意识与自己的经历联系在一起。潜意识里面的确有个体经历的贮藏,但我们生命中有的经历并没被意识到,而潜意识看到了、记住了,并无形地影响着你。何况荣格的"集体潜意识"有很多也是没经历的,照样影响着我们。

三是不要让别人的评价左右自己。旁观者清,他人的评价是正确认识自我的方法,但在"约哈里窗户"里,我们相当一部分是自己没看见别人也未看见的部分,这就是潜意识。所以,自己的潜意识,别人也未必看见了,评价也就不那么准确。

四是不要以自身的缺陷影响自己的沟通。每个人都有这样或那样的不足,但并不影响你在潜意识和潜能中有这样或那样的特长,而这种特长在意识层面刚好折射为你的不足。

潜意识的沟通,潜能的开发,好心态的培养,关键在你认为行就行,认为不行那就真的不行。因为这一切的成功,首先要有强烈的愿望,其次要有成功的信心,最后需要坚强的意志。而这一切,皆因你而定。

二、沟通潜意识的渠道

研究者认为,沟通潜意识的渠道主要有以下三个方面:

一是听觉刺激。当你恐慌、害怕、缺乏自信时,大喊几声,就像举重、搏击喊叫一样,可以立即恢复力量,声音的力量可以影响你的信念,带来积极的行动。在你的家中或其他地方一直放录音带,可以不注意它,它也可以进入你的潜意识中,就是在睡眠中也可以放着,因为耳朵是24小时张开的,意识听不到,但潜意识能照样听到,效果仍然很好。

二是视觉刺激。在房间建立一个梦想板,把自己的目标画成图片剪下来,贴在梦想板上天天看,可以天天刺激你的潜意识,达成你的梦想。

三是观想刺激。利用潜意识不分真假的原理,在大脑中引导出你所希望的成功场景,从而达到替换你潜意识中负面因素的目的,通过反复的观想暗示,改变自我意象,树立成功信念,并使自我产生积极的行动,达到预定的目标。

在上述三个渠道中,观想刺激最为重要,不少成功者皆认为,自己的成功就在于利用观想刺激充分地沟通与开发了潜意识。如世界著名研究精神法则、潜意识权威乔瑟夫·摩菲认为,一个人的人生幸福,只靠道德方面的努力是不够的,我们必须经常描绘自己将来的幸福形象,并依靠万能的潜意识来帮忙实现。潜意识一旦接受事情后,就会想尽办法去实现它,之后你只要安心等待,就可以了。著名作家马克·吐温更是俏皮地说:"我这一生不曾工作过,我的幽默和伟大的著作都来自于求助潜意识心智无穷尽的宝藏。"

可见,有效地开发潜意识是多么重要。

三、沟通潜意识常用的手法

沟通潜意识的方法分他人帮助沟通和自我沟通两大类。他人帮助沟通主要有弗洛伊德精神分析方法以及催眠法等。精神分析方法主要是通过自由联想、移情以及释梦等方法将对象的潜意识意识化;而催眠则是运用心理暗示与对象的潜意识进行沟通的技术。此外,还有日本心理学家吉本伊信创立的内观法,等等。经过较长时间发展,他人帮助沟通的方法比较普及与成熟,而自我沟通相对而言,还处在探索中,但不妨为人们与潜意识沟通进行的种种有益的尝试和努力。目前,比较常见的有意象对话、清醒梦对话以及NLP沟通技术。下面分别简介。

(一)意象对话技术

意象对话技术是由我国心理学家朱建军先生创立的一种心理咨询与治疗的技术。意象对话是从精神分析和心理动力学理论的基础上发展出来的，这一技术创造性地吸取了梦的心理分析技术、催眠技术、人本心理学、东方文化中的心理学思想等。它通过诱导来访者做想象，了解来访者的潜意识心理冲突，对其潜意识的意象进行修改，从而达到治疗效果。

在意象对话中，不仅是咨询师和对象在原始认知方式下进行的人格深层对话，也是当事人与自己潜意识的对话。为形象地说明这个问题，我们来看一下朱建军2010年11月在洛阳接受记者采访时的一场对话：

问：朱教授，您好！能否用通俗的语言介绍意象对话？

答：现代人内心都存在一个原始人，意象对话简单来说就是让咨询师心中的原始人与来访者心中的原始人对话，通过意象对话，让来访者心中消极的意象逐渐向积极的意象转变。

问：怎么实现"原始人"之间的对话呢？

答：先对来访者进行"催眠"。不过，这种"催眠"与人们想象中的"睡着了"或者纯粹的催眠不同，此时，访客的意识是清醒的，只是被诱导进入意识放松状态，在这种状态下与咨询师进行对话。这个过程其实就跟做"白日梦"一样，犹如一部波澜壮阔的童话史诗，内容丰富，富有情趣。

问：那么，是谁主导"白日梦"的进程呢？

答：是访客的潜意识。人的内心世界是极其丰富的，从第一意识直到最深的潜意识。第一意识是"自我"，我们可以完全掌握并充分应用它，甚至可以掩盖和欺骗它。而潜意识是"真我"，是我们内心深处最为隐秘的意识，正常情况下，它无法左右我们的处事，但它主宰了我们的人格、心理和个性，是我们人格、个性和品德等的体现。

问：如何发现自己的潜意识呢？

答：通过我们刚才所说的意象对话。另外，我们睡眠的时候，也是我们潜意识充分做主的时候。早晨起床，当我们可以充分回忆梦境时，也许会发现一些自己的潜意识。

问：说到梦，长期以来流传许多说法，比如"日有所思，夜有所梦"、"梦是反的"，您对这些说法怎么看呢？

答："日有所思，夜有所梦"这种说法既有道理也没有道理。说它有道理是因为有一部分是经验之谈，说它没道理是因为从心理学方面分析，它指的是两种状态下的两种思维方式。在清醒状态下，人们使用逻辑思维；在睡眠状态下，人们使用形象思维。"日有所思"和"夜有所梦"没有对应关系。

而"梦是反的"这种说法其实就是人们潜意识的反应。

据说，梦预知未来的准确率在10%至30%，可见梦境成真的例子实在很少，所以梦和现实相印证的正梦往往会被说成迷信；而人做噩梦时就往往会自我安慰说"梦是反的"。

现实中的语言和梦的语言是两套语言体系，不能以简单的"正"或"反"去对照翻译。

问：有些人会在枕边备纸笔，第一时间记录梦，用这种方法是不是能发现"真我"，掌握潜意识呢？

答：这种方法我也曾使用过，普通人可以通过这种方法进行自我分析，发现一部分自己的潜意识。

接下来，应记者要求，在朱建军教授的引导下，记者体验了一次简单的意象对话过程。

朱：现在，让身体很舒服地坐着，双眼闭上。好，现在开始放松，头放松、颈部、肩部、胸部、腰部、臀部、大腿、小腿、脚和脚趾……放松。好，现在开始想象，你正坐在一个船舱里，通过船舱的窗户，你看到的是大海、河流还是溪流呢？

记者：看到大海。

朱：大海是什么样子的呢？

记者：海水微微泛动着波澜。

朱：现在抬头看看天空，天空是什么样的呢？

记者：蓝，晴朗。

朱：现在有一个动物突然从海水里跃出，是什么动物呢？

记者：鲸鱼。

朱：什么样的鲸鱼呢？

记者：非常大，有温柔的眼神。

朱：看到船，它有什么表现呢？

记者：它表现得一点也不惊慌，只是看了船一眼，就默默地游走了。

朱：好，现在让我们回来，从船舱中回来，回到我们的会客室，请慢慢睁开眼睛。

朱建军分析，在来访者的意象里，鲸鱼其实象征着来访者自己，温柔的眼神、晴朗的天空、平静的海面象征着来访者目前的心境平和、安宁、放松，说明来访者目前没有心理问题，不需要治疗。

通过上述对话分析，我们可以看到，意象对话的对象不仅是咨询师与对象，也包含着对象自己在与其潜意识进行沟通。同时，通过上述对话过程，我们也可了解意象对话的一般程序：

一是要有恰当的姿势。可以保持坐的姿势,如果有躺椅,半躺的姿势也可以。原则是有利于身心放松。

二是要有恰当的说明。在实际操作之前,首先要简要说明这个方面,从而引入意象对话。简要说明的作用,主要是为了让人有安全感,不会因突然做一个不熟悉的操作而担心。

三是要放松。调整下姿势,调节一下呼吸,要来访者闭上眼睛(也可以不闭眼,但是还是闭眼比较好),并进行放松指导。如果来访者是第一次做意象对话治疗,或者心情比较紧张,放松的过程就需要长一些。通常所用的放松方法和行为疗法中的放松方法一样。

四是设定一个意象,并努力想象它。如可以从自己的梦开始、从来访者自己使用的比喻开始、从来访者的身体感觉或异常姿势开始、从来访者自发产生的意象开始,以及从来访者表现出的情绪开始。无论从哪里开始,当来访者进入了一个意象能比较自发地出现的状态,意象对话就实质性地开始了。

意象对话中,既可帮助咨询师了解当事人,也可让当事人自己了解自己的潜意识。

意象对话,重要的内容是了解自己,这就是朱建军创造的了解"真我"的方法:

找一个安静的地方,闭上眼睛,平心静气,让心里的杂念减少。

然后放松身体,调缓呼吸,想象自己沿着一个楼梯向下走,四周光线不是很亮。在楼梯拐角处有一面大镜子。

在想象中,你在镜子中看到的不是你自己,而是另一个面目,另一种形态,不要想应该是什么样子,只要等着这个镜中形象慢慢清晰起来。

这镜子中出现的形象,就是自己心的形象容貌。

"心的容貌往往和外表的容貌差异很大,不仅仅美丑不同,而且年龄也难得会相同,镜中人的年龄就是你的心理年龄。有时镜中人的性别和实际都会有所不同。秋瑾女士这种'身不得男儿行,心却比男儿烈'的女侠,假如也参加这个测验,也许她的心就是一个巍然凌厉的男人。"

"心的形象甚至不一定是人,而可能是动物、植物。成语中有'人面兽心'的话,真的不是妄言,只是'人面兽心'者未必都是坏人,有的女孩心像一只梅花鹿,温柔可爱。有的男子心像猛虎,威武而又凶猛。有人心像狗的,反而忠诚可靠。只有心似豺狼的,才是人面兽心,狠毒邪恶。如果心是植物的,多数人心理都很健康,男人是乔木,女人是花最好。只不过这类人偏于沉静,或有过于内向的不足。"

看,这就是在意象对话中看到潜意识中的自己。

(二)清醒梦对话法

清醒梦是在意识清醒的时候所做的梦,又称做清醒梦。它是人们在做梦的时候还保持意识的清醒,这时对梦境会有更加清楚的感觉,有时甚至可以直接控制梦的内容,从开始到结束都保持这种过程。

清醒梦对话是在接受心理暗示后,意识放松情况下的一种与潜意识的对话。但清醒梦跟白日梦并不相同,清醒梦是做梦者于睡眠状态中保持意识清醒;白日梦则是做梦者于清醒状态中进行冥想或幻想,而不进入睡眠状态中。清醒梦一词首先由荷兰一医生在1913年提出。在清醒梦的状态下,做梦者可以在梦中拥有清醒时候的思考和记忆能力,部分的人甚至可以使自己的梦境中的感觉真实得跟现实世界并无二样,但却知道自己身处梦中。

也许我们很多人都做过清醒梦,这是一种非常奇妙的梦境体验。做梦者能够清醒地认识到自己在梦境中,甚至进一步控制梦的内容。说到奇妙是因为梦境往往是无限制的,比如飞翔、穿越。清醒梦的经历并不是睡醒后,向他人复述梦中的感觉,而是在自我感知清晰的状态下,体验梦境。中国的古贤庄子也做过一个梦,因此有了庄周梦蝶这个故事:庄子睡觉时,梦见自己变成一只美丽的蝴蝶,开心地飞来飞去,然后梦醒了。他突然意识到,自己到底是人,梦见自己变成了蝴蝶?还是,自己是只蝴蝶,梦见自己变成了人?所谓的梦醒不过是入梦罢了。

清醒梦因为知道自己在做梦并能控制梦的内容,而这个时候,意识又是放松了的,因而常常是与自己潜意识沟通的好机会。

有位叫雷龙的心理学爱好者,就专门研究了人们如何在清醒梦中与潜意识沟通的,其方式令人饶有兴致。

在清醒梦中创造一个人,这个人是你完全信任的。可以是你的父母、兄弟,也可以是耶稣、释迦牟尼等。将自己的疑问有条理、一件件地告诉他。

盯住他的眉心,切记不可盯着他的眼睛,如果盯住他的眼睛,那么潜意识与显意识就直接沟通,他告诉你的答案就一定是你最想要的且不真实的。也就是说,你的显意识最期盼的却并不是你真正需要的答案。

一次最多不能超过3个问题,因为问题太多,你会记不住。并不是不相信大家的记忆力,只是为了更好地预防。一个问题要重复2遍到3遍。因为有时候每次回答的答案都不尽相同，但是最终的指向却是一致的，所以要多问2遍到3遍，以确保清醒后的记录与分析。

当得到答案后，要双手合十，向他鞠躬道谢。这表示你对潜意识帮助的谢意与尊重，因为双手合十是表示对人内在（潜意识、灵魂等）的礼遇。

使用你自认为效果最好、速度最快的清醒方法快速醒来。清醒后，迅速拿起纸和笔，将你的问题与答案一一写出，尽量不要有遗漏。

开始分析问题与答案。尽量找出众多答案中的共同点，并用笔一一写出。然后再使用逆向思维再次分析，分析这些答案分别代表什么，然后一一写出。最后根据两次的分析与记录，找出真正的答案。

在这个方法里，至少也能问出你内心深处真正的看法。潜意识是强大的，还可以在梦境中找到现实中无法解决问题的答案。比如说，当你的工作陷入困境，你就可以在梦中请教你的潜意识，如果你的潜意识足够强大，在他对你的回答中，你会发现让你解脱困境的奇妙的方法！

此方法看上去有点玄，但不失为一种有益的探索。读者如有兴趣，可不妨试试。但现在大家比较关心的是，怎样才能进入清醒梦？心理学家为此进行了专门的探讨，提供了两种进入梦的方法：梦中导入和清醒时导入。由于梦中导入比较复杂且可能要借助仪器，操作起来有较大的难度，此简单介绍一下个体在清醒时的导入。

清醒导入，需要较多的自我训练，基本方法是训练身体先于意识进入睡眠状态,例如瑜伽、计数、控制呼吸等方法。然后意识再进入睡眠,在此状态切换的一小段时间,会有比较奇特的体验,如快速下坠、深陷等感觉。这种情形正好和白日梦相反,白日梦是身体没有进入睡眠,而思维已经专注于其他游离于身体反应之外了。清醒时导入的清醒梦,是身体先进入睡眠,而保持思维的意识,再陷入睡眠。

(三)NLP沟通法

NLP是神经语言程序学(Neuro-Linguistic Programming)的英文缩写。在香港,也有意译为身心语法程式学的。N(Neuro)指的是神经系统,包括大脑和思维过程。L(Linguistic)是指语言,更准确点说,是指从感觉信号的输入到构成意思的过程。P(Programming)是指为产生某种后果而要执行的一套具体指令。NLP也可以解释为研究我们的大脑如何工作的学问。知道大脑如何工作后,我们可以配合和提升它,从而使人生更成功快乐,也因此,把NLP译为身心语法程式学或神经语言程式学。

该学说由美国两个心理学家约翰·格林德和理查德·班德勒所创,并于20世纪90年代引入华人圈。首先在台湾地区、香港地区出现,90年代,开始在大陆地区授课,其势渐超于港台地区。后起者秀,涌现出了众多的NLP培训机构,获得较为广泛的传播。目前,NLP应该是与潜意识沟通最为流行的一种方法,所以略加详细介绍。

NLP强调个体的身心合一,彼此是不可分离的,改变其中一个,另一个也就改变了。同时,强调个体的心灵有两个层次:意识和潜意识。

意识是可以为我们了解到的想法,潜意识则是心灵深处不为我们所直接了解到的经验、思想、感受、欲望与力量。而我们潜意识心灵中的活动,虽然不为我们的心灵直接了解,可是会从我们的身体上表现出来。也就是说,身体是潜意识心灵的窗口,我们从一个人无意中表露出来的一些动作、表情、语言、眼球转动等,可以窥见他潜意识的一些信息。如果意识能与潜意识进行沟通,也基本上做到身心合一了。

NLP里,怎样才能很好地与潜意识进行沟通呢?

首先,对潜意识抱正面的态度。NLP学者认为,我们从一出生,潜意识就在无时无刻地照顾着我们。我们作出的任何选择,都是当时的最佳选择,尽管你过后会有更好的选择。我们要学会接受自己,不否定自己的过去,一切都是最好的安排。因为,一切都是为了最美好而准备的,这样才可以身心合一。你可以说,下次我如何做得更好,但没必要说,我过去做得如何不好。

其次,通过自我催眠,关注自己的内心,回想过去所做的事。这些事,或许是痛苦的,通常是在有情绪的时候,更容易看到对应情绪早年植入内心情绪的伤痛经验。

再次,接受自己。一个人能够接受自己很重要,人的一生中,有很多问题要解决,如果时机不到,是感受不到的,是潜意识压制的这些东西。可是,随着自我认识能力的提升,潜意识会给出一些提示,反而有一个阶段很痛苦。因为你看到了要解决的问题,而以前你没有意识到,但不等于不存在。而如果现在没有意识到问题,将来会压制很久后更难解决。所以,有些人看到潜意识后,不论你快乐了还是有些踌躇了,都是好事。因为,你在不断地将内心里的问题进行面对和处理。

最后,用正面语言进行处理。

在NLP的研究与传播方面,华人圈中李中莹具有极大的威望与名气。

李中莹,中国香港人,有30年的企业管理及经营经验,曾在多个欧美跨国集团和上市公司担任高层管理职务,除了最早把NLP完整全面地引入国内外,还被认为是华人界NLP学问功力最高的导师之一,被誉为"华人世界的国际级NLP大师"。因此,他关于与潜意识沟通的见解及方法,应该是这方面的代表与代言人。

李中莹认为,虽然经常说起"潜意识"这三个字,但多数人不大知道它的意义,更不用说如何与它沟通了。我们身体里一些最重要、最复杂的部分,例如免疫系统、内分泌系统、自主神经系统等,都是由潜意识完全控制。我们的情感与情绪更是与潜意识密切相关,甚至是潜意识的代言人。每一个人的潜意识都好像一个小孩子:力量又多又大、好奇贪玩、对文字不太感兴趣、需要呵护。它负责一个人所有的喜怒哀乐,也负责人需要的勇气、自信、激情、冷静、创造力、幽默感等各种能力。越肯定潜意识、越对它表示欣赏与感谢,它就做得越起劲,越会与你配合。与潜意识沟通时,记住这个特点,效果就会又快又好。

与潜意识沟通的技巧其实很容易。当一个人在动作快、紧张时,他的意识是在积极活动的状态中。这时,潜意识忙于照顾可能出现的威胁、脱离情况、保护主人,是没有兴趣做沟通的。所以,与潜意识沟通的第一步就是:使它平静下来。

最容易的方法是做深呼吸,在呼气时把注意力放在双肩上。同时做这两件事（呼气时把注意力放在肩膀），能改变自主神经系统的工作，抑制交感神经而活跃副交感神经系统，就是开始放松。深呼吸三次后，肩膀的放松感觉会蔓延到身体更多的部分。这样，潜意识觉得可以松弛下来，也就乐于做沟通工作了。

接着，把注意力放在身体的感觉上，甚至感受到心脏的跳动，想象那里就是潜意识的中心，像是对着心中一个人说话般，与它对话。这样的对话，可以说出声来，也可以只是在心里进行。若觉得找不到身体的感觉，可以直接把一只手按在胸口，把那里直接当作潜意识亦可。

与潜意识沟通，在开始和结束时，都应对它说"谢谢"。在沟通过程中，每当它给你回应或者讯息，也应先说声"谢谢"，再继续下去。这样，潜意识会知道你肯定、接受、认同和欣赏它的工作，会更乐意与你有更多的沟通。其建议语言一般如下：

潜意识，你好。感谢你一直以来对我的照顾。你是我生命中最重要的一部分。

爱我的人和我爱的人都有可能离开我，而你却永远不离不弃地陪伴我、支持我、爱我。

在过往的日子里，你不但照顾我，还为我担当了很多。

常常是快乐的感觉我们共享，而心痛、孤单、无助的感觉都压抑着给你承受。

我更常常忽略你的存在，对你透过身体和情绪给我的信息毫不在意。

（如果这时，你的内心有一份情绪出来，记住，情绪是潜意识给你的回馈。如果是正面的情绪，就对它表达更多的爱与感谢。如果是负面的情绪,就对潜意识说:"你给我的信息,我接收到了,请你再给我一点时间,我正在学习如何爱你的过程中。")

今天,我已经意识到了,你对我的重要性,我愿意从现在开始学习爱你、倾听你的信息,学习和你的力量结合在一起,我正在这个过程中。

我爱你,谢谢你的聆听。再次感谢你对我的照顾和爱,我爱你。

这样的沟通,如果能感觉到潜意识的回应,或许是一份感动,或许是一份情绪,就可以运用一些方法来调整自己。在做完调整后,也要再一次对潜意识表示爱与感谢。

那么,我们与潜意识进行有效沟通,究竟应有什么样的方法与步骤呢?李中莹的建议是:

一是明确潜意识的位置。潜意识虽然在我们的脑里,但是它是经由我们身体的情绪感觉而让我们知道它的存在的。当我们需要与它沟通时,我们可以把注意力放在躯体里(头颅之下、大腿之上)的情绪感觉所在之处,这便是潜意识的位置,亦可以把注意力放在心脏的位置。若这两点仍觉难找,可以想象躯体内的一幅景象,其中哪一点有些不同,认定这一点是自己的潜意识便可。

二是确定沟通的模式。认定了潜意识的位置,在内心对它说话。态度应该诚恳、专心和信任。

三是作好沟通前的准备。找一个舒适平静没有滋扰的环境坐下或躺下,做数个深呼吸,使整个人放松和平静下来。开始时第一步总是多谢潜意识的照顾,过程中亦应慷慨地对它说多谢。

设计具体步骤如下:

第一,前提:假设内心对某事不甚积极,虽然心里知道是应该去做的。

（1）在内心对潜意识说："多谢你今天的用心照顾。我想与你沟通，可以吗？"（静心、放松身体，等待潜意识的回应。这份回应不会是文字和语言，多数会是一份忽然涌出来的感觉。）待出现后……

（2）"多谢你肯与我沟通。这件事，你觉得我不应该去做？"（等待它的回应。）待出现后……

（3）"多谢。不做这件事给我什么好处？请让我知道。"（等待回应。）待出现后……

（4）"我明白了，多谢。我想找出方法，既能保证这些好处，又能使我因做这件事而得到多些成功快乐，你肯支持吗？"（等待回应。）待出现后……

（5）"多谢你的支持。我想邀请我的潜意识的每一个部分去全力支持这个决定，请你帮我做到这点。"（等待感觉的出现。）然后……

（6）"多谢全体的支持。潜意识，多谢你，请你以后与我有更多的沟通。"

第二，沟通过程中会出现的情况。

（1）没有回应。若过去少有内心感觉，刚开始与潜意识沟通时会有困难，多做数次便会消除。最初几次不要心急，必须完全放松。如果无论怎样做也无法建立沟通，那是说环境或时间不适当，潜意识不想在此时此地与意识沟通，应仍然向它致谢，然后结束。

（2）等候很久。在等候时可以把注意力集中在身躯内锁定的一点（内视觉）和不断地重复"我在等待着，请与我沟通"的话（内听觉），以免分散精力。

(3)涌出的讯息没有意义。讯息不会没有意义,只是我们的意识不能理解其意义而已。可以先多谢潜意识,然后请它给你更清晰的讯息,或者帮你明白讯息的意义。

第三,沟通后兑现承诺。答应过潜意识的事必须去做。

为了提高沟通的效果,沟通者还要注意以下问题:

一是脑的运作是用二进制的,就像计算机一样。所以,问潜意识的问题,必须是只有"是"和"否"两个答案的问题。例如"A适合我对吗?"给潜意识的指令,最好是留有足够空间让它发挥的指令。

二是同潜意识的沟通,需要运用正面词语来获得效果。因为潜意识不懂得否定的意思,当你说不要紧张时它只会令你更加紧张,所以需要用"放松"来代替"不紧张"。

三是驱走不好的情绪或反应时,记得让潜意识保留这些能力,以便需要时潜意识能让它们发挥正面的作用,这样潜意识才肯配合。

为了形象地说明NLP自我沟通方法,现引用一位陈姓女士在学习了NLP课程后,与潜意识沟通后所谈的体会(节录)。

这堂课让我体会最深的就是:我真的发现了潜意识的存在,明白了潜意识就是那个内在的本我,而且与潜意识沟通的神奇,我第一次发现了内在本我的存在,第一次满怀感恩,虔诚地感谢它不离不弃,陪伴支持了我这么多年,我对它充满了尊重和感激之情,并为我对它的忽略而真诚地道歉。我知道它要的并不多,它只是想让我意识到它的存在,我不是孤独的,它一直在默默陪伴着我。它收到了我的真诚,我也收到了它的回应,因此那一刻我泪流满面。

所以,当我每天清晨起床的时候,我会发自内心地欣赏它、赞美它、感谢它,并且真诚地邀请它跟我开始愉快的、充实的、幸福的一天,我能够感受到它的愉悦,我知道那个内在的我和外在的我真正地身心合一了,所以我的全身充满了能量,我甚至能感受到我全身散发出的淡淡的光芒。所以当我的身体某个部位不舒服,或有某种情绪存在的时候,我会做几个深呼吸,把身体调整到最放松、最舒适的状态,然后用米尔顿语言、语气和语调告诉它:亲爱的,谢谢你对我的支持!我知道你在提醒我,对你多些关注,我感受到了。来,让我们一起做个深呼吸,把我们的身体调整到最佳的状态,可以吗?好,感觉好些了吗?那么让我们来继续我们新的旅程可以吗?轻轻点头,当我再睁开眼睛的时候,很神奇,我会发现那些症状消失了。我觉察到原来它只是需要我的一点关爱,提醒着我它也需要我的支持。当我给了它很好的回应的时候,那些症状就不存在了,原来它只是跟我调皮地耍耍小脾气。

当我感觉到我有情绪的时候,我也会重复这些步骤,我会轻轻地温柔地问问它:亲爱的,你想要的是什么?我们怎样可以拿到它?如何让你觉得更舒适些?如果到了睡眠时间,觉得难以入睡,我也会温柔地征询它的意见:我知道你有些东西还没处理完,此刻,我们可不可以先放下,让我们以最放松、最舒适的状态好好地休息一下,睡个好觉,可以吗?答案肯定是可以的。很快我就会进入轻松的睡眠状态,而且会有个质量不错的睡眠。这对于我而言是最简单最有效的处理方法。

这个技巧的最关键的步骤就是:首先,一定要放松你的身体,让你的身体处于最放松、最舒适的状态,只有在这种状态之下你才能很好地感受到内在本我的存在。然后充分去感谢它、尊重它、理解它；告诉它，你知道它的感受（跟内在的本我建立亲和力），你想要的是什么。让我们一起来努力可以吗？如果你使用的效果不理想，那就是你还没有真正放松你的身体，重复做深呼吸，直至将你的身体调整到最舒适、最放松的状态，再进行下面的步骤。当你拿到你想要的效果时，你会发现跟潜意识沟通的神奇魔力。很容易让我想起刘谦的那句话：下面是我们共同见证奇迹的时刻！这种技巧是不受时间、地点限制的，是最行之有效的也是最简单的方法之一。你可以随时随地地运用。当你熟练运用之后你就会发现它的神奇所在。

通过这样的介绍，NLP潜意识自我沟通方法，应该有所知晓了吧！

花了这么多时间来探讨和叙述潜意识以及如何与潜意识沟通，但事实上，潜意识究竟是什么样，里面有些什么东西，对我们来说，仍然是个谜。所以，上述介绍的各种沟通方式，也都是一家之说，可行与否还待理论的深入探讨和实践发展的检验。但有一点是客观的，就是潜意识是存在的，并制约着我们的思想、行为和心态，了解潜意识，善待潜意识，开发潜意识，将会使我们更加强大、更加快乐！

第四编
左手管压力,右手驱烦恼,快乐回来了

　　我们每个人都有一双手,具有多种用途,须臾不可离。日常的用法有"拿"、"抓"、"接"、"提"等,但也有"掌控"、"把握"。人在对快乐的追求上,同样也有需要"掌控"和"把握"的,这就是对压力的管理和对烦恼的驱逐。

　　过大的压力和缠身的烦恼,是体验快乐的主要羁绊。只有管理好压力,驱逐烦恼,我们才能轻松释怀,心无焦虑,分享快乐的心情。

　　管好压力,驱走烦恼,快乐也就回来了!

第七章　善管理压力者快乐

压力过大,这是在职场中人们抱怨最多的一句话。现代职场就像一口高压锅,身处其中的人都常能感到过大的压力。那么,压力是什么？该怎么管理呢？

第一节　压力是柄"双刃剑"

同如任何事物都有正反两方面的意义一样,压力也是柄"双刃剑"。

一、压力适度是必需的

没有压力,人生就没有动力。

(一)什么是压力

压力在物理学上是两个物体接触表面的作用力。

而我们讲的是心理压力(也称精神压力),是个体在生活和工作适应过程中一种身心紧张状态。这种紧张状态源于环境要求与自身能力不平衡,并通过心理和生理的反应而表现出来。总的说来,人的心理压力来源于社会、生活和竞争三个压力源。

据研究,现在人们面临的压力是20年前的5倍。为此,有90%

的人打破了正常的生活规律,难怪有人抱怨并出现了情绪问题。以至于有人希望能在没有压力的情况下快乐地生活与工作。

但是,没有压力可能吗？没有压力真是好事吗？

(二)没有压力不可能,也不是好事情

完全没有心理压力的情况是不存在的。我们假定有这样的情形,那一定比有巨大心理压力的情景更可怕。换一种说法就是,没有压力本身就是一种压力,它的名字叫做空虚。无数的文学艺术作品描述过这种空虚感。那是一种比死亡更没有生气的状况,一种活着却感觉不到自己活着的巨大悲哀。为了消除空虚感,人们常寻找一些压力和刺激,如竞争、极端、运动等。

离开了压力和刺激是会出问题的,著名的"感觉剥夺"实验证明了这一点:

1954年,加拿大麦克吉尔大学的心理学家首先进行了"感觉剥夺"试验:实验中给被试者戴上半透明的护目镜,使其难以产生视觉;用空气调节器发出的单调声音限制其听觉;手臂戴上纸筒套袖和手套,腿脚用夹板固定,限制其触觉。被试者单独待在实验室里,几小时后开始感到恐惧,进而产生幻觉……在实验室连续待了三四天后,被试者会产生许多病理心理现象:出现错觉幻觉;注意力涣散,思维迟钝;紧张、焦虑、恐惧等。被试者在"感觉剥夺"试验七天后,出现了更多的病理心理现象:出现错觉、幻觉,感知综合障碍及继发性情绪行为障碍;对刺激过激,紧张焦虑,情绪不稳;思维迟钝;暗示性增高;各种神经症症状。另外,美国心理学者的"感觉剥夺"试验,也说明个人在被剥夺感觉后,会产生难以忍受的痛苦,各种心理功能将受到不同程度的损伤,经过数日以上的时间才能

逐渐恢复正常。

创造力是人的智力和体力在紧张状态下才出现的有益的创新活动,这种紧张状况,需要刺激与压力,否则人的创新、激情、活力都将消失。

生活中,必须有适当的刺激与压力,才可能激进个体更好的发展,才可能使其去竞争、去创新。对有些人来说,刺激与压力不是太多,而是太少了。因而出现了"橡皮人综合征"。

"橡皮人"一词源于著名作家王朔在1986年发表的一篇小说,描写了一个社会群体或一种社会人格,他们没有神经、没有痛感、没有效率、没有反应,整个人犹如橡皮做的,不接受任何新生事物或刺激,对批评与表扬都无所谓,没有耻辱感和荣誉感。

"橡皮人"的特征类似于美国作家格林小说《一个枯竭的案例》所描写的那样,一个建筑师功成名就后身心俱疲,最后只有逃到非洲森林。然后呢,产生了美国精神分析学家随后提出的"职业枯竭"症状——一种和"橡皮人"类似的病症——情绪枯竭、才智枯竭、生理枯竭、价值枯竭,既无人性化,也无成就感。这些无梦、无趣亦无痛的"橡皮人"现在依然存在。曾有份《中国"工作倦怠指数"调查》,70%的被调查者出现工作倦怠;再有《中国翰德就业报告》,57%的被调查公司表示职业枯竭情况加重。有心理学家发表观点,以前一个中国人工作十多年才枯竭,现在经常一两年就枯竭了——现代社会的流水线模式提高了效率,却降低了人的成就感。

如果以下特点已显现,那就要考虑自己是否有点像个"橡皮人"了。

橡皮富有弹性,不论你怎么拉扯,它都可以顺着你,显示出"橡皮人"逆来顺受的特点,他们不再积极主动,不再富有激情,老板让怎么样就怎么样,就好比是一根随便老板拉扯的橡皮。

橡皮如果不再用力,又会恢复原样,显示出"橡皮人"的惰性,一定需要老板用力地拉着、管着、监督着,不然就会变成原来的样子。

橡皮具有绝电缘、防水的特性,显示着"橡皮人"神经麻木,不容易受到别人的影响,但也更多地活在自己的世界里,没有快乐,整天被工作耗尽心力,疲惫不堪。

橡皮摩擦会发热,显示着"橡皮人"如果想要改善这种情况,是需要自己努力的。可以通过学习、进修等方式来提升自己,让自己走出"橡皮期"。

以上特点归纳起来,就是一句话:这些人不再感受到压力,因而缺乏活力。可见,没有压力感受的生活,是多么的空虚和可怕。

(三)压力是积极的作用

适当的压力,会给个体带来以下几个方面的积极作用:

第一,能够提高个体对环境的适应能力。压力源常来自周边环境的变化,如我们能及时应对变化了解环境,生活与工作的适应力就会得到明显提高,就会承受并适应更大的环境变化。

第二,能提高自身的能力与素质。每承受一次压力并与之适应,都是自身能力与素质得以提高的过程。举重运动员每增加一次法码的重量,都会带来一次新的压力,而正是适应并力克新增重量,才使其能力和素质得以新的提高。美国黄石国家公园曾一度消灭了狼群。由于没有生存威胁的压力,食草类动物体质大幅下降,后重新引进狼群,面对生存的压力,这些动物通过"优胜劣汰"的法则,使其种群质量得到迅速提高。

第三,能有效地完成更加有挑战性的工作,提高绩效和自我实现。能承受压力并化解压力,给个体带来心理上的喜悦和自我实现的成就感,并为之而乐于接受新的挑战并努力实现。这种心理状态,无疑对个体各种绩效的提高和体现更大的人生价值具有重要的推动和促进作用。

"凤凰和鸡"的故事,就比较形象地说明了这一点。据说,凤凰一不小心到了鸡群里,发现自己凤立鸡群,很有优越感,同时不知不觉地像鸡一样啄食、走路,生活习惯渐渐一致,凤凰也就慢慢地变成了鸡。另一种情况是鸡到凤凰群里,常自叹不如,深感惭愧,在重压下,不断向凤凰学习,一样地走路,一样地觅食,慢慢地进化成了凤凰。笔者一朋友大学毕业后,在一基层单位工作,并很快小荷露出尖尖角,被领导委以重任,大小也成了个人物。后被调动至某领导机关,此处人才济济,这位朋友不再算什么人才了,感觉到自己话不会说了,字也不会写了,压力巨大。而正是在这种压力下,他不断自我调适,努力提高,不仅较快地适应了新环境、新工作,个体素质也得到明显的提高。

因此,没有压力是不可能的,而且也不是什么好事,适当的压力是必需的。但是,压力过大也是有危害的。

二、压力过大是有危害的

压力过大就是个体在工作、生活乃至持续发展过程中承受的压力超出了自身的承受范围,超负荷的运转状态。

日复一日的体力和心理付出,消耗着你的热情、耐心和工作动力,出现焦躁、抑郁等心理障碍,严重时就会出现心理衰竭。其表现为情绪衰竭:虚弱、紧张、麻木、无热情;自我丧失:对人对己不关心、疏远、冷淡;个人能力下降:无助、表现差、老出差错。

同时,压力过大还增加了人们得糖尿病、高血压、肥胖,甚至心脏病及骨质疏松等疾病的几率。最严重的就是过激行为猝死甚至自杀,在这方面,职场人士尤为突出。据医学资料统计,大约75%的员工身心疾病都与压力有关。据统计,因员工压力过大造成的员工经常性的旷工、心不在焉、创造力下降而导致的企业生产力损失,仅在美国每年就超过1500亿美元。

2011年,美国苹果公司失去了一位富有远见卓识的天才,人类失去了一位了不起的成员——史蒂夫·乔布斯。我们在为年仅56岁的英才扼腕叹息的同时,心中也鸣起了警钟:为何那么多的知名企业家英年早逝?

据统计,在2010年1月到2011年7月的19个月里,知名上市企业中就出现了19名总经理/董事长级别的高管离世。在这19名逝者之中,因患病而亡者的比例最高,为12位,达到63%;因抑郁原因自杀身亡的4位,占21%;另外3位则系意外身亡。

抛去数字不谈,就说说我身边的一些企业家朋友的生活状态吧!我身边有许多关系不错的企业家朋友,属于业界的佼佼者。他们功成名就。在外界看来,似乎没有什么可抱怨的。但事实上,他们中的不少人却常常感叹:无论是身体上还是精神上都不自由。经常出差,成了名副其实的"空中飞人";常常在外边应酬,和家人一起吃饭、聊天、陪孩子的时间很少,几乎很少享受天伦之乐。由于事业所带来的极大压力,他们之中很多人的健康状况也是每况愈下或者长期处于亚健康状态,心理压力也异常巨大。

中国企业家调查系统2010年调查显示:90%的企业家认为自己

"压力很多"或"压力较大",幸福感明显下降。

如果认为企业家心理压力大,一般员工就好些,那就错了。大家熟知的富士康"跳楼门"中,仅2010年半年,就有13名员工跳楼自杀。

企业如此,其他行业呢?"新华社发布"客户端兰州于2014年11月17日发专电(记者张文静、梁军),甘肃省定西市临洮县政府16日通报,该县副县长杨东平16日凌晨1时许心源性猝死在家中。这距8月15日凌晨,该县原县长柴生芳心源性猝死仅有三个月。两名县长接连猝死,引发社会舆论对基层干部健康问题的关注。受访的干部群众普遍认为"心理压力过大"是导致基层干部身心健康每况愈下的主要原因。由此让人回想起四川省北川县"5·12"抗震救灾模范人物县农办主任董玉飞在其暂住地自杀身亡前所留下的一段话:从抗震救灾到安置重建,我每天都感到工作、生活压力实在太大,我的确支撑不下去了。我想好好休息一下……

可见,压力太大,真是能害死人的呀!

三、压力需要管理

没有压力不可能,压力太大又有极大的危害性。因此,面对压力,怎样才能趋利避害呢?关键是要对压力进行有效的管理。

压力的管理,应探讨三个方面的问题:压力管理的内容、目标以及谁来进行管理。

(一)压力管理的内容

压力管理的内容,主要体现在三个方面:维持良性压力,消除恶性压力,在良性压力过大时适时予以减压。

良性压力也称为正面压力、积极压力,是一种令人愉快并具有建设性作用的压力。这种压力可以转换为一种动力,让个体充满活力。这种压力可通过自设人生目标和对目标不懈的追求来实现。在目标的设定上可确定一个长远目标和若干个阶段性目标,当每一个阶段性目标一旦实现,在分享喜悦的同时随即向下一个阶段进发,让自己始终有追求,时常有压力,而这些压力促使自己去奋斗并获取成功的喜悦。

恶性压力是那些超出自己预料而无法控制的压力,可能造成注意力狭窄、思维僵化、产生恐惧与逃避心理等负面作用的压力。如这些压力不尽快消除,可能引发个体在情绪和行为上的失控,并且导致身心疾病乃至重大意外事件。因此,及早察觉、妥善处理这种压力是压力管理的重要内容。

即使是良性压力,也得奉行适度原则。压力太小,达不到刺激及激励的作用;压力太大,目标定得太高太远,让人可望而不可即,或为了实现这高远的目标,日复一日、年复一年地付出,也可能会因呕心沥血而积劳成疾,把本来是良性的压力转化成了恶性压力。因此,在良性压力过大时,适当减压就是必要的了,这也就成了压力管理的重要内容。

(二)压力管理的目标

压力管理目标的确定应考虑两个方面的因素:压力大小与个体身心状态及工作表现的关系。压力太小,无法激活活力,成为不了动力;压力太大,又易转化为恶性压力。而压力太小与个体身心状况的最终结合点,就是我们压力管理的目标。通过图7-1我们可以看到,在一个阶段里,压力适时地增大,对身心状况及工作表现是有积极作用的,但到了一定的峰值后,个体就会产生疲劳,如不适当减压反而继续增压,个体就会感受到衰竭,如压力还要继续增加,个体可能因此而崩溃。

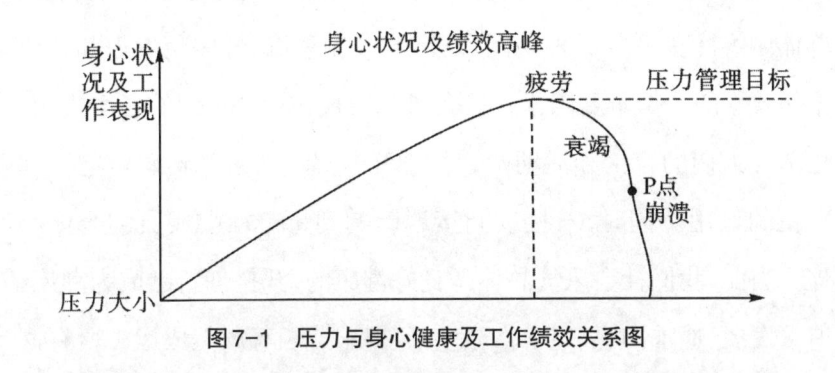

图7-1 压力与身心健康及工作绩效关系图

所以,确定并恰到好处地把握了压力管理目标,就可适时地增压或减压,以充分激活个体的最佳状况而不至于出现负面效果。当然,由于每个人的个体差异,这种目标的确定,增压、减压的实施,是因人而异的。

(三)压力管理的主体

压力管理的主体即谁来对压力进行管理。对压力管理的主体可以分为三个层次:每个个体、相应的机构以及社会氛围。

个体及机构对压力的管理,后面将专门论述,此处着重分析一下社会在压力管理中应具有的作用。

社会在压力管理方面的作用,主要应体现在营造一种良好的风气,使个体感受到一种宽松而舒心的社会氛围。减少社会生活中不良风气带来的心理压力,并使其已有的压力得到合理的释放。

当前,人们心理压力很大一部分来源于社会风气及所营造的社会氛围。社会风气是指社会上或某个群体内，在一定时期和一定范围内相仿效和传播流行的观念、爱好、习惯、传统和行为。它是社会经济、政治、文化和道德等状况的综合反映，同时也表现出一个民族的价值观念、风俗习惯与精神面貌。从微观角度考察，实际上这是群体中人际关系的一种氛围，是影响群体意识、群体凝聚力和群体工作效率的一个重要因素。社会风气表现在社会生活的各个方面，渗透在人们的言论和活动中，对人们的思想、心理和情感常起潜移默化的作用。同时，直接或间接地影响到每个社会成员的个体心理。当前，我们社会风气总体是良好健康的，开拓创新已成为潮流，追求发展、追求知识、追求富裕生活、追求成长等蔚然成风。所有这些都体现了时代精神，表现了一代人的新风尚。但另一方面，对传统观念的裂变和否定与对新观念的理解之间的矛盾，使一些个体素质较低和缺乏批判能力的人们染上了不良的风气。例如当前的超前消费风、结婚摆阔气讲排场风、过年过节还不完的"人情债"、送不完的"份子钱"，以及"望子成龙"、"望女成凤"的心理，左邻右舍、同事朋友的相互攀比，无不给个体带来巨大的心理压力。因此，坚决反对和制止不良社会风气的蔓延，倡导良好的社会风气，是压力管理的重要内容。

第二节　压力的自我管理

在社会、机构、个体自身三个管理者中，应该说个体自身具有最为重要的作用。因社会及机构的压力及其管理效果必须通过个体自身才能感受到，个体的不同差异，决定着所感受到的压力的大小。同时,社会机构对压力管理所做出的努力,也必须通过个体自身才能得以实现。所以,管理压力,重点应放在个体自身。那么,个体应如何进行压力的自我管理呢?

一、找准压力源

只有找准了压力源,才能对压力进行有效的管理。

个体的压力源主要来自社会环境、日常生活事件以及职场相关因素。

社会环境即社会所营造的风气和氛围,前已作了分析。此处仅分析另外两个压力源。

(一)来自生活事件的压力源

因为生活工作紧密相连,有些职场压力来源于生活事件。

心理学家根据不同的生活事件会引起不同的心理压力而编制了生活事件量表。从高到低描述了会引起心理压力的生活事件。每一事件都对应一定的分值,当一年之内所发生的生活事件的分值累加起来,就可以预见自己近期发病的可能性。比如,累计得分在150分到199分之间,今后几个月内发病的概率是37%;200分到299分之间,那么一年内发病的可能性为51%;若是累计超过了300分,其发病的可能性就会增加到79%。

表7-1 生活事件量表

序号	生活事件	平均分值	序号	生活事件	平均分值	序号	生活事件	平均分值
1	丧偶	100	14	新家庭成员的诞生	39	27	开始或结束学校教育	26
2	离婚	73	15	调整工作	39	28	生活条件的改变	25
3	夫妻分居	65	16	经济地位的改变	38	29	改变个人的习惯	24
4	坐牢	63	17	其他亲友去世	37	30	与上司闹矛盾	23
5	直系亲属死亡	63	18	改变工作行业	36	31	工作时间或工作条件的改变	20
6	受伤或生病	53	19	一般家庭纠纷	35	32	迁居	20
7	结婚	50	20	借贷大笔款项	31	33	转学	20
8	失业	47	21	取消抵押或贷款	30	34	娱乐方式的改变	19
9	复婚	45	22	工作责任的改变	29	35	宗教活动的改变	19
10	退休	45	23	儿女离家	29	36	社会活动的改变	18
11	家庭成员发生健康问题	44	24	触犯刑法	29	37	少量抵押和贷款	17
12	怀孕	40	25	取得杰出的成绩	28	38	改变睡眠习惯	16
13	性生活不协调	39	26	妻子开始或停止工作	26	39	家庭成员居住情况的改变	15

续表

序号	生活事件	平均分值	序号	生活事件	平均分值	序号	生活事件	平均分值
40	包含习惯的改变	15	42	过重大节日	12			
41	休假	13	43	轻度违法	11			

(二)来自职场的压力

作为一个职场人士,职场是其人生的主战场。而正是这个主战场,充满着竞争与博弈、挫折与机遇、成功与失败。这一切,既可能给人带来无比的欢乐,也可能带来诸多悲惨与压力。因此,对一个职场人士来说,职场也是人生压力的主要来源。

职场上的压力源,主要来自以下几个方面:

第一,来自于职业本身。自己所从事的工作或与自己的个性不匹配,所干的工作并非自己有兴趣或向往的职业,而仅仅是一个谋生的手段,感到很别扭。或者这个岗位与自己的能力不匹配,要么高能低岗,自感屈才,有能力却发挥不出;要么高岗低能,干起吃力,时常力不从心而心力交瘁,压力很大。职业对人的困扰还表现在自己对所在岗位定位不明,要求不清,常出现角色模糊,不知如何干好本职工作的问题。或者就是被多头管理,无所适从,从而出现较为严重的角色冲突,导致自身烦闷不快。

第二,来自职场前景。对自己职场生涯缺乏规划,发展路径不明晰,发展通道狭窄甚至被堵塞,晋升希望渺茫;新人成长迅速,相比而言,自己知识结构显得落后老化等,都易造成心理负担沉重,心理压力过大。

第三，来自对职业保障条件不满意。如薪酬低于自我期望，企业管理及企业文化差强人意，工作环境自认为恶劣，工作中缺乏人文关怀，行业竞争趋于激烈，对工作岗位缺乏安全保障等。

第四，来自工作中的人际关系。人际关系紧张，常常是导致我们内心冲突的重要压力来源。工作中，与上下级关系相处不好，在同事中缺乏亲和力，与客户关系紧张，都是其重要的表现。

第五，来自于职场结构的变化或不确定性。在一个充满着发展与变化的今天，行为调整、企业重组、管理变化是经常发生的。这些变化，大凡都会对职场人士造成心理上的冲突，如准备不足或应对乏力，势必会深感压力。

二、压力察觉及判断

不同个体对同样压力的反应是不同的，因为每个人的压力阈限（压力引起反应的最小单位）是不一样的。压力来临，如果你能及早察觉并进行相应处置，压力带来的危害会明显降低。那么，压力有什么样的征兆可供及时报警呢？一般说来，有以下四个信号以供其察觉：

(一)生理信号

生理信号主要表现在头痛且频率和程度不断加深；皮肤干燥、刺痛；消化系统疾病，如胃痛、消化不良或溃疡扩散；心悸和胸部疼痛；肌肉紧张，尤其是头脑、颈部、肩部、背部。如出现这些信号，就得引起高度重视，否则将可能带来致命的伤害。2012年12月，国内很多媒体都发布了一条令人扼腕的消息：北京一位23岁的女白领方某,在微博中喊"胃病",但忽视了去处置,两天后因胃溃疡丧命。后来,《凤凰网财经频道》刊登了由中广网收集整理这个年轻白领在这几天所发的微博,看后让人叹息。现选登如下,以期引起人们对相关压力信号的高度重视。

方某的微博(节选)

在这里见识了太多生死离别,大家真是应该珍惜健康珍惜身边人。12月15日16:15

此般欢乐。以前喜欢生病,觉得病了有人照顾。现在觉得生病才叫那个悲惨。连假都请不出来。12月15日13:58

我这是怎么了。刚刚不觉得胃痛。这就开始发烧了……12月14日22:44

求胃药……痛死了。12月14日17:20

我印象中自己有个铁胃,怎么也会痛到这般地死去活来。12月14日10:43

我有逃避症。12月14日09:48

长期睡前洗头种下了我的偏头痛,每天晚上九点后进食,吃完就睡养成了我的胃出血。年芳23,落下一身病。12月14日00:56

今天因为别人的帮助而变得舒畅和美好。明天我也要帮助别人。献给别人我的无私和感激。12月13日21:18

一天到晚这么吃。用我妈的话,这叫吃光喝光身体健康。不过我觉得我最近身体也出问题了。事实证明,吃得少,比较健康。11月19日23:44

我心情特别不好。据说心情总是不好的人身体是不会好的!!! 10月30日19:05

(二)情绪信号

情绪是对一系列主观认知经验的通称,是多种感觉、思想和行为综合产生的心理和生理状态。最普遍、通俗的情绪有喜、怒、哀、惊、恐、爱等,也有一些细腻微妙的情绪如嫉妒、惭愧、羞耻、自豪等。情绪常和心情、性格、脾气、目的等因素互相作用,并按其发生的速度、强度和持续的时间可分为心境、激情、应激三种状态。心境是一种微弱、弥散和持久的情绪,即平常所说的心情;激情是一种猛烈、迅速和短暂的情绪,即平时所说的激动;而应激则是机体在内外环境因素及社会、心理因素刺激时所出现的全身性的高速且高度紧张的情绪状况。一般而言,压力来自临时的情绪信号,主要表现在心境和激情状态方面。出现消沉和经常性的忧愁;烦躁或喜怒无常;丧失信心和自负自大;精力枯竭,缺乏积极性;疏远感增加,对人对事没兴趣。

(三)精神信号

精神信号主要表现在注意力不集中,常有恍惚感;优柔寡断,缺乏信心;记忆力明显下降;判断力明显削弱,并造成过错;持续对自己及周围环境持消极态度。

(四)行为信号

行为方面主要表现在吸烟、饮酒的量明显加大以求放松;人际交往明显减少,感到自己无法应对;很难自我放松,坐立不安。这时一个很明显的状况就是睡眠质量变差且经常失眠。笔者曾一度被安排到一个经营状况很困难的企业做领导,对此深有感受。经常是为了一单业务成交,常常是很晚睡不着觉,天不亮又醒了。

如果上述信号在一段时间里持续增多,就应该考虑自己是否压力过大并有些难以承受了。如是这样,就可能出现亚健康问题了。

亚健康是针对健康而言的。它是一种临界状态,处于亚健康状态的人,虽然没有明确的疾病,但却出现精神活力、适应能力和反应能力的下降,如果这种状态不能得到及时的纠正,非常容易引起身心疾病。亚健康即指非病非健康状态,这是一种次等健康状态,是处于健康与疾病之间的状态,故又有"次健康"、"第三状态"、"中间状态"、"游移状态"、"灰色状态"等称谓,我国普遍称为"亚健康状态"。它具体分为躯体亚健康:营养过剩和营养失衡同时存在,体质较弱;心理亚健康:面对压力产生的各种消沉心理;情感亚健康:对很多事情都很冷漠,使自己的"心理领空"越来越狭小;思想亚健康:与社会规范相冲突,并常有反社会情绪;行为亚健康:行为方式上的程式化并常有偏激行为出现。

亚健康状况容易给人身心带来较大的破坏性作用,必须早察觉、早调适。因此,亚健康的出现就应启动压力预警系统。

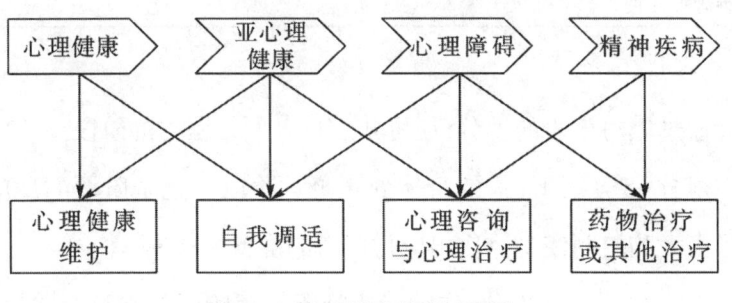

图7-2 心理健康状态示意图

由于我们多数人都在第一、二阶段,所以做到健康心理的自我维护和自我调适就非常重要。

(五)压力判断

压力察觉后,就要对压力的大小及时予以判断,以便有针对性地进行调适。对此,有学者编制了一张压力的测量表,不妨一试。

表7-2 压力测量表

压力反应	5分	10分	20分
心跳加速			
体温降低			
血压降低			
肌肉松弛			
呼吸急促			
感到口干			
肌肉紧绷			
没有热情			
感到心烦			
不想做任何事情			
想睡觉			
不想见任何人			

通过填写该表的得分,便可知道自己所处压力的阶段。

得分65分以下:你的身体处于警觉阶段。这个阶段的反应主要是由大脑控制使身体作出应付压力的准备。

得分66分至130分:你的身体处于抗拒阶段。在这个阶段中,人体显然已经对压力来源产生抗拒。虽然个体对原先的压力来源有了较大的抗拒力,然而对其他压力来源的抗拒力反而降低了。

得分131分以上:你的身体处于衰竭阶段。你已经把自己置于一种非常大的压力之中,并且无法看清压力来自何处。

三、妥善处置压力

人生中,压力总是客观存在的。压力本身并无好坏,只是大小和如何管理的问题,我们探讨压力源,强化对压力的察觉和判断,其目的就是如何进行妥善的处置。

(一)接纳压力

压力既然是客观存在的,就必须善于接纳,而只有善于接纳,才不会被压力击垮。我们知道,以前的车轮是木或铁做的,是实心的,现在的车轮是橡胶做的,且是空心的。为什么要做这一改变?就是因为前者太硬太实,无法接受坎坷路面的各种冲撞力而易破损,而且让乘客颠簸不已;而后者有着相当的软性和足够的空间,能接纳各方力量而行千里,同时,没有硬碰硬的颠簸,让乘客分外舒适。

人生之事不顺其心者十有八九,因而压力本身就是生活的常态。有人曾用杯子比喻人生,调侃地认为人的一生就是伴随着各种"杯具"而走过来的,如图7-3所示:

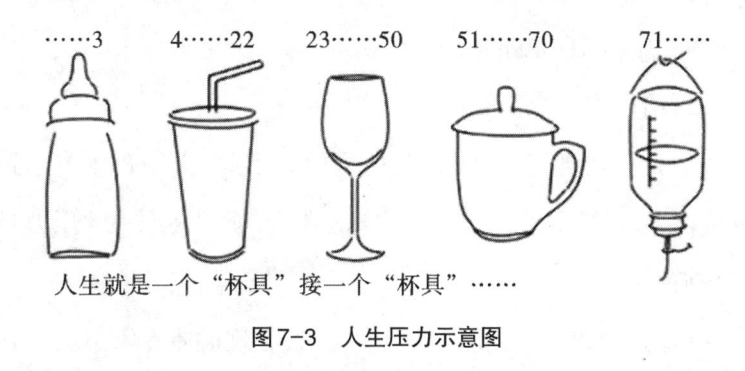

人生就是一个"杯具"接一个"杯具"……

图7-3 人生压力示意图

杯具,本是一种饮水容器,但在网络语言中与"悲剧"同音。因而也常表"悲剧"之意了。而人生,则真是陪着"杯具"走过来的。人生确实是一个杯具接一个杯具进化的过程:从呱呱落地开始,就是靠奶瓶子,从咿呀呀的哭声中就开始接受了第一个杯具;四五岁从幼儿园开始到离开大学学堂,父母为让儿女营养充分,长好身体,就一直让牛奶饮料来滋补我们,这是第二个杯具;终于走上社会,到中年,人生价值观有了进一步认识,为了生活为了前途为了那个家,就是在酒杯碰撞声中度过,这是人生的第三个杯具;老了,儿孙有了,该是采菊东篱下休闲消散的时候了,开始学习品茶,这是我们用的第四个杯具;遗憾好景不长,因为几十年的操劳,茶还没喝好,就走进了医院,开始靠盐水点滴来维持我们最后的生命,也是这个时候,人生用完了最后一个杯具,人离走向坟墓也不远了。

人生既然离不开这些杯具,那么自然躲不掉另外一些悲剧。没有悲欢离合,哪来久别重逢的喜悦?没有舔尝过失败的痛苦,哪来感受成功的快乐?没有人生的压力,哪有前进的动力?

因此,只要我们还活着,"杯具"与压力必然与我们同行。既然你躲不掉、赶不跑,就要学会接纳,从容相伴,并力争将压力变成动力,成为人生源源不断的活力!

(二)给压力开个口子

压力是必需的,但太大是有危害的。因此,必须在压力达到一定程度时,要给它开个口子,适当宣泄减压,就像高压锅的压力必须适时排放一样。

在压力太大自己感受到难以承受时,心理健康专家给大家开的药方就是"一吸二离三宣泄"。一吸就是在自己感受压力不高兴时,通过自我察觉立刻做深呼吸,并严格按照"五步法"进行,即想象优美的环境—慢吸气—停顿5秒至8秒—慢呼气—积极自我暗示。二离,即暂时离开现场,克制愤怒,不马上做出反应,延迟一下自己的行为。三宣泄即暂离现场后,找个别的场合转移情绪,其方式有说一说、写一写、动一动、哭一哭、喊一喊、笑一笑。在不伤及他人、不伤及自己的前提下,适当地宣泄,效果很好。

以前看到一个故事,说一位先生正要睡觉时,家中电话响了,他拿起电话后,对方是一位夫人,这位夫人在电话中大声诉说着自己先生的不是,弄得这位接电话的先生丈二和尚摸不着头脑,便说:"夫人,你说的这些我从来没听说过呀,你是谁呀?"对方说:"你别慌,再听我说说。"这边听电话的人越听越不明白,便说:"夫人,我们好像不认识嘛?"那边说:"是的,我们的确不认识,我没有这么蠢,把家里这些丑事告诉认识的朋友,我是拿着电话随意拨了一个号,不过我得谢谢您,您让我把想说的话说完,现在我心里好受多了!"这一故事,充分印证了一心理原理:发表就是减轻。

(三)适度自我放松

人在焦虑、紧张、感受到压力时,如能适度地自我放松,也是一种十分有效的减压方式。这里介绍几种简易而效果又十分明显的方法。

一是深呼吸法。呼吸练习是自我催眠里一种很简单的放松运动,具体操作方法如下:

精神集中于你的鼻子,感受你的呼吸过程。

一边缓慢地通过鼻腔深吸一口长气,一边在心中慢慢地从1数到5。

屏住呼吸,从1数到5,心中默念:深呼吸。

5秒以后,缓慢地用鼻腔呼气,呼的时候,心中慢慢地从1数到5。

重复以上过程10次。

当我们紧张焦虑时,我们的呼吸节奏会不由自主地加快,而且是胸式呼吸,而我们的腹肌、膈肌几乎没有参与收缩。那么,要想排除焦虑等情绪简单易行、最有实效的,就是深呼吸,即腹式呼吸法。

这种呼吸法的具体要求是:长长地吸气,再缓缓地呼气。让你的膈肌做缓慢的升降,腹肌做有力的回收,尽力能有那种"前心贴后背"的感觉,然后再放松。必要时你可配以头的来回上仰和下垂、双肩的上下提升,以及用数数"1、2、3、4……"的方式来控制呼吸的速度。

做此练习的时候,注意感受你身体的变化。有没有觉得平静多了?继续反复练习,次数越多,你越能感到心情平静、精神集中、充满活力、全神贯注。

在心平气和、机体松弛的状态下,采用坐姿,进行短呼吸练习,渐渐加长。用鼻吸鼻呼,吸气时,尽量充满,肺底舒张,腹部外突。呼气时下腹收缩,横膈膜推而向上抵住肺部,使肺部浊气排遣无余。

二是渐进性肌肉放松法。渐进性肌肉放松法,最早由美国生理学家埃德蒙·杰克勃逊于20世纪30年代创立。后来逐步完善,成为目前一种良好的解压放松法。在这种放松妙招的每一个步骤中,最基本的动作是:

紧张你的肌肉,注意这种紧张的感觉;

保持这种紧张感3秒至5秒,然后放松几分钟;

最后,体验放松时肌肉的感觉。

渐进性肌肉放松要求对全身肌肉进行放松。放松的程序是:

足部：把脚趾向后伸，收紧足部的肌肉；然后放松。重复。

腿部：伸直你的腿，跷起脚趾指向你的脸；然后放松，弯起你的腿。重复。

腹部：向里向上收紧腹部肌肉；然后放松。重复。

背部：拱起背部，放松。重复。

肩部/脖子：尽可能地耸起你的双肩，头部向后压；放松。重复。

手臂部：伸出双臂、双手，放松，弯起手臂。重复。

脸部：紧张前额和脸颊，皱起前额，皱起眉头，咬紧牙关。

全身：紧张全身肌肉，包括足、腿、腹部、背部、肩颈部、手臂和脸。保持全身紧张几分钟，然后放松。重复。

做完后，若仍感到紧张，可重复一次。如果仅是一部分身体还感到紧张，可重复此部分的练习。

渐进性肌肉放松应该每天练习三次，直到你做完练习后能够达到完全放松为止。

三是想象放松法。做想象放松前，要求放松地坐好、闭上双眼，然后想象最感舒适、惬意、轻松的场面。常见的情景是在大海边，我带着愉快的心情，来到美丽如画的海边。我轻轻地躺在松软如绵的海滩上，温暖、和煦的阳光照射到我的全身。我感受到了沙滩的绵软、阳光的温暖。微风带来一丝丝海腥味，海涛在有节奏地、轻柔地拍打着岸边，我愉快地聆听着这美妙的波涛声。我全身感到无比的松软、温暖、舒服。真的舒服，舒服极了。

(四)关于化解压力

处置与化解压力，要培养积极心态，重组认知结构，掌握善于辩证认识、合理控制情绪等办法。鉴于结构的考虑，放在以后的章节中予以阐述。此处将介绍具有操作性的四个招数。

第一招,有序解决,不搞积压叠加。

首先,按照压力源,一一对应,尽快解决,尽量让压力单一化、简单化。有些时候,压力来源和压力本身是易解决的,但一拖,与后来的压力交织在一起,解决起来就比较困难了。但如工作较多,压力源也有交织,就按"紧张—重要"的原则,进行区别对待,按优先原则,分序解决(如图7-4)。

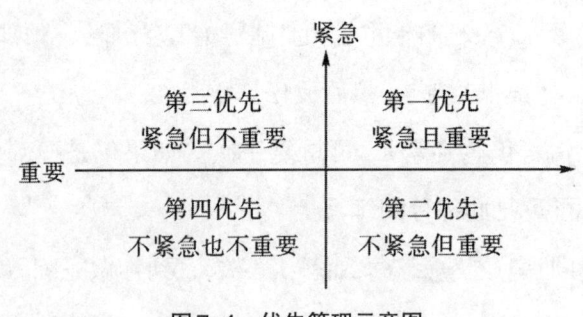

```
                    紧急
                     ↑
        第三优先    |    第一优先
      紧急但不重要  |   紧急且重要
                    |
  重要 ─────────────┼───────────→
                    |
        第四优先    |    第二优先
     不紧急也不重要  |  不紧急但重要
```

图7-4 优先管理示意图

第二招,无法解决就暂停。

有些事,觉得很重要很着急,但一时又无法解决。如此,就暂时搁一搁,过几天再看,就觉得没有那么重要,那么着急了。事实上,我们生活中所遇到的令人担忧的事,多半都不是问题。曾经有人分析过人们所担忧的事,结果是40%不会出现,30%可以顺利解决,20%可以努力解决,真正能让你感到麻烦的仅10%。既如此,我们为什么要让这10%的事搅得自己整天吃不下饭、睡不着觉呢?

从心理学角度来看,有些一时解决不了的事,搁一搁,做点其他的事,再回头来思考这件事,也许还会收到意想不到的效果呢,在分析潜意识时说过这叫"酝酿效应"。在酝酿期间,个体虽在意识中终止了解决问题的思维过程,但其思维过程并没有完全终止,而仍然在潜意识中断断续续地进行着。通过酝酿,弱化了心理定势的效应,因而容易重构出新的事物,产生对问题新的看法,使问题得以顺利解决。有人用实验说明了这种效应。给被试提出的问题:"你面前有四条小链子,每条链子有三个环(如图7-5)。打开一个环要花2元钱,封合一个环要花3元钱。开始时所有的环都是封合的。你的任务是要把这12个环全部连接成一个大链子,但花钱不能超过15元钱。"(这个问题的解法是:把一条小链的三个环都打开,用这三个环把剩下的三个小链连接起来。)实验中的三组被试都用半小时来解决问题:第一组,半小时中有55%的人解决了问题;第二组,在半小时解决问题中间插入半小时做其他事情,结果有64%的人解决了问题;第三组,在半小时中间插入4个小时做其他事情,结果有85%的人解决了问题。在这个实验中,主试要求被试大声说出解决问题的过程,结果发现第二、三组被试回头来解决链子问题时并不是接着已经完成的解法去做,而是像原先那样从头做起。因此,可以认为,"酝酿效应"打破了解决问题不恰当思路的定势,从而促进了新思路的产生。所以,一时解决不了的事,可以先搁搁,别让它老烦你。

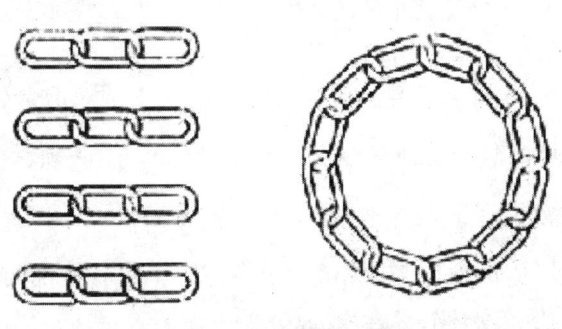

图7-5 "酝酿效应"示意图

在这方面的事例，还有非常有名的阿基米德发现浮力原理的故事。在古希腊，国王让人做了一顶纯金的王冠，但他又怀疑工匠在王冠中掺了银子。可问题是这项王冠与当初交给金匠的一样重，谁也不知道金匠到底有没有捣鬼。国王把这个难题交给了阿基米德。阿基米德为了解决这个问题冥思苦想，他起初尝试了很多想法，但都失败了。有一天他去洗澡，一边坐进澡盆，一边看到水往外溢，同时感觉身体被轻轻地托起。他突然恍然大悟，运用浮力原理解决了问题。不管是科学家还是一般人，在解决问题的过程中，我们都可以发现"把难题放在一边，放上一段时间，才能得到满意的答案"这一现象。阿基米德发现浮力定律就是"酝酿效应"的经典故事。

第三招，负重不堪就转移。

有的事，自行解决有困难，弄得自己心力交瘁。如有可能，就把它转移了吧。如是工作上的事，就授权与他人；如果是生意上的事，就让点份额给他人。权大责任大，放权可让人轻松；物多负荷重，多一物多一心，少一物少一念。如果是心理上的积郁，不妨找个朋友或心理医生倾诉倾诉，或者在不伤害别人及自己的前提下，适当宣泄一下，都可达到"发表就是减轻"的效果。

第四招，善于舍得会放弃。

在"熊掌和鱼不可兼得"的情况下，人必须对取舍作出决定。同理，当一些事情让你感到负荷难以承受的时候，必须学会放弃。人在江湖，常常很多事是身不由己的，不要可惜，更不要吝啬。再重要的事情，再巨大的成就与财富，当压得你喘不过气来的时候，面对健康与快乐，特别是一生只有一次的生命，放弃都是值得的。在这个问题上,壁虎是值得我们学习的,尽管它跑得不快,但被敌人咬住尾巴时,它能适时地放弃自己尾巴而保全性命,因而使这种弱小的动物能成活下来,而不像有些强大的动物因过于拼搏而从这个地球消失。

第三节 压力的机构管理

个体的压力源有自己生活环境、生活经历、自身认识等方面的因素,但同时也有相当的压力源来自职场因素。因此,作为个体所在的职场机构,对压力进行恰当的管理无疑是种真切的关怀,对员工身体健康、幸福生活具有极重要的作用。因此,可以说,机构对职工压力进行有效的管理,既是一种对员工的人文关怀,也是压力管理的必然要求。

一、员工压力管理重在趋利避害

由于压力是柄"双刃剑",所以机构对员工的压力管理也应是双重的:压力不足时,必须注重生成压力;而压力过大时,又必须释放压力。否则,都会影响到员工的身心健康和机构劳动生产力的提高。因此,机构对员工的压力管理应纳入企业管理的重要内容。

(一)机构压力管理的主要形式

机构压力管理的形式主要体现在两个方面:压力不够时,注重生成压力;压力过大时,适时减压。

首先,压力不够时,注重压力生成。就人性来说,大多数人更接近X理论的人性观,即趋利避害、贪图安逸、规避压力。因此,如果组织缺乏适度压力则个体便会处于低绩效状态。我国计划经济时代的"大锅饭"也正是因为高估人性,避免职场压力而导致了低效率,而在自由资本主义时期的资本主义竞争,却是将人性界定为"X人性观",生成职场压力而产生高绩效从而成为现代市场经济成功和繁荣的重要原因。因此,适度的职场压力是员工高绩效的保证。

那么,职场压力不足时,它又如何生成呢?影响职场压力生成的因素很多,如工作本身、人际关系、组织环境、个人因素等,在实施中,可考虑如下方式:

一是结合组织的工作进行压力生成。由于市场竞争日趋激烈,这必将使员工对工作的稳定性预期降低,他们常常担心会失去现有的工作岗位,这种担心会造成他们很大的职场压力。不仅如此,员工对自己未来工作的不确定性的知觉也会产生职场压力。安全常常作为职业选择的一个重要因素,员工的不安全感不仅包括维持现有的职业或专业岗位的安全,还应该包括未来职业发展的趋势与自己职业取向不一致引起的不安全。因此,良性的竞争意识是职场压力生成的一个原因。

二是运用良好的人际氛围及"逆水行舟,不进则退"和"后来者居上"的意识来进行压力生成。在学习型、知识型的机构里,不学习就会落后,不努力就会掉队。在这种情况下,人们常会产生压力,这种压力常常会变成动力。

三是运用组织机构及相应变化来生成压力。一个组织,如长时间处于某一状况,时间一长,人们便会习以为常。如机构结构适时优化,势必会造成个体对机构新的不适应。为此,必须不断调整和优化自己的知识和能力,才能跟上发展的步伐。

四是压力过大,必须适时减压。然而,在当今竞争激烈的社会,缺乏职场压力的组织已为数很少,多数机构的员工都感受到过大的压力。这些压力,已给员工们带来了许多身心疾患,不仅如此,职场压力给组织带来的损失还在日趋增加。据美国职业压力协会估计,压力以及其所导致的疾病每年耗费美国企业界3000亿美元;英国专家研究显示,每年由于压力造成的健康问题通过直接的医疗费用和间接的工作缺勤等形式造成的损失占整个GDP的10%。既然如此,对员工压力的管理以及适度减压就显得特别重要。

(二)机构压力管理应遵循的原则

对于员工职场压力的管理必须坚持三原则:

一是施缓配合下的适度原则。压力的度如何控制要以能否激励员工的能动性为准,当员工感受压力不足时,组织应该施加压力,但当压力过大时,组织又必须缓释压力。与此同时,我们还必须注意到不同的环境条件、不同的群体、不同的阶层、不同的个人,甚至同一个人在不同的场合和时间,所能承受的压力的大小是不同的。因此,在具体的压力管理过程中,又必须依据情况予以不同的对待和控制,坚持施缓配合下的适度原则,确保组织的高绩效。

二是组织支持下的以人为本原则。当职场压力过大时,它不仅损害员工身心健康,也破坏组织的健康发展,但必须坚持组织支持下的以人为本原则,比如或制订员工职业发展计划为员工提供各种职业培训,设置健康状况例行检查制度或在企业内设置放松室、发泄室、茶室等来缓解员工的工作压力。

三是个人努力下的学习成长原则。在当今知识和技术快速增长和革新的年代,任何个人都必须不断学习新知识、新技能,否则就会落后,就会被淘汰。因此,个人必须通过不断学习来增强自我的技能,提高自我素质,增加对职场压力的承受力和控制力。

二、员工压力管理既突出重点又兼顾各方

对员工进行压力管理必须有点有面,既突出重点又兼顾各方。

(一)机构压力管理的重点

机构对员工的压力管理,重点应放在对其心理健康的关心、维护和培养上。切不可为片面地强调机构的权威性、严肃性以及劳动生产率的提高而忽视员工的心理承受力,甚至损坏员工的心理健康。要将严格教育管理与注重人文关怀相结合。对员工既要严格要求、严格教育、严格管理、严格监督,又要关心爱护,健全激励、关怀、援助机制,尽力为员工排忧解难。要将早期预防与心理危机干预相结合。既认真抓好教育培训全覆盖,提高员工心理健康素养,又突出重点,对存在心理异常的人员特别是有心理危机的人员,做到早发现、早援助、早干预,建立员工心理健康服务体系。

要大力开展心理健康教育培训,提高员工心理健康素养。把心理健康教育作为员工教育培训的重要内容,促进心理健康知识入脑入心,使员工增强心理健康意识,掌握应对压力和解决心理问题的方法和技巧。机构应逐步创造条件,设立心理训练中心,加强心理健康指导,积极开展心理健康宣传教育,举办心理健康辅导讲座,普及心理健康知识,引导员工正确认识心理健康问题,提高自我调节能力。对心理健康风险较高的地区、部门和岗位,要有计划、有重点、有针对性地开展心理测试和心理调适活动,帮助员工用积极的思想认识事物,用平和的心态面对问题,用正确的方式处理矛盾。

建立心理援助机制,积极做好心理援助工作。密切关注员工的思想脉搏和情绪反应,耐心听取员工的利益诉求,及时帮助调整心态、排解困惑、疏通心结。健全心理咨询网络,开设在线交流、网络论坛、心理援助热线等,发挥基层党组织的作用,提供及时有效的心理咨询服务,引导员工进行合理的宣泄和心理减压。建立兼职心理辅导员制度,拓宽心理援助途径,根据不同人群的心理状态,有针对性地进行心理疏导。

(二)机构压力管理的主要内容

机构压力管理的主要内容就是要将压力调整到一个合适的强度,即与劳动生产率保持在最佳的位置。要达到这种状况,必须注意以下几方面内容:

一是注意人与岗位的合理匹配。机构要充分考虑员工是否与岗位匹配,以免低素质的人在高标准岗位的不堪重负或者高能低配以致无所事事,陡增烦恼与忧愁。

二是科学地设计绩效考核目标。绩效目标的设计一定要对员工既有压力又有动力,成为一个"跳起来能摘到手的桃子"。同时,要适时将工作业绩情况予以反馈,以使员工及时了解其工作绩效以及上级对其工作的评价和期望,有利于缓解压力。20世纪90年代以来,许多知名企业采用360度绩效反馈计划就是一个成功的范例,通过这个计划使员工从与自己有相互关系的所有主体那里获得关于自己工作绩效信息的反馈,进而缓解其责任压力。

三是积极提倡压力与鼓励并存。在给员工压力的同时,又得给予适当的奖励。这些奖励可以是精神的,也可是物质的。但若与其自我实现相结合起来,奖励的效果会非常明显。机构要努力创造各种条件帮助员工实现个人成长梦。知识经济时代,知识的更新速度加快,员工所拥有的知识随着时间会逐渐老化。因此管理者应增加对员工培训和开发的投资,为他们提供充电机会,使他们能够保持竞争优势的资本,减轻因为知识更新加快所带来的压力。

最后,要强调的是,即使良性的压力,对员工有激励作用,也必须保持在适度的范围。哲人说过,哪怕你掌握的是真理,但再向前迈出一小步,哪怕是方向相同的一小步,真理就会变成谬误。所以,不管是什么原因产生的压力,不管是来自哪个方面的压力,如过大过重,都可能把人击倒。

三、员工压力管理的EAP

EAP是员工压力管理中的重要内容。

(一)EAP含义及兴起

EAP(Employee Assistance Program),直译为员工帮助计划,又称员工心理援助项目、全员心理管理技术。它是由企业为员工设置的一套系统的、长期的福利与支持项目。通过专业人员对组织的诊断、建议和对员工及其直系亲属提供专业指导、培训和咨询,旨在帮助解决员工及其家庭成员的各种心理和行为问题,提高员工在企业中的工作绩效。它不仅仅是员工的一种福利,同时也是对管理层提供的福利。

EAP起始于20世纪50年代,最初的对象是二战老兵,直到70年代,它才被应用于企业。1971年,在美国洛杉矶成立了一个EAP的专业组织,即现在国际EAP协会的前身。这一机构的最初目标是为了帮助员工解决酗酒等不良行为问题。

到了80年代,EAP组织建立了CEAP协会(EAP认证咨询师),开创了EAP咨询师这一职业。作为一名专业的EAP工作者,CEAP需要达到EAP组织设定的标准,最重要的是对一些特定信息的保密。

近来,随着经济全球化进程的加快,企业规模不断扩大,出现了越来越多的跨国企业,领导层的流动性增加、员工离职率的增加等问题的出现,都引起了管理者的重视。同时,一些国家的政府对EAP的态度越来越积极,认为EAP不仅给企业带来收益,也给社会带来好处,因而EAP在政府部门、军队得到广泛应用。一些政府在立法方面加强了对EAP的监管,有助于EAP得到更多关注、尊重、规范和传播。据统计,目前世界500强中,有90%建立了EAP,美国有将近1/4的企业员工享受EAP服务。当前,EAP不仅运用于企业,也广泛运用于机关、学校等等。

在中国,2012年6月8日,《工人日报》发专文《EAP给员工心理健康》,把EAP作为企业文化,以及思想政治工作创新手段加以推广。

2013年6月17日,首届中国EAP峰会及EAP中国分会成立大会在北京举行。来自国家20多部委、60多家央企机构代表参加会议,标志着EAP正式在全国推广。

(二)EAP的工作特点及类型

EAP的重要特点是在保密状况下开展工作,专业的EAP咨询机构必须恪守职业道德,不得向任何人泄露资料,老板和员工都不必担心自己的隐私被泄露。

EAP服务对企业和员工双向负责,既为来访者的隐私保密,同时也协调参与劳资双方的矛盾,有重大情况(如危及他人生命财产安全)会同企业方及时沟通。

EAP服务为来访者建立心理档案,向企业提供整体心理素质反馈报告。

EAP服务方式多样,时间高度灵活,有24小时心理热线,有面对面咨询,有分层次、分主题的小规模心理培训,有大规模心理讲座。

EAP主要有以下几种类型:

一是根据实施时间长短,分为长期EAP服务和短期EAP服务。

EAP服务作为一个系统项目,应该是长期实施,持续几个月、几年甚至无终止时间。但有时企业只在某种特定状况下才实施员工帮助,比如并购过程中由于业务再造、角色变换、企业文化冲突等导致的压力和情绪问题;裁员期间的沟通压力、心理恐慌和被裁员工的应激状态;又如空难等灾难性事件,部分员工的不幸会导致企业内悲伤和恐惧情绪的蔓延……这种时间相对较短的员工能帮助企业顺利度过一些特殊阶段。

二是根据服务提供者,分为内部EAP服务和外部EAP服务。

内部EAP服务是建立在企业内部,配置专门机构或人员,为员工提供服务。比较大型和成熟的企业会建立内部EAP培训,而且由企业内部机构和人员实施,更贴近和了解企业及员工的情况,因而能更及时有效地发现和解决问题。

外部EAP培训由外部专业EAP培训服务机构操作。企业需要与服务机构签订合同,并安排1名至2名EAP专员负责联络和配合。

一般而言,内部EAP服务比外部EAP服务更节省成本,但员工由于心理敏感和保密需求,对内部EAP的信任程度上可能不如外部EAP培训。专业EAP服务机构往往有广泛的服务网络,能够在全国甚至全世界提供服务,这是内部EAP难以企及的。所以在实践中,内部和外部的EAP培训往往结合使用。

此外,在没有实施经验以及专业机构指导、帮助下,企业想马上建立内部EAP培训会很困难,所以绝大多数企业都是先实施外部EAP服务,最后建立内部的、长期的EAP。

(三)EAP的主要功能

EAP的功能主要从机构及员工两个方面得以体现。

一是对机构的功能。

通过实施员工援助计划可以更深入地了解员工的个人信息,针对性地为员工排忧解难,保持员工良好的工作状态,并且更易于培养员工的忠诚度。

机构预期获得收益如下:

(1)节省招聘费用;

(2)节省培训开支;

(3)减少错误操作;

(4)降低缺勤(病假)率;

(5)减少医疗费用支出;

(6)降低管理人员负担;

(7)提高组织的公众形象;

(8)提高员工士气;

(9)提高组织绩效。

二是对员工的功能。

如果机构所提供的这套援助计划,具有高度的保密性、实际的帮助性以及可操作性、便利性的话,可以帮助员工减轻不少来自家庭以及工作方面的压力,从而使员工能够全神贯注地投入到自己的职业生涯中,充分发挥自己的创造力及工作热情。

员工通过EAP能够:

(1)优化工作情绪;

(2)提高工作积极性;

(3)增强自信心;

(4)有效处理人际关系;

(5)增强适应力;

(6)克服不良嗜好(如抽烟、酗酒、吸毒等)。

(四)EAP的导入

企业在实施EAP项目时,往往会遵循如下的导入程序:

第一,明确负责EAP项目的职能部门。

员工帮助计划项目作为一套系统、长期的项目,项目本身涉及诸多环节,且环环相连,彼此互为支持和呼应;同时也要考虑与组织现有资源的匹配和融合,为此需要企业根据自身情况和项目本身的定位,明确项目的责任部门,以便统筹调度和组织实施。

第二,成立EAP导入的专项小组。

由负责EAP项目的职能部门牵头,成立EAP工作小组推动组织实施。在规模较小的组织中可涵盖在职能部门内部,规模较大的组织往往有其他职能部门人员介入,这些人员来自不同的部门,可以站在不同的角度提供意见,还可以发挥他们本身专长,如有些人善于沟通,有些人擅长促进宣传,还有些人可能有助于表达和推广,等等。

当然,该小组并不意味着组织内部所有职能部门均委派代表参与,总体负责的职能部门要根据组织内部的需要进行选择,最核心的目的是争取各部门的认同并集思广益，共同推进EAP项目的实施和执行。

第三，EAP项目方案的需求分析。

EAP项目工作小组应根据组织的特性和员工的需求，对EAP项目进行初步需求分析，为EAP模式的选定、专业机构选择作好相应准备。

通常情况下，如果组织倾向于采用外部模式，该项工作往往由外部专业机构协同进行。

第四，确立EAP项目目标及编制预算。

EAP项目小组的一个至关重要的任务就是确立员工帮助计划项目的预期目标。当然这个目标的确认需要得到公司高层管理者的最终认同，否则将极大影响项目的最后评估。

目标可以从短期、中期、长期不同的角度来阐述，具体情况要根据组织的情况和员工需求进行设定。

如同企业导入其他项目一样，成本问题是项目小组考虑的另外一个重要问题。编制项目预算要结合公司的财务状况和年度预算，并尽可能在细化的基础上进行量化。

采用外部模式的EAP项目，外部机构在该环节往往有不同程度的介入。

第五，设置专职人员或指定专业机构。

对于采用内部模式的员工帮助计划项目，需要设置专员具体负责项目的执行，并对该岗位的工作职责予以澄清和明确，确立相应的工作流程和制度。

其他模式需要甄选具备专业能力和实施能力的外部专业机构，

并就整体合作事宜通过协约形式进行明确。

第六,建立员工帮助系统。

任何一种模式的EAP项目,均需要形成员工帮助计划项目详细规划书,并由项目专项小组对其进行完备的论证,在提交公司高层管理者批准后实施和执行。

实施前的规划方案与相关准备工作对EAP项目的顺利导入有较大影响,一方面容易说服高管层并获得最大限度的支持,另一方面容易得到员工的认同和信任。

实施前期的促进和宣传同样具有非常重要的意义,包括项目导入目的、工作流程、服务内容、服务形式等,由此员工可以清楚知道如何有效使用组织所提供的资源并寻求相关帮助。

第七,项目评估。

根据设定的项目周期,EAP项目小组将进行效果评估分析,对前期执行过程中存在的缺陷和不足进行修正,同时将评估分析结果和相关建议向管理层汇报,作为组织层面审定后期项目实施和执行问题的相关依据。

(五)EAP的实施

EAP的实施流程包括以下几个步骤:

一是把脉与诊治。由专业人员采用专业的心理健康评估方法评估员工心理生活质量现状及其问题产生的原因。针对造成问题的外部压力源本身去处理,即减少或消除不适当的管理和环境因素。

二是宣传与推广。搞好职业心理健康宣传,利用海报、自助卡、健康知识讲座等多种形式引导员工对心理健康的正确认识,鼓励员工遇到心理困扰问题时积极寻求帮助。

三是改善环境。一方面,改善工作硬环境——物理环境等;另一方面,通过组织结构变革、领导力培训、团队建设、工作轮换、员工生涯规划等手段改善工作的软环境,在企业内部建立支持性的工作环境,丰富员工的工作内容,指明员工的发展方向,消除问题的诱因。

四是全员培训。开展员工和管理者培训,通过压力管理、挫折应对、保持积极情绪等一系列培训,帮助员工掌握提高心理素质的基本方法,增强对心理问题的抵抗力。

五是心理咨询。组织多种形式的员工心理咨询,对于受心理问题困扰的员工,提供咨询热线、网上咨询、团体辅导、个人面询等多种形式,充分解决员工心理困扰问题。改变个体自身的弱点,即改变不合理的信念、行为模式和生活方式等。

EAP虽在我国已顺利推广,并在部分大型行业取得了良好的开展和效果。但由于在我国起步晚,在行业规范及人员培训方面存在不足,因而在实施中,还有很多不完善之处,这些都是需要在以后的实践中加以克服的。

只要机构与个人共同努力,压力是可管可控的。压力管理好了,人还会有那么多的烦恼吗?

第八章　善驱烦恼者快乐

快乐的对立面为不快乐，不快乐是种负面情绪。为什么有人时常不快乐？皆因烦恼而生。欲快乐者，必善驱烦恼也。

第一节　负面情绪因烦恼生

一、负面情绪害处大

过多的负面情绪对人的身心有巨大损害。

(一)负面情绪的含义

心理学上把焦虑、紧张、愤怒、沮丧、悲伤、痛苦等情绪统称为负面情绪，有时又称为负性情绪，人们之所以这样称呼这些情绪，是因为此类情绪体验是不积极的，身体也会有不适感，甚至影响工作和生活的顺利进行，进而有可能引起身心的伤害。在日常生活中，以下几种负面情绪是比较常见的：

一是生气。生气是伴随着我们对自己所不喜欢的情境而产生的，但长期的生气却会对身体和心理造成影响，使人失去理智，情绪失控。

二是悲伤。悲伤可以促进人思考，发现伤害事件中对自己有帮助的灵感，所以很多艺术家都是有着忧郁的气质，但悲伤是一种痛苦体验，对人的心理和生理都有伤害。

三是恐惧。恐惧是一种强烈的情绪反应，在恐惧中，我们能够清晰感觉到自己每一根神经的跳动，神经反应变得敏感而脆弱，恐惧可以提高人体的自我保护能力和警惕能力。恐惧是一种极度焦虑紧张的情绪状态，会伴随一些身体反应，如心跳加速、出汗、呼吸急促、战栗等。

四是内疚。内疚感与对自我的负向评价联系在一起，是我们的自省、思考得出的结果，内疚感可以帮助我们更好地进行下次同样的行为。内疚和自责、后悔等相似的情绪反应通常与抑郁情绪相联系，是一种被压抑的内隐体验。

五是失望。失望是我们对自己的期望落空时的情绪体验，可以是针对自己的失望，如考试成绩不理想，也可以是针对他人的负面感受。

六是焦虑。焦虑情绪相对于愤怒，其表现的强烈程度较轻，但也是一种比较消耗人体能量和精力的情绪，而且一般可以持续很长时间。焦虑可以导致失眠等不良心境。

人的负面情绪还有很多种，如紧张、无奈、为难、厌烦、惭愧等，这些负面情绪充斥在我们的情绪反应当中，都是很正常的，也有其存在的合理性，一般而言，它们可以帮助我们判断、思考、反应、学习、成长。所以并不是所有负面情绪的出现都会影响心理健康，而是负面情绪的不合理出现、长期出现，甚至成为我们的一个主要情绪表现时，就应当引起关注，因为此时它已经影响了我们的心理平衡、心理健康乃至身体健康。

(二)不良影响

过多的负面情绪是快乐的杀手锏,它让我们生活没有欢乐、没有目标,缺乏进取、缺乏激情。

负面情绪不利于人际交往,影响家庭和工作。在工作中,容易造成同事间的误解和矛盾。负面情绪还有极大的传递功能,有些人会积攒一些负面情绪。如果在办公室里释放,如在同事面前唉声叹气、眉头紧锁、做苦瓜脸,负面情绪极有可能传染给同事,让办公室的气氛变得压抑,让团队关系疏离且紧张。家庭中,如带着情绪回家,会影响家庭的和谐美满。

负面情绪会阻碍自身的发展。长期的情绪恶劣,如果不能及时进行自我调节,会妨碍个体正常的心理功能,如注意力、记忆、思考、抉择的能力,同时导致各种社会功能的下降。

负面情绪如得不到控制,将会严重地损坏我们的健康和身体。负面情绪总体上表现为生气性质,从医学角度来看,以生气为主的情绪害处有:一是伤脑。生气时脑细胞会工作紊乱,引起交感神经兴奋,并直接作用于心脏和血管上。生气会加快脑细胞衰老,减弱大脑功能,而且大量血液涌向大脑,会使脑血管的压力增加,甚至会导致脑溢血。二是伤神。由于心情不能平静,难以入睡,致使神志恍惚,无精打采,极易进入亚健康状态。三是伤肤。当人生气时血液大量涌向面部,这时的血液中氧气少、毒素增多,而毒素会刺激毛囊,引起毛囊周围程度不等的深部炎症,产生色斑、颜面憔悴、双眼浮肿、皱纹多生等皮肤问题。四是伤心。会引发心跳加快,心脏收缩力增强,血压升高,血液变黏稠。大量的血液冲向大脑和面部,会使供应心脏本身的血液减少而造成心肌缺氧。心脏为了足够的氧供应只好加倍工作，一通乱蹦，于是心跳更加不规律，出现心慌、胸闷的异常表现，甚至诱发心绞痛或心肌梗死。五是伤内分泌。生气令内分泌系统紊乱，使甲状腺分泌的激素过多，甲状腺是身体中参与新陈代谢的重要器官，当你感觉到热血沸腾的时候就是甲状腺受到刺激了，久之可致甲状腺功能亢进。六是损伤免疫系统。一旦生气时，大脑会命令身体制造一种由胆固醇转化而来的皮质固醇。皮质固醇是一种压力蛋白，如果在身体内积累过多，就会阻挠免疫细胞的运作，让身体的抵抗力下降。七是伤肺。生气时的人呼吸急促，可致气逆、肺胀、气喘、咳嗽，危害肺的健康。八是伤肝。人处于气愤愁闷状态时，可致肝气不畅、肝胆不和、肝部疼痛。还会分泌一种叫儿茶酚胺的物质，从而作用于中枢神经系统，使血糖升高，脂肪分解加强，血液和肝细胞内的毒素增加。九是伤胃。气愤之际，血液上冲，使胃肠中的血流量减少，蠕动减慢，食欲变差，久之必致胃肠消化功能紊乱，严重时会引起胃溃疡。十是伤肾。经常生气的人，可使肾气不畅，易致闭尿或尿失禁。

最近英国心理学家对6万名成年人进行调查研究发现，其中近15%的人有心理问题，女性要比男性多。年龄较为年轻、有吸烟习惯、服用降血压药物的人似乎较易有身心困扰。跟踪八年后发现，有2367人死于缺血性心脏病、中风与其他心血管疾病。

心理学家指出，一般人口中约有15%至20%的人有情绪障碍、心理困扰。过去的研究已经发现，这些常见身心困扰可能与冠状动脉疾病有关，但很少有人研究身心疾病与心脑血管疾病之间是否有关联。心理学家总结指出，该研究结果有助于医生从普通精神病患者中筛选病患，从而减少这些病患由心脏病和中风而导致的死亡风险。

事实上,在现实生活中经常会看到,许多中风病人的发病都与情绪激动有关,尤其是经常有生气、吵架、恐惧、焦虑、兴奋、紧张、悲伤、嫉妒等情绪的病人,常常在这些情绪的剧烈发作当中或之后中风。经医学证实:这些情绪的经常刺激,能够引起大脑皮质和丘脑下部兴奋,促使去甲肾上腺素、肾上腺素及儿茶酚胺等血管活性物质分泌增加,导致全身血管收缩、心率加快、血压上升,使脑血管内压力增大,容易在已经硬化、失去弹性、形成微动脉瘤的部位破裂,从而发生脑出血。

可见,关注和及时调整个体的负面情绪,具有十分重要的意义。

二、不快乐是种负面情绪

快乐使人身心愉悦,而不快乐会损害健康。

(一)快乐是精神上的愉悦

研究不快乐,首先应探讨一下什么是快乐。关于快乐的定义和解释有多种。但是,总体上来说,快乐就是人在精神上感受愉悦的一种心理体验。这种体验给人一种心理上的满足和情绪上的欢快。马克思曾经认为,快乐是指人之所以为人的真理与自己同在时的心理状态,包括一切真实的事物、人性的道理、他人的生命甚至动物的生命与自己同在等,是一种心理欲望得到满足时的状态,是一种持续时间较长的对生活的满足和感到生活有巨大乐趣,并自然而然地希望持续久远的愉快心情。这种对快乐的理解应该是很有道理的:快乐是一种很愉悦的心理状况,它成因于我们某种心理欲望的满足。

人们拥有了快乐,就会有愉快的心理和情绪,就会拥有一个美好的世界。快乐让我们开心,让我们喜悦,看天是那么的蓝,看水是那么的清,看人是那么的好,干事是那么的有劲。因此,快乐不仅给我们一个愉快的心情,还给人们一个美好的世界。

(二)不快乐是一种负面情绪

我们渴求快乐,但快乐常渴望不得,欲求而不得。那么,没得到快乐的心理感受是什么呢?就是不快乐。

不快乐是一种广义的负面情绪,它既包括焦虑、紧张、愤怒、沮丧、悲伤乃至痛苦等情绪体验,也包括意兴索然、情趣全无、萎靡不振、灰心丧气等心理感受。这些感受及体验之所以是负面的,是因为它是不积极的,这些体验和情绪产生后,身体有着明显的不适感,同样会影响到人的生活、工作的正常进行,对个体的身心产生伤害。这种可以侵蚀我们全身,弥漫在空气中的负面情绪,对个体的伤害,不亚于某种应激带来的冲动以及某个部分明白无误的病灶。

避免不快乐,是调整负面情绪的一种根本办法。那么,人为什么不快乐,其产生的原因又是什么呢?对原因的寻找,海德的社会归因理论应该对我们有所启迪。

弗里茨·海德是美国著名的社会心理学家,他首创了社会归因理论。该理论主要帮助人们在日常事件中找出问题的原因。这个原因不外两种:内因与外因。内部原因是指个体自身所具有的、导致其行为表现的品质和特征,包括个体的人格、情绪、心境、动机、欲求、能力、努力等。外部原因是指个体自身以外的,导致其行为表现的条件和影响,包括环境条件、情境特征、他人影响等。在社会生活中,个体如出现了一些需要克服的状态,多些内归因比多些外归因要好。我们都知道，在内外因关系中，内因是具有决定作用的，而外因也仅是通过内因起作用。

那么，导致人不快乐的负面情绪的原因，就应从个体自身寻找了，在导致个体不快乐的各种内在元素中，笔者认为最根本的源头就是一个字——烦！

三、烦恼使人不快乐

烦恼是导致不快乐的根源。

（一）烦恼的由来

"烦恼"一词来自于佛教，源于《百喻经》。

《百喻经》全称为《百句譬喻经》，是天竺（即古印度）僧伽斯那撰，南朝萧齐天竺三藏法师求那毗地译。《百喻经》之所以称之为百，就是指有100篇比喻故事（现存的仅92篇）。全文两万余字，结构形式单一，每篇都采用两步式：第一步，讲故事，是引子；第二步，是比例，阐述一个佛学道理。它从梵文译为汉文，距今已有1500多年的历史。

该书卷五十一谓"五人买婢共使作喻"，其原文是：

譬如五人共买一婢。其中一人语此婢言："与我浣衣。"

又有一人复语浣衣。

婢语次者："先与其浣。"

后者恚曰："我与前人同买于汝，云何独尔？"即鞭十下。

如是五人各打十下。

五阴亦尔。烦恼因缘合成此身，因而五阴，恒以生、老、病、死、无量苦恼挞笞众生。

翻译成白话就是：

譬如五个人共同买了一个侍女，其中一人对侍女说："给我洗洗衣裳。"

接下来一个也说要洗衣裳。

侍女就给这个人说："他先提出要求，我先给他洗吧。"

这后来提要求的人就生气起来说道："我和他共同花钱买的你，你为什么只给他洗？"于是拿起鞭子打了侍女十下。

如此，这五个人都拿起鞭子各打了侍女十下。

"五阴"即色（有形质碍之法名为色）、受（领纳所缘名为受）、想（能取所领之缘相名为想）、行（造作之心能趣于果名为行）、识（了别所缘之境名为识）。也是这样，以种种烦恼为因缘合成了人这个身体，而身体中的"五阴"常常用生、老、病、死无穷无尽的苦恼来鞭笞折磨众生。

"烦恼"一词，就源于此处。

通过这个故事及比喻，可见，人的烦恼因"五阴"而起，如要去掉烦恼，就得修"五阴"，而在佛经里，修"五阴"的前提条件则为断淫、断杀、断偷、不妄语。这就与佛教的"四谛"是非常契合的。

烦恼因缘而起，合成此身，便常受生、老、病、死、苦的苦恼，不能自拔，就像上面那个侍女受着五人的鞭笞一样。因此，常常制约着我们的情绪、情感；或成为一种闷闷不乐、抑郁寡欢的心境；或演变成愤怒、冲动的激情。不管是什么样的表现形式，反正都是不能快乐。

烦恼，也就这样来到了人世间。同时成为了忧愁苦闷、担心牵挂、焦虑不安的同类词。张学友曾唱过一道《烦恼歌》，其中可见，人的烦恼还真有点多啊。

不爱的不断打扰/你爱的不在怀抱/得到手的不需要/渴望拥有的得不到/苦恼倒不如说声笑笑/生活不要太多钞票/多了就会带来困扰/过重的背包过度的暴躁/什么都不要一起呼叫/没有烦恼/除了呼吸其他不重要/除了现在什么都忘掉/心事像羽毛越飘越逍遥/烦恼什么烦恼/除了心跳没有大不了/人们不该去羡慕飞鸟/世界比我大把自我缩小/把自己的当做跳蚤/谁也不值得骄傲/人间疾苦知多少/花开花落知多少/大不了把一切看成玩笑/吵吵闹闹像G大调/假装什么都不知道/过重的背包过度的暴躁/什么都不要/不和谁比较/不和谁争吵/过分思考庸人自扰/别庸人自扰/一切轻于鸿毛/才能消灭烦恼/一起呼叫什么都不要

不爱的不断打扰,爱的不在怀抱,到手的不需要,渴望拥有的得不到……看,人有多么烦恼!

(二)烦恼的含义

关于烦恼,有很多表达与定义。但是,烦恼一词既由佛教而生,就看佛学对烦恼是怎么说的吧。

佛教认为,烦恼不单指烦躁、苦闷、焦虑,还包括贪婪、执著、自私、傲慢、虚荣、妒忌、吝啬、错误的见解、怀疑、猜忌、生气、愤怒、憎恨、残酷、反感、愚昧、无知、麻木、散乱等等。

当然,我们日常对烦恼的理解和感受,没有这么深奥,通常指的烦闷苦恼、焦躁不安、心烦意乱等。但总的感受都是一样的:是一种不好的心理,一种负面情绪。

这种负面情绪,有以下特点:

第一,烦恼的内容有的是实在的,而现实的又常常是自寻的。

第二,烦恼总是包含着不少想象,想象中的事情不是真实的。

第三,烦恼还总是包含着理性的推断,因为白痴没有烦恼。

第四,烦恼的人容易钻牛角尖,一旦被烦恼缠上了,就很难脱身。道理都懂,但就是走不出来。

人的烦恼大小常与人的欲望与实现欲望的有效行为能力有关,因而烦恼的公式为W=D/B。其中,W表示烦恼,D表示欲望,B表示实现欲望的有效行为能力。

因此,要快乐,就必须减少乃至消除负面情绪,而要消除负面情绪,关键是要驱逐烦恼。

第二节　烦恼的缘由

《百喻经》提出了"烦恼"的概念,并说由"五阴"因缘而起,纠缠不休,让生、老、病、死、苦弄得人烦恼不已。但"五阴"究竟是个什么东西?不是佛中弟子,可能很难明白个究竟,大多都是一头雾水。那人烦恼的原因究竟是什么?有几种理论说得很清晰明白,各自都有一定道理。为了便于记忆,姑且将其归为"两佛(弗)两勒"分析理论,即佛教教义、弗洛伊德心理学以及勒温和泰勒为主的心理冲突理论。

一、烦恼来自于人的欲望

该分析来源于佛教理论。"烦恼"一词来源于佛教经典,而佛教教理也是辨析烦恼,以驱逐烦恼为其基石的。这一点,集中地体现在佛教的基本教理"四谛"之中。

佛教"四谛"是佛教的基本教理之一,分别指的是苦谛、集谛、灭谛、道谛。谛即真理的意思,因此四圣谛也就代表着佛教对于凡尘以及修行的基本观念,代表着对我们万千世界的真理看法。苦谛,即众生皆苦,不论是天上的天道众生,还是我们人道生灵,以及地狱的受难众生,享福或者受苦的,其本质都是苦的。苦谛之后是集谛,即探索苦的原因。众生皆苦,苦因是"造业",即人有各种欲望,由于人的欲望,产生各种行为。因此,带来一连串苦恼。探寻原因后则开始实践解决之道,即灭谛。灭者,断除执念,无有分别,灭除烦恼。最后是道谛,即正确驾驭人生之舟,脱离苦海,达到幸福的彼岸,得大圆满正果。

在佛教里,我们的世界就是一个苦海,人生就是在苦海里泛舟。人生有八苦:

一是生苦。胎儿出生,皮肉细嫩,在接触和适应外界的过程中,充满痛苦。

二是老苦。人到老年,发白脱落,牙齿老化,嚼食困难,耳聋背驼,行走艰难,倍感痛苦。

三是病苦。人要患各种疾病,造成肉体上和精神上的痛苦。

四是死苦。人将临死,对死亡充满恐惧,迷恋现世的生活,感到痛苦。

五是怨憎会苦。与自己所讨厌的人不得已而相会、结合。对自己憎恶的环境想脱离而又脱离不了。不想遇到的事偏偏又遇到,令人苦恼不堪。

六是爱别离苦。与自己相爱的人别离,与自己所喜欢的人或环境分开也是痛苦的。

七是求不得苦。自己想做的事做不成,自己想追求的事或人得不到,精神上感到痛苦。

八是五盛荫苦。人生就是苦,人生是诸苦的集合体。

由于种种之苦,必将造就人之烦恼。由于人也苦海无边,所以在佛学里,烦之含义广泛多样,如上所述,除了烦躁、焦虑,还包括贪婪、执著、自私、傲慢、虚荣、妒忌、吝啬、错误的见解、怀疑、猜忌、生气、愤怒、憎恨、残酷、反感、愚昧、无知、麻木、散乱等。由此可见,在佛眼里,人生除了苦,就是一个字——烦!其烦恼根据轻重程度又可分为三个层次:

一是潜伏性烦恼。潜伏性的烦恼是指没有表露于行动、语言和内心的烦恼。没有烦恼,但只要遇到适合的条件,烦恼立刻就跑出来了。当人们在欢乐和安定时,可以说没有烦恼了。但是当他看到了漂亮的东西、听到悦耳的声音、吃到美味的食物时,内心难免会产生贪爱,这证明他的烦恼还没有完全被断除,只是在意识中被定力镇伏住而已。就好像草一样,到了冬天,所有的草都死了,干枯了,但只要根还在,一到春天,它又开始发芽了。又好像拔草一样,只把草拔出来,但根没有被拔掉,有机会它还是会生长出来。

二是困扰性烦恼。困扰性烦恼是一个人的烦恼只浮现在心里,还没表露出来,还没有付诸行动。这包括贪婪、执著、傲慢、自负、憎恶、烦躁、散乱、沮丧、麻木等。例如你很讨厌一个人,恨死他,但既没有采取行动,也没有说出来,只是在内心憎恨、厌恶他。又如你感到很焦虑、烦躁不安,但还不至于做出冲动的事情来。虽然在语言和行为上并没有表露出来,但内心已经被不良的心理、不好的情绪所占据,这叫做困扰性烦恼。

三是违犯性烦恼。违犯性烦恼是一个人不良心理已经表现在他的行为上了。比如一个人暴怒到要杀人或者杀生;由于贪心而去偷别人的财物,去抢劫;打架、骂人、骗人、搬弄是非;为了往上爬而不择手段打压别人;沉迷于追求异性、玩弄感情、吃喝嫖赌。心理的烦恼已经显露在身体的行为、语言上,称为违犯性烦恼。这种烦恼是最粗的烦恼,已经在燃烧人的身心了。

由此,烦恼随时皆在,只是表现不一而已。

那么,在佛教教理里,烦恼又是根于何处呢?除上面集谛里归结烦恼的原因在于"造业",即人有各种各样的欲望外,佛认为,烦恼根子在于贪、嗔、痴三种情形。贪就是指想得到东西,心黏着对象。嗔就是心厌恶对象,不喜欢、讨厌、反感。从愤怒、凶狠、残酷,到忧郁、烦躁,都属于嗔。痴是心对目标的愚昧、盲目、无知。

贪、嗔、痴,乃佛教中的"三毒"也。佛教认为,贪是指染著于色、声、香、味、触等五欲之境而不离的心态,是修行的大敌,是产生一切烦恼的根本。嗔又作嗔怒,指仇视、怨恨和损害他人的心理,嗔的产生与作用和贪正好相反。贪是由对事物的喜好而产生无厌足地追求、占有的心理欲望,嗔却是由对众生或事物的厌恶而产生愤恨、恼怒的心理和情绪。佛教认为对违背自己心愿的他人或他事物生起怨恨之情,会使众生身心产生热恼、不安等精神作用,对佛道之修行是十分有害的。因而佛教把嗔看作是修行的大敌。如果是对他人或社会而言,则嗔的危害更大。因嗔怒他人而起仇恨之心,便会发生争斗,或导致互相残杀,轻者危害一家一村,重则使整个社会,以致整个国家陷入灾难,因而认为,嗔恚(读音huì,佛语中代表怨、怒之意)是三毒中最重的、其咎最深,也是各种心病中最难治的。痴指心性迷暗,愚昧无知。所又称无明。《俱舍论》中说:"痴者,所谓愚痴,即是无明。"佛教认为,众生因无始以来所具之无明,致心性遇敝,迷于事理,由此而有"人"、"我"之分。于是产生我执、法执,人生的各种烦恼,世事之纷纷扰扰,均由此而起。因此痴为一切烦恼所依。所以说:"诸烦恼生,必由痴故。"痴既为一切烦恼之所依,因而自然也就成了根本烦恼之一。

因此,佛认为,人类的种种苦难、烦恼、争斗等主要来源于自身的贪欲心、怒心和愚痴心,即所谓"三毒",也是人类身、意等一切恶行的根源。

通过冗长的层层剥笋,我们终于知道了,佛教从根上就认为,人生就是一苦海,而人受苦的原因是因为人在造"业",即有各种各样的欲望,而在各种欲望之中,让人伤得最深的莫外于"三毒"——贪、嗔、痴。这"三毒"可以说是让人烦恼的最深刻的原因。

二、烦恼来自于自我的纠结

这一结论的理论基础又来源于弗洛伊德精神分析理论。精神分析理论丰富而复杂,而揭示个体烦恼产生缘由的理论,主要有压抑的潜意识及纠结的自我。

(一)压抑的潜意识

精神分析学认为,人之为人,首先其是一个生物体。既然人首先是生物体,那么人的一切活动的根本动力必然是生物性的本能冲动,而本能冲动中最核心的冲动为生殖本能(即性本能或性欲本能)的冲动,而在社会法律、道德、文明、舆论的压制下,人被迫将性本能压抑进潜意识中,使之无法进入到人的意识层面上,而以社会允许的形式下发泄出来,如进行文学、艺术的创作等等。

关于潜意识,前面已有所分析,潜意识里压抑着个体的欲望冲动以及曾经有过的痛苦经历(尤其是幼年和童年的),有点类似于佛教"四谛"中的"业"。由于它不符社会的规范,因而被长期压抑,以致后来我们自身都不能察觉它的存在了,被后天的经历一层层地覆盖着,犹如一棵曾经被病虫害侵蚀后被一层层包裹起来的莲花白,虽然已看不到受害的植株,但病症却的的确确地存在着,并在深层次地影响着植株的生长。同样的道理,我们曾经遭受过的伤害和冲动欲望,虽然被压抑,已经不易察觉了,但却时常在内心深处搅得我们烦躁不安——虽然我们并不知道原因何在。

该理论告诉我们的,人的烦恼常常就来自于被压抑在潜意识中的曾经有过的痛苦经历以及人类固有的欲望和冲动。

(二)人格发展理论

弗洛伊德关于个体人格发展过程的人格发展理论,有助于了解个体烦恼生成的原因。

关于人格发展过程,弗洛伊德以身体不同部位获得性冲动的满足为标准,将人格发展划分为5个阶段,其人格发展理论又称性心理期发展论。这5个阶段分别是:口唇期,即从出生到1岁左右;肛门期,2岁到3岁左右;性器期,4岁到5岁左右;潜伏期,6岁到12岁左右;生殖期,13岁到18岁。各阶段呈现出来的特征,将在第九章中专门介绍。此处将介绍的是在人格发展过程中,弗氏把人格结构也分为本我、自我、超我三个部分。而本我与超我常发生冲突,自我在协调与解决中,就会使用"心理防卫"机制,并成为了自我冲突的缘由。

(三)烦恼的自我

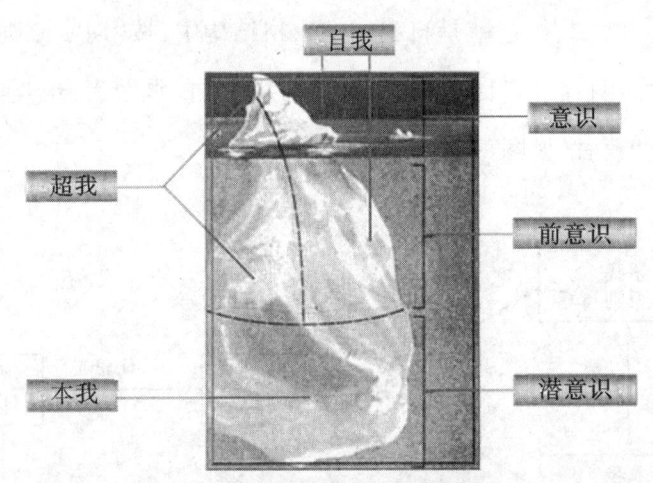

图8-1 心理分区与人格结构对应图

本我是人格中最早,也是最原始的部分,是生物性冲动和欲望的贮存库。本我是按"唯乐原则"活动的,它不顾一切地要寻求满足和快感,这种快乐特别指性、生理和情感快乐。本我由各种生物本能的能量所构成,完全处于无意识水平中。它是人出生时就有的固着于体内的一切心理积淀物,是被压抑、摈弃的人的非理性的、无意识的生命力、内驱力、本能、冲动、欲望等心理能力。

超我是人格的道德部分,是由自我中的一部分发展而来的。它由两部分组成:自我典范和良心。自我典范相当于幼儿观念中父母认为在道德方面是好的东西,良心则是父母观念中的坏的东西。自我和良心是同一道德观念的两个方面。它代表的是理想而不是现实,要求的是完美而不是实际或快乐。它代表良心、社会准则和自我理想,是人格的高层领导,它按照至善原则行事,指导自我,限制本我,就像一位严厉正经的大家长。

本我与超我显然是矛盾的一对,并经常发生冲突,在二者之间,必须有一协调者,这就是自我。在人格结构中,按"现实原则"起作用的部分叫自我。自我即是本我与外界关系的调节者,也是本我与超我的调节者(见图8-2)。

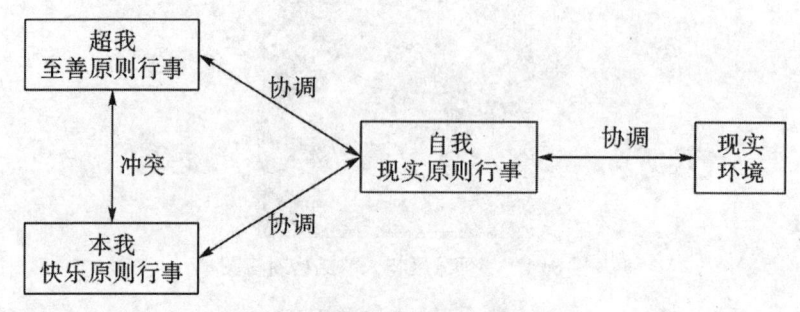

图8-2 本我、超我、自我三者关系图

通过这个示意图,我们可以看到,自我作为"三主一仆",处于多么尴尬、多么操劳的位置。一方面,它要让自己在社会及与人交往中显得形象光鲜,道德十足;另一方面,希望自己的本能、冲突及快乐得到满足,又要在社会生活及人际交往中显出利他及良好的社会形象。而这两者之间,常是"熊掌和鱼不可兼得",这让自我苦恼不堪。更麻烦的是,这一场协调工作及结果还必须得到社会现实的认可,否则也将无济于事。所以,它还得协调与社会现实的关系。你说,这个自我能不累吗?如果这个自我的协调能力较强,能妥善地处理好本我、超我及与现实的关系,就可能心情舒坦、悠然自得;而如不能有效地协调三者关系,如本我过强不受束缚而严重冲撞社会规范为他人及社会现实不容,或超我过强而导致过分注重道德与社会规范的要求而严重压抑个体的本能及对快乐的欲望,都可能使自我烦恼不堪。

事实上,我们人的烦恼正恰恰是在这三者协调中的烦恼。本我、超我、现实这三个"主人"之间不能进行有效协调及和谐相处,正是自我这个"仆人"烦恼纠结的原因之所在。

三、烦恼来自于心理冲突

心理冲突也叫动机冲突,是指个体在有目的的活动中因目标的多样性而出现相互排斥的动机。日常生活中,许多事情常会使人左右为难,举棋不定,这便是心理冲突。由于心理冲突,人们的需要会部分或全部得不到满足,目标的实现受到阻碍,于是就容易产生挫折和烦恼。心理冲突可分为两大类:一是趋避式冲突,一是角色冲突。趋避冲突理论最有代表性的莫过于美国心理学家勒温和泰勒按冲突的形式,将内心的冲突分为四种类型。

第一种形式的冲突称为"双趋式"冲突。这时个体面临两种选择,而这两种选择都能给个体带来好处,并且个体也想得到这两种选择的好处,但个体又必须从中作出选择。正所谓"鱼我所欲,熊掌亦我所欲"但又"不可得兼"的情境。如某小伙同时被两个美女看中,而这两个美女都很有吸引力,但道德又只能允许选择其一,这时就面临一种"双趋式"冲突。

第二种冲突称为"双避式"冲突。与上一种情况相反,个体面临两种选择,而且每一种选择都会为个体带来不利的后果,但又必须接受其中之一。例如在考试时如果没有复习好,要么考不及格,要么作弊,但作弊很容易被发现。这两种选择都会带来不利后果,但又必须从中选择一种。

第三种冲突称为"趋避式"冲突。即某一目标既能为个体带来好处,同时又伴随不良的影响。个体只想取其好处,而不想要它所带来的后果。如一个人想结婚,但结婚必须承担责任,并失去某些自由,所以,有人在结婚前总有一番心理冲突。再如有的青年学生在谈恋爱时的困惑:既想能有知心的异性伙伴,同时又不愿为此耽误学习时间,真个"难以取舍"。这虽是一个不常见的例子,但也说明了"趋避式"冲突的影响。

最后一种冲突称为"双趋—双避式"冲突。这是最常见的冲突形式。这时个体面临两种选择,每一种选择都能为个体带来某些好处,但同时又都伴有不利的影响。例如,有些大学生在选择职业时就面临这方面的问题:去国营企业比较安全,"旱涝保收",但收入偏低;而入合资企业在收入较高的前提下,又必须受更多的约束,同时还可能"朝不保夕"。

当个体处于心理冲突时,很多情况下都能很快解决,但当个体的选择对自己的影响非常大而且自己又缺乏主见时,要作出选择就比较困难,甚至会因此产生各种各样的身体和心理反应。

此外,在前面分析自我沟通时所提到的张勇,由于是集合着多个角色的角色丛,各角色间也常产生冲突,这些冲突若不能有效协调,同样也会给他带来极大的内心冲突。

所以,我们说,个体内心的各种趋避冲突和所扮演的各种社会角色间的冲突,也是人们烦恼产生的重要原因。

上述各种烦恼原因的分析,都有各自的道理,因每个人的主、客观状况及个性特征不尽相同,也许都能在不同的烦恼因子中找到自己的影子。

第三节　驱逐烦恼，寻找快乐

烦恼是不快乐的根源，而烦恼的原因也从各自不同的角度进行了剖析。现在，要做的就是根据烦恼产生的各种缘由做有针对性的驱逐工作了。

一、去贪、嗔、痴，走"八正道"

佛教在揭示人们痛苦和烦恼的缘由时认为人之所以痛苦、之所以烦恼，是人在"造业"——有各种各样的欲望，而欲望越大，人的痛苦就越深，烦恼也就越多。这种分析有一定道理。20世纪70年代，笔者响应"上山下乡"的号召，在某地做"知青"当农民，当时农村的状况远不像现在，而是不通电没公路，缺粮少油摸黑路，有顿饱饭真舒服。由于条件差，欲望也就低，烦恼自然少，疲惫收工后，撒几颗米煮一把菜，填饱肚子后，煤油灯一吹，呼呼大睡，第二天又精神抖擞了，很少听说谁有烦恼要找心理医生的。后来返城后，城市里世界变大了，花花绿绿的东西也多，看到人们的欲望也多了，什么房子、车子、帽子、票子、儿子，都得思考并追求了，烦恼也就来了，而且随着社会地位越高，拥有的权力和财富越多，就越渴望拥有更多的权力和财富。这样，烦恼也就越大。

因此，要减少烦恼，灭其欲望是有一定道理的。但是，芸芸众生，并非都是佛门弟子，我等大多为凡夫俗子，都具有与生俱来的"七情六欲"（七情，指一般人所具有的七种感情：喜、怒、哀、惧、爱、恶、欲。六欲，据大智度论卷二记载，系指凡夫对异性所具有的六种欲望：色欲、形貌欲、威仪欲、言语声音欲、细滑欲、人相欲；或指眼、耳、鼻、舌、身、意等六欲。今所用"七情六欲"一语，即套用佛典中之"六欲"，泛指人之情绪、欲望等）。如果我们把这些情绪、情感乃至欲望都灭了，就会相互调侃：那活着还有什么意思啊？看来，我们既身为凡人，就不能把所有的情和欲都灭了。但是有三种东西必须除去并灭掉，否则我们就会时常烦燥不堪。这三种东西就是佛教教理中指出的"三毒"——贪、嗔、痴。

（一）去贪、嗔、痴

贪者，求多而不知足。一个人的贪心一起，其欲望就会像个无底洞一样，永远无法填满，永远不会满足，因而会向他人、向社会无休无止地索取。贪心的人被欲望牵动，欲望无边，贪婪也就无边。所以贪心一起，必贪得无厌，除时常为此自障心智，自毁理智，走上贪污腐化、贪赃枉法的自毁道路而悔恨不已外，还因欲壑难填，时常令自己心烦意乱。古今中外，其例不计其数也。为此，欲去烦除躁，保节心安，必除其贪。

嗔者，易怒之人也。常因一些小事而反应过度，表现为过分的急躁和愤怒。嗔者不仅缺乏人际吸引力和亲和力，且易造成人际关系紧张，缺朋少友，形影孤单。而且在激情消退、愤怒之余，又常为自己的冲动鲁莽，得罪于朋友同事而后悔，并心烦不安。嗔者另一心烦还源于自责自罚。有个初三的学生在一封求助信中写道，现在，因为一些题做不出来就会感到非常的烦恼，心态很难安定，真是烦烦烦。可见，易怒之人，无论对外对内，都难以协调沟通。无奈只有自生烦恼，而成"三毒"之一。不幸的是"中毒"之人且大有人在。《中国青年报》2014年3月27日发表了一篇名为《近九成人生活有情绪化,冷静平和成稀缺心态》的调查报告指出,中国青年报社会调查中心通过民意中国网和手机腾讯网,对84740人进行的一项在线调查显示,93.4%的受访者认为如今的人情绪化问题严重,其中85.1%的人认为非常严重。87.5%的受访者坦言,自己在日常生活中就有情绪化的表现:为抢公交座位相互谩骂、为停车纠纷大打出手、遇事不弄清事实就群情激奋……当下,我们的社会似乎越来越情绪化,冷静平和的心态日渐稀缺。由此可见,管理好自己的情绪,保持平和的心态,制怒去嗔,是多么重要。

痴者,愚蠢,不明事理之人也。痴者,常着迷于某人、某物、某事而不知自醒,并为之哭为人笑而自寻烦恼,为旁人所大惑不解也。而现实生活中,痴者大有人在也。除不恰当的恋情外,还有对父母、多年照顾的主人或佣人、出生入死的战友、共同成名的好友以至喜爱的宠物等,都会产生一种剪不断、理还乱的情感困惑或纠缠,让人徒生烦恼。为了解除痴者的这种烦恼,心理治疗大师罗伯特·麦克唐纳在1989年推出了一种叫"化解情感痴缠法"的心理治疗技术,虽主要针对儿童而言,但对其他年龄阶段的人群,也同样具有相当的启迪作用。如"小孩心爱的外套"的隐喻,就具有比较普遍的启发意义。

"小孩心爱的外套"的隐喻是:虽然心爱这件外套,但自己已成长了,它不再合身了,是应该分手的时候了。虽然这件外套曾为我遮风避雨、保暖御寒,我会永远记住它、怀念它,但不可能一直套着它,否则,你永远长不大。笔者一朋友大学毕业后分配至一学校执教,学校领导对他在事业发展、职务晋升上给予了诸多的关照,使其获得了十分良好的生存、发展环境,为此他一直心存感激。但有一天,朋友向校长表达希望调离学校,到更高的平台去发展时,校长问道:"学校对你不好吗?没有你发展的空间吗?"朋友动情地说:"学校培养了我,是我成长的摇篮;人在摇篮中成长,但不可能一直在摇篮中生活。"理智的朋友,通情达理的校长,促使了朋友在更高的平台获得了更好发展。

(二)走"八正道"

佛教认为欲望是痛苦之源,贪、嗔、痴是烦恼之根。

因此,佛教自然有治源之策,去根之本,这就是佛教第三谛"道谛"所提出的"八正道"。"八正道"亦称八支正道、八支圣道或八圣道,意为达到佛教最高理想境地(涅槃)的八种方法和途径。"八正道"分别是:

一是正见。正确的见解,亦即坚持佛教"四谛"的真理。

二是正思维。又称正志,即根据"四谛"的真理进行思维、分别。

三是正语。生活中,使用正确美好的语言。

四是正业。正确的行为。一切行为都要符合佛陀的教导,不做杀生、偷盗、邪淫等恶行。

五是正命。过符合佛陀教导的正当生活,即清心寡欲,正确地看待生命的意义。

六是正方便。又称正精进,即毫不懈怠地修行修法,以达到涅槃的理想境地。

七是正念。念念不忘"四谛"真理,对"四谛"要有正确的怀念。

八是正定。专心致志地修习佛教禅定,于内心静观"四谛"真理,以进入清净无漏的境界。

"八正道"所提出的教理,同我们今天所倡导的行善去邪、心平气和、心态良好、听正确的意见、办正确的事都是相当吻合的。所以，如真能使"八正道"之要义入耳入心，确实可以除去诸多烦恼。所以，不少人为世间烦事所缠，求不得解脱，常出家为僧，削发为尼。特别是佛门中的一些大德高僧，更是常悟出许多常人不可得的深妙思想，不失为逐恼驱烦的精辟见解。如台湾佛光山寺住持星云法师，就对烦恼的起由及驱烦的道行，给了很有见地的说法。星云法师认为，佛经讲"烦恼即菩提"，又说"不怕念头起，只怕觉照迟"，有了烦恼，才会懂得寻求解脱之道，才会增长智慧，所以不要害怕烦恼，重要的是要找出烦恼生起的原因。例如：

一是烦恼起于执著。人生的顺逆境很多，一般人遇到困境，例如失业、失恋、失意时固然令人沮丧、烦恼；处在顺境时，如果执著、害怕失去，也会被顺境所困。这就如同铁链子能锁住人，金链子一样会束缚人的道理是一样的。所以人生不管遇顺逆之境，要懂得改变环境，不可执著；修行最大的功夫，就在于一个"转"字，要"转法华"而不要"被法华转"，也就是不要执著。能够不怕烦恼，不执著烦恼，自可安危自在。

二是烦恼源于无明。无明就是不明理，我们与生俱来的无明，就是贪、嗔、痴、慢、疑；有了无明，就有贪欲、嗔恚、骄傲、疑惑等烦恼，所以烦恼起于贪、嗔、痴、慢、疑等无明。有句话说："宁与聪明人打架，不与无明人讲话。"一个人若不讲理时，好话、善言、佛法一点也派不上用场，就会有烦恼；反之，如能通情达理、明白因果道理，就能消除烦恼。

三是烦恼由于看不开。世间上有很多烦恼都是自找的，所谓"杞人忧天"，乃至担心"世界末日"等，烦恼了半天，却什么事也没发生。也有人因为小事看不开,钻牛角尖,自然"烦恼绵绵无绝期"。因此,凡事多往正面看,能够看得开、看得透,能对一切吉凶抱着超然洒脱的态度,就不会自寻烦恼。

四是烦恼出于太自私。人之所以会有烦恼痛苦,皆因有"我";"我"是烦恼的根源,"我爱"、"我要"、"我欢喜",凡事只想到"我"的需要,就容易与人对立、冲突,因此我多则苦多,我少则苦少。所以,一个人起心动念如果能多想想如何有利于人,就会活得轻松踏实。

在佛教看来,人间的烦恼很多,追根究底大都是因为眼、耳、鼻、舌、身、心"六根"不当向外追逐"六尘"招来的。例如,不当看的乱看,因此"睚眦必报",惹来杀身之祸;不该听的乱听,听出许多纷争烦恼;不应吃的乱吃,于是"病从口入"……一个人如果能用佛法管理好自己的"六根",这就是最大的修行;而有修行的人,自然懂得处理烦恼、化解烦恼,所以"欲除烦恼病,当取佛经读"。

二、内外协调,自我平衡

根据弗洛伊德的人格分区理论。自我作为协调超我、本我以及现实环境三主之一仆,常让三个主人搞得焦头烂额、烦恼不堪。如果要减少烦恼,就得做好人格内部的超我与本我以及对外的自我与现实环境之间的协调平衡工作。

(一)超我与本我的协调

超我是人格结构中的高端,按道德和利他的原则在行事,而本我在人格结构中的底层,是按快乐及利己的原则在行事,因此二者常发生冲突。为了在社会上有个良好的社会形象,常常就得压抑本我;让本我得到满足和释放,又常常与社会道德和规范发生冲撞。

在协调二者关系上,如能把握以下两个方面,烦恼是可以减少的。

第一,"叩其两端执其中"。这是对孔子中庸思想一种比较好的诠释:任何事情,都不能走两个极端,而应把握好中间的分寸。在超我与本我的关系上,既不能一味地满足自己的欲望及快乐,而不顾及社会规范以及他人的利益,冲动宣泄。冲动是魔鬼,随意宣泄是要受惩罚的。如2014年男乒世界杯比赛中,某知名选手大战七局力克头号种子选手夺冠,胜利来之不易,欢乐喜悦理所当然。但随之而飞踹场边的广告牌就属宣泄过度了,因而乐极生悲,被罚27万元,多么昂贵的惩罚。此外,难以自制的性冲动、对物的占有欲、为形象而不顾可持续发展的"政绩冲动"等,都将受到惩罚。因此,适当地管理好自己的本我是有必要的。但同时,也不必过于顾及其社会形象,而压抑人的本能和对快乐的追求。其实,我们不少英雄模范,站在神坛后,为不负众望,就得努力约束自己以维护好的形象,有时也会深感压抑。而对超我与本我,不走两个极端,把握好二者皆而有之的恰当分寸。

第二,在不对社会及他人造成危害的前提下,可尽量地听从自我的呼唤,而不必过多地在乎他人的评价。让超我顺应本我,让自己活得真实而有意义。

其实,超我与本我常常是不可截然分开的。有些表现出来良好的道德形象,常来源于本我的需求;反之,本我的需求又可毁掉这种形象。一个全国模范人物的沉浮就是很好的例证。

何某是某市保健所的护士,曾与农民工侯某热恋。2005年一场突发车祸致侯某瘫痪,很有可能成为植物人,何某每天俯身对他说话。2006年,在何某的护理下,侯某病情逐渐稳定,何某毅然嫁到侯某老家,护理下半身瘫痪的侯某,伺候半身瘫痪的婆婆。

2008年,何某被中央文明办授予"中国好人"荣誉称号;2009年9月,在第二届全国道德模范评选活动中,她被评为"孝老爱亲"全国道德模范。此后,她还获得过"五四青年奖章"、"全国三八红旗手"等荣誉称号。但后来何某利用护士工作之便,从单位非法获取《出生医学证明》,交由其夫侯某通过网络贩卖谋利。二人涉嫌买卖国家机关证件罪,已被六安市公安局裕安分局采取刑事强制措施,同时被撤销荣誉称号、相关奖励和帮扶待遇等。可见,何某能获得道德桂冠是因对丈夫的不离不弃,被撤销称号也是因希望为丈夫力所能及,其成在对丈夫的爱,败也在对丈夫的爱。这里的超我与本我很难截然分开。相对而言,在这种状况下,自我的协调难度就会明显地轻松得多。

(二)自我与现实环境的协调

自我与现实环境的协调,相对来说,比较简单:因为个体与环境与社会之间,除非你是一个改变历史、扭转乾坤之人,常常都不会是环境与现实适应你,而是你去适应环境、适应社会。"适者生存,不适者亡",这一定律,不仅适用生物界,也同样适应人类社会。当然,这种适应,并不是消极被动的适应,而应是积极主动地在适应中完善自己,在适应中改造环境。

要适应现实,就应正确地认识自己,掌握关于自己的准确信息,以形成积极有效的生活取向。为了便于更接近现实,克服欲求未遂的不快和恼怒,应该不断地修正自己的愿望,调整自己的期望值。如果对自己的认识不深刻,以过多的幻想代替现实,或者思想僵化,固执己见,就难以面对现实、适应现实,最终导致自我否定、精神颓废,产生灰心丧气、焦躁不安等情绪。认识自我也可称之为自我意识,自我意识是一个多层次的复合体。我们已指出,它由三个层次构成:第一层次是个人对自己的身体衣着等所有物方面的意识,称为"物质的我";第二层次是对自己在社会中的作用、地位、是否被接纳、尊重和赞誉以及自己的亲戚朋友在社会上的声誉等方面的顾及,称为"社会的我";第三层次称为"精神的我",这是一种较高境界的自我意识,注重在"我"的智慧、能力、道德水准、人生观、价值观、信仰观等方面的内省。自我意识的每一层次,又都包含着不同的自我观察、自我认识、自我体验、自我对待、自我规划、自我追求、自我控制等方面的要素。在每个个体的自我意识中,各层次和要素在其总的体系中的比例和搭配的方式都是不同的,因而构成自我意识之间的差异。此外,对自己的本我、超我的把握,则更是个体对自我认识的不可或缺的环节。

要适应现实,就得正视现实,就是面对现实生活中出现的各种问题,不回避,不退缩,经常保持与客观环境之间的良好接触。适应现实,是个体为满足生存需要,以积极的态度,在自我生存环境中,通过改造环境以适应个体的需要,或者改造自身,以适应环境的要求。对于与自身不相适应的各种环境因素,采取切实有效的措施来加以处理。其中包括在一定情况下进行自我心理防卫,同时也应注意不要养成不好的习惯性行为。当今世界,新事物、新观念不断涌现,不管你是否承认,或者是否能够接受,它们一刻不停地在冲击着人们的思维和习惯,影响人们心理上的平衡。对现实生活中出现的各种新情况,人们只有正视它、分析它,善于接受它并加以适应,才不至于产生怨天尤人或愤愤不平等剧烈的内心冲突。

适应现实,就要能够正视挫折,接受失败。害怕失败的心理不仅会毁灭创造力,而且会导致焦虑、恐惧甚至绝望心理的产生。在毫无思想准备的情况下,遭受挫折所产生的失望、惊慌、忧郁以及对别人、对自己的怨恨,会严重地损害身心健康。承认失败,就像对待学步时跌倒一样,把失败和挫折看成是通往成功途中难免的事,以使自己始终充满信心,具有坚忍不拔的精神,持有健康的心理,成为现实生活中的强者。汽车的轮胎在路上,忍受了那么多的颠簸,承受路上的各种压力,这样的轮胎可以"接受一切"。如果我们在人生旅途上,也能够承受所有的挫折的话,我们就能够活得更长久,就能让人生旅程更顺利;否则,我们就会产生一连串内在矛盾,我们就会因忧虑、紧张、急躁而患病。

要接受现实,就要善于听取别人的意见,不把自己的意志强加于别人。不同的人存在着性格、兴趣、天资及生活经历上的差异,不同的意见可以帮助纠正自己过于刻板的思维方式和行为准则,如果对别人总提出不切实际的要求,总以自己的尺度衡量别人、塑造别人,让他人按照自己的意愿去做人、做事,就难以拓宽自己的视野,开阔自己的胸襟,始终保持愉快的心情。

三、妥善处理内心冲突

处理内心冲突应从趋避冲突和角色冲突两个方面着手,而趋避冲突其实质上就是在得与失、进与退上的矛盾冲突,并由此带来的心理烦恼。所以,要解除内心冲突带来的烦恼,应从这三个方面着手。

(一)妥善处理好得与失的关系

得与失是人们千年来乐于探讨的永恒主题,因为得与失像一个铜板的两面,永远附于同一事物之中,正如前面所说,你建立了自己的家庭,拥有了婚姻的幸福,你就必须失去单身汉的自由;你希望在仕途上发展,就必须断了对金钱追求的念头。相反,在失败、失利之中又可能获得新的利得机会:你婚姻失败了,就给了你一次新的选择爱情的权利;你官场上失利了,却为对职业的规划提供了新的契机。所以,上帝对每一个人都是公平的,给你这样,就必须剥夺你那样,不可能什么都给予你,也不可能什么都剥夺你。平民百姓在惊叹达官贵人的高官厚禄时,他们还在羡慕我们无官一身轻,无财不怕盗的自由与快乐呢!有些贪赃枉法者,钱财无数,所得甚多,但最后却囚于铁窗,失去自由。老子曰:"同于得者,得亦乐得者;同于失者,失亦乐失之。"这就是说,当得到了想得到的东西,必然会推动必须失去的东西。乐于得必乐于失,有失才有所得。这一思想,无不充满着辩证法的光辉。

因此,得失之道,关乎于心境心态。首先,应正确地看待得失。凡事说,有得有失,因此,所得与所失,皆以平常心接纳,面对现实,顺其自然。其次,用辩证的眼光看待得失。"塞翁失马,焉知非福",得失之间,也是相辅相成、辩证转化的。对愚蠢的人,在得中总看到失,总感不足,因而贪得无厌,心中常常愤懑不已,烦恼不断。而聪明的人,在失中总看到得,在失去中总看到背后的所得之处,在失利中总看到新的机遇。

笔者一位朋友,任某机构高层,由于年纪关系未能冲顶,他却因此获得了闲暇与时间,他利用这段时间,读自己想读的书,干自己喜欢的事,总结感悟良多,发展独树一帜。因此,我们只要心中揣着希望,充满阳光,烦恼自然烟消云散。当我们得到了想要得到的东西,便会开始又一份追求,而冥冥中却遗失了另一种美好。此时,不必怨天尤人,因为有得必有失,有失才有得。以一颗豁达之心面对一切,跳出心灵的角落,接近更灿烂的阳光,走上更宽阔的人生道路。

(二)妥善处理好进与退的关系

在前面人生智慧已有所涉及。其实,能妥善处理好进退关系,不仅彰显智慧人生,还是剂心灵的良药。

进,即进取。对进的渴求称之为进取心。进取心应是一种充满正能量的心理品质。它是不满足于现状,坚持不懈地向新的目标追求的蓬勃向上的心理状态。人类如果没有进取心,社会就会永远停留在一个水平上,正如鲁迅先生所说:"不满是向上的车轮。"社会之所以能够不断发展进步,一个重要推动力量,就是我们拥有这只"向上的车轮",即我们常说的进取之心。具有进取心的人,渴望有所建树,争取更大更好的发展;为自己设定较高的工作目标,勇于迎接挑战,要求自己工作成绩出色。有进取心的个体与组织,对人对事有强烈的好胜心,不甘落后,勇于向未知领域挑战,以成功的事实去证明自己的能力和才华。他们有旺盛的求知欲和强烈的好奇心,从而能不断接受新事物的出现,及时学习,更新自己的知识,提高自己的个人能力。能够根据组织总的目标,制定个人的发展目标,并为之努力奋斗。

因此,对进取者,我们首先应给予正面的、积极的肯定。唯此,我们的事业才能得以进步,我们的社会才可得以发展。但是,如进而无方,进而无德,恃强凌弱,逼人太盛,这种进法,就另当别论了。

因此,我们在肯定进取的时候,还应鼓励在适时的时候还要善于退。退，也需要有勇气和智慧，只有进退有据，人们才能处理好自己的工作与生活，以增加其快乐，减少烦恼。

说到退，很多人想到的可能是退让、退缩，甚至是畏首畏脑的表现。其实不然，善退者，恰恰是豁达与睿智的表现。孔子的"天下有道则任，无道则隐"就是这个意思。很多时候，退并不意味着自甘堕落、自我放弃；相反，它恰恰提供了一个反思过失、积蓄能量的最好时机。退的时候，人往往变得更清醒、更理智，也更有主见。

春秋时，晋、楚兵遇中原，晋兵后退90里，谓之报楚王相礼之恩，却在地形、人心上获得了绝对的优势，最终大胜。这就是成语"退避三舍"的典故。晋军对阵前后退，看似会降低士气，振奋敌军，让楚军占了便宜。实际上退90里等楚军，正是以逸待劳，而楚军则会麻痹大意，故而晋能轻松取胜。以退为进，是大智慧。退是为了更好地进，前进中遇到失败需要我们暂时选择退，然而，前进途中收获辉煌时，暂时的退也不妨是一种明智的选择。

善退者，不仅有着豁达的智慧，还沉蕴着包容的美德。在安徽省桐城市西南一隅，有一条用鹅卵石铺的长一百八十米、宽六尺的街道，称之为"六尺巷"，这条看似平常的巷子，至今还流传着一段以退攻心、相互包容、和谐共生的佳话。

清朝时，在安徽桐城有个著名的家族，父子两代为相，权势显赫，这就是张英、张廷玉父子。康熙年间，张英在朝廷当文华殿大学士、礼部尚书。张英的老家人与邻居吴家在宅基的问题上发生了争执，因两家宅地都是祖上基业，时间又久远，对于宅界谁也不肯相让。双方将官司打到县衙，又因双方都官位显赫、名门望族，县官也不敢轻易了断。于是张家人千里传书到京城求救。张英收书后批

诗一首寄回老家,便是这首脍炙人口的打油诗:

"千里来书只为墙,让他三尺又何妨?万里长城今犹在,不见当年秦始皇。"

家人阅罢,明白其中意思,主动让出三尺空地。吴家见状,深受感动,也主动让出三尺房基地,这样就形成了一条六尺的巷子。两家礼让之举和张家不仗势压人的做法传为美谈。修身为先,大度做人。让人三尺又何妨,失三尺之地,换万世流芳。张英的谦逊礼让,不仅成为邻里之间和睦相处的典范,更是中华民族里仁为美、和谐理念的充分体现。"六尺巷"虽不足200米,但是文化内涵却远非四五分钟距离所能承载的。再看看"万里长城今犹在,不见当年秦始皇"。人生如此短暂,去为一些身外之物争斗、拼抢,又有什么意思呢?烦恼,常常都是自找的。

所以,当我们还在为一些意义不大的事情而进退烦恼时,就想想张英这首诗,想想"万里长城今犹在,不见当年秦始皇"。因此,"让他三尺又何妨"。这样,我们还会有在进退中的无谓烦恼吗?

(三)妥善处理好角色冲突

角色冲突是当一个人扮演一个角色或同时扮演几个不同的角色时,由于不能胜任,造成不合适而发生的矛盾和冲突。角色冲突大体可以分为两类:角色间冲突和角色内冲突。

角色间冲突,是指一个人所担任的不同角色之间发生的冲突。主要表现为两个情形:一是空间时间上的冲突。一个学生,他肩负着学习的任务;作为父母的儿子,他承担着孝敬长辈的义务;作为哥哥,他承担着爱护妹妹或弟弟的任务。这样不可避免地就在时间和空间上产生了矛盾。二是行为模式内容上的冲突。比如,一个人改变了旧角色,担任了新角色,并且,新的角色与旧角色有性质区别时,也会产生新旧角色的冲突。例如,一些新生对于升入高一级学校,面对新生活的不适应就是一个例证。

角色内冲突,是指同一个角色,由于社会上人们对于他的期望与要求的不一致,或者角色承担者对这个角色的理解的不一致,而在角色承担者内心产生的一种矛盾与冲突。角色内冲突往往是由角色自身所包含的矛盾造成的。它的突出表现是,当一个人处在犯罪的边缘,思想上激烈斗争时,两种对立性质的规范、要求要通过行为者内心的冲突较量,做出从哪一种行为模式,扮演哪一种角色来决定。此外,角色间冲突也往往转化为角色内冲突,通过内冲突的形式表现和完成。

角色冲突的两种情况都可能给我们带来烦恼。因此,我们从两个方面探讨解除烦恼的方法。

针对角色间的冲突,重点应在协调各对象间的关系并适时倾斜于特定对象。

我们每个人都是由多种所扮演的角色构成的"角色丛",其实质就是一个小社会,同样适用于马克思对人的本质所作的论断:"人的本质不是单个人所固有的抽象物,在其现实性上,它是一切社会关系的总和。"在前面网络理论中分析到,人就是由各种社会关系所构成,我们每天一睁开眼,面对的就是各种各样的社会关系或人际关系:夫妻关系、父(母)子关系、师生关系、同事关系、同学关系,等等。我们每个人,都是社会关系或人际关系这张网上的一个网结。如果能处理好网结周边的各种关系,就可很闲适地躺在这个网上,乐在其中,甚至还可借力得力、借力发力;如果处理不好,则左扯右拽、左右为难、焦头烂额。有效的沟通，可协调各种关系，并建立良好的人际关系，在社会交往与社会生活中，左右逢源，游刃有余。在"角色丛"这个小社会里，个体所扮演的各种角色之间，如张勇所扮演的儿子、父亲、丈夫、董事长的多种角色互不相让，各强调各的重要，争吵不休，自然会烦恼无限。但如你能有效沟通，相互协调，势必你的内心世界就自然平和，烦恼顿消。当然，张勇在协调均衡这些关系中，得针对特定的情境，就某一角色给予更多的时间和情感的分配。如老爸病重在身，就多扮演一下儿子的角色；儿子要高考了，就得多扮演一下父亲的角色；妻子心情郁闷、渴望关爱的时候，就多扮演一下丈夫的角色；企业在生产经营的重要关头，就多扮演一下董事长的角色。当然，有时候几件事都凑在一起了，都需要张勇关注和关爱时，烦恼是不可避免的了，但是通过有效的协调和有差异的分配，烦恼还是能得到缓解的。

　　角色内冲突常常是因为对同一社会角色因自己的理解和社会的期待不一致以及自身内部所包含的矛盾所造成的。因此，要消除因角色内冲突引发的烦恼，首先要注重对自己承担的社会角色的自我评价与社会期待一致性。在解决这个问题方面，"约哈里窗户"理论也许会有所帮助。这点，在如何正确评价自己时已有论述。其次，要注意减少自身内在的矛盾冲突。这就要求个体在发展中，培养健康的心理，完善健全的人格以及积极向上的人生追求和阳光心态。这样自然会将引起内心烦恼的雾霾驱得一干二净。

　　烦恼驱跑了，快乐也就回来了！

第五编
唯有健康常相守,方可快乐常相伴

　　人之两足,左右而立,为身体之支撑;人之快乐,也需支撑,即身、心健康。

　　没有健康的心理和健全的人格,对内不能自我悦纳,对外缺乏正确认识,又何能言之快乐?没有健康的身体,"皮之不存,毛将焉附",快乐从何而来?

　　快乐,以身、心健康为基石、为根本。身心健康,支撑快乐人生!

　　唯有健康常相守,方可快乐常相伴!

第九章 人格健康者快乐

人格健康者典型的特点就是比较正确地认识自我和外部世界，对现实愉悦接纳，对未来充满希望。因而，人欲快乐地生活，就必须培养健康的人格。

第一节 人格及发展

一、人格是什么

要给人格概念下一定义，是件既轻松又困难的事。轻松是因为人格的定义是五花八门的（有人统计出了50多种），但至今没一公认的。没有权威定义，就可按各自不同的理解进行表述，所以轻松。但众多大家都未能作出全面而有权威的论断，可见要对其定义，是多么的困难。

"人格"一词来自拉丁文"面具"一词。面具是在戏台上一种特殊的面目，面具一旦戴上，它就将决定这个角色的舞台规范——该表演什么以及怎么表演。由于观看者的角度不一样，对这一面具及舞台戏路也就产生了多种理解。因而成了含义广泛的社会科学范畴：在伦理学上它指人的道德品质；法律上指人能作为权利和义务主体的资格；心理学用个性来定义人格（在西方心理学中，人格即个性。旧中国的心理学文献多用人格一词；新中国成立后，由于学习苏联，人格改称为个性，其含义一样）；哲学是从物质与意识的关系，从人的社会本质方面来解释人格；而社会学对以上几方面的含义兼而有之，它是从社会对个人的影响以及个人对外界的反应方面来理解人格的。笔者倾向认为，人格是个体在与社会互动过程中因个人特质而表现出来的较为统一和稳定的行为倾向和行为风格。个人的人生观、道德情操、能力、性格、气质以及习惯系统，都是人格状况的重要元素。

由于人格具有个体统一及稳定的行为倾向和行为风格两个基本特征，因而一旦形成，将在很大程度上决定个体的个性特征，具体表现在以下几个方面：

一是个性的倾向性。个体在形成个性的过程中，时时处处都表现出每个个体对外界事物的特有的动机、愿望、定势和亲和力，从而发展为各自的态度体系和内心环境，形成了个人对人、对事、对自己的独特的行为方式和个性倾向。

二是个性的复杂性。个性是由多种心理现象构成的，这些心理现象有些是显而易见的，别人看得清楚，自己也觉察得很明显，如热情、健谈、直爽、脾气急躁等；有些非但别人看不清楚，就连自己也感到模模糊糊。

三是个性的独特性。每个人的个性都具有自己的独特性，即使是同卵双生子甚至连体婴儿长大成人，也同样具有自己个性的独特性。

四是个性的稳定性。人的个性是逐渐形成的，一旦形成某种个性,包括它的组成部分,都具有相对的稳定性。

五是个性的完整性。如前所说,个性是个完整的统一体。一个人的各种个性倾向、心理过程和个性心理特征都是在其标准比较一致的基础上有机地结合在一起的,决不是偶然性的随机凑合。人是作为整体来认识世界并改造世界的。

由此可见,个体的人格,将直接影响着我们对人、对事乃至对自己的认识和看法,制约着人们的喜怒哀乐。病态或非健康的人格将会使我们易怒无乐,抑郁不欢;而健康的人格,则可能使我们喜悦他人,悦纳自己,心态阳光,心情快乐。

二、人格发展之经典模式

鉴于人格在个体发展与生存中的重要作用,对人格的发展过程,引起了不少学者的探讨,产生了许多颇有建树的理论观点。但学界公认最经典的发展模式还是弗洛伊德的"五阶段"发展理论和埃里克森的"八阶段"发展理论。

(一)弗洛伊德"五阶段"人格发展理论

在弗洛伊德精神分析理论中,人格的发展要经历五个阶段,这每个阶段其实都与特定的性心理有关。而且,如果人在某个阶段遇到阻碍,其人格发展就会停留在那个阶段。现看一下这五个阶段的功能及作用。

第一阶段,口腔期(0岁至1岁):原始欲力的满足,主要靠口腔部位的吸吮、咀嚼、吞咽等活动获得满足。婴儿的快乐也多得自口腔活动。此时期的口腔活动若受限制,可能会留下后遗性的不良影响。成人中有所谓的口腔性格,可能就是口腔期发展不顺利所致。

在行为上表现贪吃、酗酒、吸烟、咬指甲等，甚至在性格上悲观、依赖以及洁癖者，都被认为是口腔性格的特征。

第二阶段，肛门期（1岁至3岁）：原始欲力的满足，主要靠大小便排泄时所生的刺激快感获得满足。此时期卫生习惯的训练，对幼儿而言是关键。如管制过严，可能会留下后遗性的不良影响。成人中有所谓的肛门性格，在行为上表现为冷酷、顽固、刚愎、吝啬等，可能就是肛门性格的特征。

第三阶段，性器期（3岁至6岁）：原始欲力的需求，主要靠性器官的部位获得满足。幼儿在此时期已能辨识男女性别，并以父母中之异性者为爱慕的对象。于是出现了男童以父亲为竞争对手而爱母亲的现象，这种现象称为恋母情结，同理女童以母亲为竞争对手而爱恋父亲的现象，则称为恋父情结。

第四阶段，潜伏期（7岁至青春期）：7岁以后的儿童，兴趣扩大，由对自己的身体和父母感情，转变到周围的事物，故而从原始的欲力来看，呈现出潜伏状态。此一时期的男女儿童之间，在情感上较前疏远，团体性活动多呈男女分离趋势。

第五阶段，两性期（青春期以后）：此时期开始时间，男生约在13岁，女生约在12岁，此时期个体性器官成熟，在生理上与心理上有明显特征，两性差异开始显著。自此以后，性的需求转向相似年龄的异性，开始有了两性生活的理想，有了婚姻家庭的意识，至此，性心理的发展以臻成熟。

在弗氏看来，一些个体之所以出现人格障碍，就是因为在这些发展阶段受阻并产生挫折感并进入了潜意识，而在这五阶段的发展顺利圆满，就会逐渐形成健全的人格。

(二)埃里克森"八阶段"发展理论

埃里克森是一位没有接受高中以上正规教育却当上哈佛大学教授的心理学家,其经历本身就具有传奇色彩。他创立了心理社会发展理论,认为人作为个体,其人格发展必须经历八个阶段,而每个阶段有每个阶段相应的核心任务,当任务得到恰当的解决,就会获得较为完整的同一性。核心任务处理得不成功或者是失败,则会出现个人同一性残缺、不连贯的状态,处理的成功与失败即为两个极点。例如婴儿时期的最优状态是基本信任的状态,最劣状态是基本不信任的状态。核心任务的处理结果会影响人的一生。这八个阶段分别通过童年期、青春期、成年期三个历史时期来完成。

首先,童年期要完成四个阶段的任务:

第一阶段,婴儿期(0岁至1.5岁):基本信任和不信任的心理冲突。此时不要认为婴儿是一个不懂事的小动物,只要吃饱不哭就行,这就大错特错了。此时是基本信任不信任的心理冲突期,因为这期间孩子开始认识人了,当孩子哭或饿时,父母是否出现则是建立信任感的重要问题。信任在人格中形成了"希望"这一品质,它起着增强自我的力量。

第二阶段,儿童期(1.5岁至3岁):自主与害羞(或怀疑)的冲突。这一时期,儿童掌握了大量的技能,如爬、走、说话等。更重要的是他们学会了怎样坚持或放弃,也就是说儿童开始"有意志"地决定做什么或不做什么。这时候父母与子女的冲突很激烈,也就是第一反抗期的出现。一方面父母必须承担起控制儿童行为使之符合社会规范的任务,即养成良好的习惯;另一方面儿童开始了自主感,若放任自流,这将不利于儿童的社会化。反之,若过分严厉,又会伤害儿童自主感和自我控制能力。因此,把握住"度"的问题,才有利于在儿童人格内部形成意志品质。

第三阶段,学龄初期(3岁至5岁):主动对内疚的冲突。在这一时期如果幼儿表现出的主动探究行为受到鼓励,幼儿就会形成主动性,这为他将来成为一个有责任感、有创造力的人奠定了基础。如果成人讥笑幼儿的独创行为和想象力,那么幼儿就会逐渐失去自信心,这使他们更倾向于生活在别人为他们安排好的狭窄圈子里,缺乏自己开创幸福生活的主动性。

第四阶段,学龄期(6岁至12岁):勤奋对自卑的冲突。这一阶段的儿童都应在学校接受教育。学校是训练儿童适应社会、掌握今后生活所必需的知识和技能的地方。如果他们能顺利地完成学习课程,他们就会获得勤奋感,这使他们在今后的独立生活和承担工作任务中充满信心;反之,就会产生自卑。当儿童的勤奋感大于自卑感时,他们就会获得有"能力"的品质。

其次,青春期虽然只有一阶段,但非常重要。

第五阶段,青春期(12岁至18岁):自我同一性和角色混乱的冲突。一方面青少年本能冲动的高涨会带来问题,另一方面更重要的是青少年面临新的社会要求和社会冲突而感到困扰和混乱。所以,青少年期的主要任务是建立一个新的同一感或自己在别人眼中的形象,以及在社会集体中所占的情感位置。这一阶段的危机是角色混乱。埃里克森把同一性危机理论用于解释青少年对社会不满足和犯罪等社会问题上。他说,如果一个儿童感到他所处于的环境剥夺了他在未来发展中获得自我同一性的种种可能性,他就将以令人吃惊的力量抵抗社会环境。

最后,成年期有三个阶段,对人至关重要,即第六阶段至第八阶段。

第六阶段,成年早期(18岁至25岁):亲密对孤独的冲突。只有具有牢固的自我同一性的青年人,才敢于冒与他人发生亲密关系的风险。因为与他人发生爱的关系,就是把自己的同一性与他人的同一性融合一体。这里有自我牺牲或损失,只有这样才能在恋爱中建立真正亲密无间的关系,从而获得亲密感,否则会产生孤独感。

第七阶段,成年期(25岁至65岁):生育对自我专注的冲突。当一个人顺利地度过了自我同一性时期,以后的岁月中将过上幸福充实的生活,他将生儿育女,关心后代的繁殖和养育。他认为,生育感有生和育两层含义,一个人即使没生孩子,只要能关心孩子、教育指导孩子也可以具有生育感。反之没有生育感的人,其人格贫乏和停滞,是一个自我关注的人,他们只考虑自己的需要和利益,不关心他人(包括儿童)的需要和利益。

在这一时期,人们不仅要生育孩子,同时要承担社会工作,这是一个人对下一代的关心和创造力最旺盛的时期,人们将获得关心和创造力的品质。

第八阶段,成熟期(65岁以上):自我调整与绝望期的冲突。由于衰老,老人的体力、心力和健康每况愈下,对此他们必须做出相应的调整和适应,所以被称为自我调整对绝望感的心理冲突。当老人们回顾过去时,可能怀着充实的感情与世告别,也可能怀着绝望走向死亡。自我调整是一种接受自我、承认现实的感受,一种超脱的智慧之感。如果一个人的自我调整大于绝望,他将获得智慧的品质。老年人对死亡的态度直接影响下一代儿童时期信任感的形成。因此,第八阶段和第一阶段首尾相连,构成一个循环或生命的周期。

埃里克森认为,在每一个心理社会发展阶段中,解决了核心问题之后所产生的人格特质,都包括了积极与消极两方面的品质,如果各个阶段都保持向积极品质发展,就能完成这阶段的任务,逐渐实现健全的人格,否则就会产生心理社会危机,出现情绪障碍,形成不健全的人格。健全人格的形成,必将带来欢快的心境和豁达的人生观,从而使人愉悦和快乐。

在20世纪60年代期间,埃里克森因其关于青少年与叛逆的观点而成名。同时,在埃里克森之前,人们片面地认为人格最迟定型于青少年期晚期。埃里克森独特而有创意的观点,使人们看到了中年期及以后人格发展的可能性。心理学家再也不会忽视老年人,这是非常有积极意义的。

三、人格发展是社会化与个体化的统一

由于人格及发展模式对个体的发展具有重要的意义,因而引发了诸多学者的探索欲望,人们都希望通过自己的思索,为这迷人的课题的解答作一点自己的贡献。笔者也积极地加入了讨论的行列,并提出人格是社会化与个体化相统一发展的人格发展理论。

(一)人格是一个复合体

作为一种较为稳定的行为倾向和行为风格,人格应是一个统一的复合结构,而这个结构又应由若干亚结构所组成。一个人的个体特质由其生理、心理、社会性三方面的特点所决定,那么一个区别于他人的个体人格及结构理应由这三个亚结构所组成。在受生理制约的亚结构方面,包括年龄特点、性的心理以及气质等;在心理亚结构方面,包括情绪、情感、兴趣、嗜好、愿望、意向、性格、能力、意志、

感觉、思维等；在社会亚结构方面，包括理想、情操、人生观、态度、价值观等。各种亚结构的每一具体特征，都对个体人格的行为倾向和反应模式产生这样或那样的制约作用。

(二)人格的发展是社会化与个体化相统一的过程

首先，人格发展是个体社会化的过程。

在对人格的理论研究中，其发展模式分歧的焦点又主要集中于如何估计生物学因素和社会学因素在其发展中的地位以及两者如何相互作用的关系上。比较典型的理论流派有弗洛伊德的心理性欲望理论和埃里克森的心理社会发展理论。弗洛伊德主要是从个体的生物本能特别是性本能方面来寻求人格发展的动力和构建其人格五个阶段发展基本模式的；而埃里克森则主要是从广阔的社会背景以及人与人的整体关系来探讨人格的发展并提出人格八个阶段发展基本模式的。他们各自的精辟分析，使我们能比较清晰地认识到这两种因素在人格发展中的巨大作用。但同时，也正因为他们只注重了对"自己这一头"的分析而忽视了对方的合理因素，使其理论出现了片面性和割裂性的弊端。

事实上，当个体还怀胎于母体时，生物学和社会学的因素就已同时作用于个体的人格发展，只是在以后不同的发展阶段里，两种因素的意义与地位不一样，并逐渐由生物学因素占主导地位向社会学因素占主导地位过渡。这种变化，将相应地引起个体人格的结构变化即由生物属性(本能的需求、欲望的冲动等)占主导地位向社会属性(个性心理、观念规范、自我意识等)占主导地位转化。在个体发展的不同时期里，其人格中的生物属性和社会属性的比重和地位有着明显的差异。在幼儿期和儿童期(0岁至13岁)其生物属性较之社会属性,有着明显的优势。但这里应澄清一种说法,即人来到人世之初,只是个"不知不识的个体"。从人生下来后若离开了后天的社会环境将不会成为真正意义上的人这点来讲,有一定道理,但不能因此理解为个体在出生时,其人格结构中的社会因素仅是一张白纸,因为即使是生物意义上的人,在解剖生理方面,特别是在大脑神经系统方面,有着远超出其他任何动物的优势——诸如大脑皮层的发达、感受和执行语言中枢的建立,无不是千百年来人们的社会活动在其人格中的物质沉淀。青春期(14岁至17岁),是人格中的社会属性逐渐发展并取代生物属性主导地位的转变时期。由于它带来了整个人格结构的一次根本性的变化,难免会对个体人格带来一次巨大的震荡,这就是为什么青春期是人生中的"狂风暴雨时期"、"心理危机时期"的重要原因。进入青年中期(18岁至22岁)后,人格中的社会属性已开始占主导地位,结构性的变化也渐趋平稳。进入了趋于稳定成年期(35岁以后)特别是少变化的老年期(60岁以后),人格中受生物因素支配的成分越来越少,但也不可说彻底地改变或消除其生物属性了,因为仅从人是从动物演变而来这一点就说明,他不可能彻底地改变其生物方面的属性,正如机器人永远也不可能成为真正的人一样。

为此,我们说,人格发展的模式实质上就是人格中的生物、社会两种属性在主导地位上的转化过程,也就是个体不断内化社会规范,输入社会信息,自觉地改造其生物属性并增加其社会属性的过程,即人们通常所说的社会化过程。

其次,人格的发展也是实现个体化的过程。

人格的这种发展,同时又表现为一个由混沌的点到整合的面的演变过程,也就是说新生儿来到这个世界最初的一瞬间,其人格处在一种混沌的状态中,当其一旦感觉到他自己的行为方式影响着父母或成年人对他的反应时,其人格的社会化便开始了。而进入社会化后,这个混沌的点就好像原始胚胎的演变一样,生长出人格结构的各条枝干——生理制约亚结构、个性心理亚结构、社会性亚结构。这三个亚结构相互联系、相互制约、相互作用,使个体人格的发展呈现出不同的阶段性,形成一个个既有共性又有个性的人格整合面。

从新生儿开始社会化时,三个亚结构的要素就开始了相应的发展。如果三个亚结构要素的发展是协调的,那么每隔一段时间就会构成一个个具有整合意义的人格面,这种整合意义上的人格面既是人格发展中的前一个阶段的结束又是后一个阶段的开始。比如:每个人的人格结构发展都是从新生儿开始的。从胎儿出生到5岁这一段时间,由于三个亚结构的要素间相互作用,协调发展,出现了第一个具有全新意义的人格整合面,它既标志着婴幼期的结束,又标志着儿童少年期的开始,并将引起个体人格状态的重大转变。若在发展中,各亚结构不协调不同步,或性角色意识不健全,或社会属性发展缓慢,或发展过程中仅有量的积累,实现不了应有的阶段性突破,都可能导致人格病态而不能形成具有整合功能的人格面。在这层意义上,我们就可将人格发展的模式理解为由混沌的点向整合的面不断演进和突破的过程。由于每个人的先天素质和后天环境的差异,就使其形成了不同的人格整合面,即不同的人格类型。

人格要素和亚结构是怎样从混沌中分化出来,并成为有机协调的整合面的呢? 卡尔·荣格对此进行了精辟的分析。他认为,在人格发展理论中,有两个最为关键的概念需要把握,即个体化与一体化。所谓的个体化,是指人格各具体的系统(亚结构与要素)在其人格自身发展动力的推动下而日益发展,这种发展"不仅仅是一种系统与其他各种系统逐渐分化开发,而且,更重要的是,各种系统在其自身中逐渐演化,从一种简单的结构发展为一复杂的结构,宛如一只幼虫生长成一只蝴蝶一样"。这一过程是靠其自身力量所推动的,"个体化过程是一种自发的,与生俱来的过程……人格注定要成为个体化人格,正如身体必定会发育成长一样"。

个体化揭示了人格要素与各系统的发展,这些要素与系统有些是相互协调的,但有些却是有冲突的,要将这些既协调而又有冲突的要素与系统组成一个完整的人格面又需要什么呢?需要一体化的作用。荣格认为,个体人格在发展中,要受控于一种机能,他称此为"超验机能"。"超验机能"具有联合人格之中所有相互对立的动向,朝着一体化目标运动的能力。荣格写道,超验机能的目标是"原来隐匿着的胚胎种质状态中的人格一切方面现实化;是原生潜隐整体人格的展现和发展"。

个体化与一体化是既有相对独立性,又有同步进行的同一过程。个体化与一体化共同作用,实现了人格的发展过程。

(三)需与求构成了人格发展的原动力

发展的模式回答了发展的过程,是什么动力推动这一过程得以实现的呢?唯物辩证法告诉我们,任何事物的发展,其动力都只能从决定其发展的矛盾中去寻找,人格发展的动力也同样如此。个体的人格结构,可以说是一个充满着矛盾的系统,在众多的矛盾中,有两对特别值得一提,即个体人格与独立其外的客观世界的矛盾,个体在活动中所产生的新需求与原有人格状况间的矛盾。

个体人格与独立其外的客观世界的矛盾,将致个体不断完善其人格结构并使其与客观世界趋于一致,正是在这种不断完善的趋向性活动中,人格得到了发展;反之,个体在发展中,其人格结构与客观世界的矛盾或差距不但不能缩小反而越来越大,说明其人格发展遇到了障碍。因而可以说正确地解决主客观间的矛盾,是推动和完善人格发展的动力。

但是,这一动力固然对人格的发展具有极大的推动作用,却毕竟不是其内部原因。我们知道,任何事物发展的根本动力在其内部矛盾。那么,什么是其内部矛盾呢？是否可以这样认为,个体在活动中所产生的新的需求与原有人格状况间的矛盾？在这一对矛盾中,原有人格状况中的要素以及发展水平,是整个人格结构中较为稳定的方面,是人格过去发展的结果。而需求作为一种心理现象,是人们必需而又欠缺的事物在其头脑中的反映。人们从事任何活动,都是为了满足自身的某种需求,它可以表现为两个方面的内容,即个体为了维持并发展自己生物组织而产生的欲求,如渴欲饮、饥欲食、寒欲衣以及性的欲求等;另一方面表现为对社会生活中某些事物的需要,如对情爱、成就、友谊等的需要。需求在人格发展中,经常代表着新的一面。需求的产生也与一定的客观现实紧密相联,客观实际的不断发展以及个体自身生物方面的增长,不断地向其提出了新的要求和问题,使人格结构中的要素及现状跟这些要求与问题发生冲突,就形成了新的需求与原有人格状况的矛盾。满足其需求,是人们各种行为的终极原因,因而这种满足,必然导致其对立面——现有的人格状况发生变化。如果说这种需求是正当的,那么在每一次满足之后,都可能促使其人格结构发展一步;反之,这种需求是非正当的话,就可能使其人格的发展受到阻碍甚至倒退。

需(要)与(欲)求共同作用,构成了人格发展的原初动力,但是,在不同的个体以及同一个体的不同发展阶段上,二者对人格发展的作用是不尽相同的。一般来说,在个体的幼儿期和儿童少年期其生理性欲求较之社会需要对人格发展具有更大的作用,而进入成年期以后,这种状况刚好相反,而青年期则是二者主导地位转换期。对不同的个体来说,对生理欲求和社会需要追求的差异性,常是决定其人格类型的重要原因。

第二节 人格健康与人生快乐

个体的人格既然如此重要,它必然制约着我们的快乐与幸福。人格健康者才能人生快乐。

一、大师眼中的健康人格

如同人格的定义很难统一一样,健康人格的界说也是五花八门的,但其中不乏经典之说。美国当代著名心理学家舒尔茨通过梳理、归纳出奥尔波特的"成熟的人"理论、罗杰斯"充分起作用的人"理论、弗洛姆"创造性的人"理论、马斯洛"自我实现的人"理论、弗兰克"超越自我的人"理论。这些堪称在健康人格探讨中出现的经典理论,从不同的方向,对健康人格进行了有价值的阐释,也是人们在研究健康人格时极有意义的借鉴。

(一)"成熟的人"理论

奥尔波特是美国人格心理学家,现代个性心理学创始人之一,美国人本主义心理学家的代表人物之一。1939年当选为美国心理学会主席,1964年获美国心理学会颁发的杰出科学贡献奖。他考察了"人格"一词的起源,并把人格与希腊语的"面具"相联系。同时对50种人格定义进行了考证,在其名著《人格心理学的解释》一书中,作出了自己对人格的定义:"人格是个体内部决定其独特的顺应环境的那些心理、生理系统中的动力组织。"这一定义,获得很多心理学家的推崇。

奥尔波特对健康人格进行了积极探讨,并提出健康人格的七条标准:

一是自我感的扩展。奥尔波特认为,随着自我的发展,自我感就扩展到人和物的广阔领域上。最初,自我只是集中在个人身上,后来,由于经验范围的增大,自我就扩大到包含抽象的价值观和理想上。随着人的成熟,他或她就发展了超出自身范围的兴趣。然而,仅仅是与自己以外的某事或某人(例如工作)相互作用,这是不够的。人必须成为一名直接的完全的参与者。奥尔波特把这叫做"这个人真正参加了人类努力的某种重大领域"。人必须把自我延伸到活动之中去。一个人愈是专注于各种活动,他的心理也就会愈加健康。

二是良好的人际交往能力。奥尔波特在人与他人的关系上,区分出两种类型的温暖——亲密的能力和同情的能力。

心理健康的人,对于父母、孩子、配偶和朋友,具有显示亲密(爱)的能力。亲密能力能显出充分发展的自我扩展感。第二种类型的温暖即同情,包括对于人的基本状况的同情,以及与一切人的亲属感。健康人有领会痛苦、热情、恐惧和失败的能力,这些表现出人生活的特点。这种移情作用的发生,经由个人情感"富有想象力的扩展"。因而,成熟的人格容忍其他人的行为,并且不予评判或谴责。

三是安全感和自我认可。健康人格能够承认包括弱点和缺点在内的他们的特质的各个方面,对于他们来说没有被动屈从的情况。奥氏认为,健康的人格者应具有安全感,他称它为"挫折的耐受性"。这一品质表明人怎样反应需求和欲望的压抑和挫折。健康人对这些阻碍有耐受力。他们不使自己听命于挫折,而是能够代之以达到同样目标或替代目标的,设计不同的没有阻碍的道路,挫折不会使健康人格丧失活动的能力。同时,成熟的人格也能够承认人的情绪。他们既不是情绪的俘虏,也不试图掩盖情绪,而是善于控制。这种控制不是压抑,而是把情绪转变到更具有建设性的方向上去。

四是能够客观地看待世界。健康人客观地看待他们的世界,以便使它适合他们自己的需求、需要和忧虑。他们不固执己见,而是按现实的本来面貌承认现实。

五是能承担自己所担任的工作。奥尔波特强调工作的重要性,并认为工作上的成功包含一定的技能和能力——胜任的程度——的发展。但是,只掌握有关的技能还不够,我们必须以全神贯注的、热心的和献身的方式运用它们,并把自己完全投入到工作之中。在健康人身上,这种承担义务的精神是非常强烈的。因此,工作和责任心为人生提供持续的意义,没有重要的工作去做,没有献身和承担义务的精神,以及没有做工作的技能,要达到成熟的和积极的心理健康是不可能的。

六是能客观地认识自己。健康人格者必须充分认识自己,因为,拥有高水平的自我认识或自我洞察力的人,不大可能把个人的消极品质投射到他人身上。这种人倾向于准确评价其他人,并且通常能被别人较好地接受。因而,有更高的自知之明的人,比缺乏自知之明的人更为明智。

七是有坚定的价值观和道德心。奥尔波特认为,健康的人格是向前看的,是被长远的目标和计划推动的。这些人有目的感,有完成工作的使命感。道德心有助于人生观的统一。奥尔波特指出了成熟的道德心和不成熟的道德心或神经病的道德心之间的差异。不成熟的道德心像儿童的道德心一样,是驯服和盲从的,充满了限制和禁律。这种道德心从童年到成年都有。它的特点是"必须",而不是"应该"。换言之,不成熟的人说的是"我必须这样行动",而成熟的人说的是"我应该这样行动"。成熟的道德心由对自己和对他人的义务感和责任心组成,并制约其行为。

(二)"充分起作用的人"理论

罗杰斯是美国著名心理学家、人本主义心理学主要代表之一,在心理咨询和治疗的实践中,以"当事人为中心"的心理治疗方法而闻名。1947年当选为美国心理学会主席。

罗杰斯认为,具有健康人格的人是自我实现了的人,而且是可以充分起作用的人。这种人主要有五方面特征:

一是开放性的人。自我实现的人在情感和态度上是开放的、无拘无束的,没有任何东西需要防备,其人格的一切方面都不是封闭的。这是人格具有灵活性的必然结果。有灵活性的人格,不仅对生活提供的经验具有接受能力,而且能够把这些经验运用到开辟新的感知和表现的途径上去。

二是对新的经验能很快适应并予以分享。充分起作用的人的适应性是很强的,因为他们的自我结构对于新的经验通常是敞开的。在这样的人格中,没有僵化的可能性。

三是信任自己的感觉。由于健康人对经验是完全敞开的,所以,在采取决定的时候,他或她就有获取一切有用信息的方法。这种信息包括人的需要,有关的社会要求,过去类似情境的记忆,以及当前情境的知觉。罗杰斯把健康的人格,比喻为进入其中的一切有关资料都已程序化了的电子计算机。这样的电子计算机考虑到了问题的各个方面、可能的选择和后果,并对行动的过程迅速地作出了决定。因为用于作出决定的资料是准确的,还因为在采取决定的过程中整个人格都参与了,所以,健康人格会如信任他们自己那样信任他们作出的决定。

四是自由感。人的人格越健康,他体验到的选择自由和行动自由也就愈大。健康人在思想和行动的取舍过程中,能够在没有强制和压抑的情况下,进行自由的选择,而且相信未来是由自己决定的,由于有这种自由感和权力感,健康人就在生活中察觉到巨大的选择自由,而且感到有做自己想做的任何事情的能力。

五是具有较高的创造力。所有充分起作用的人都具有高度的创造力。由于他们的其他特点,所以,很难看到什么事情是他们所不能做的。他们在行为、转变和成长上是自发的,而且是在反映他们周围生活的丰富刺激中发展的。他们在环境条件激烈的变革中,更有适应能力并能生存下来。

(三)"创造性的人"理论

该理论的创始者为弗洛姆。弗洛姆是一位国际知名的美籍德国犹太人本主义哲学家和精神分析心理学家。毕生旨在修改弗洛伊德的精神分析学说以切合发生两次世界大战后的西方人精神处境,弗洛姆因此被尊为"精神分析社会学"的奠基人之一。弗洛姆流传最广的一部著作是1956年出版的《爱的艺术》。在书中,弗洛姆提供了他关于健康人格的画像:这种人,富于爱,是有创造性的,具有高度发展的推理能力,能够客观地理解世界和自我,拥有稳固的同一感,与世界相处得很好并扎根在世界之中。弗洛姆认为,爱是一门艺术,是人与人之间的创造力,而不是一种感情。成熟的爱与天真的、孩童式的爱有重大区别。

天真的、孩童式的爱情遵循下列原则:"我爱,因为我被人爱。"成熟的爱的原则是:"我被人爱,因为我爱人。"不成熟的、幼稚的爱是:"我爱你,因为我需要你。"而成熟的爱是:"我需要你,因为我爱你。"父母和孩子之间的爱:母爱是一种祝福,是和平,不需要去赢得它,也不用为此付出努力。但无条件的母爱有其缺陷的一面。这种爱不仅不需要用努力去换取,而且也根本无法赢得。如果有母爱,就有祝福;没有母爱,生活就会变得空虚,而我们自己却没有能力去唤起这种母爱。父爱的本质是:顺从是最大的道德,不顺从是最大的罪孽,不顺从者将会受到失去父爱的惩罚。父爱的积极一面也同样十分重要。因为父爱是有条件的,所以我们可以通过自己的努力去赢得这种爱。与母爱不同,父爱可以受我们的控制和努力的支配。一个成熟的人最终能达到他既是自己的母亲,又是自己的父亲的高度。他发展了一个母亲的良知,又发展了一个父亲的良知。母亲的良知对他说:"你的任何罪孽,任何罪恶都不会使你失去我的爱和我对你的生命、你的幸福的祝福。"父亲的良知却说:"你做错了,你就不得不承担后果；最主要的是你必须改变自己，这样你才能得到我的爱。"成熟的人使自己同母亲和父亲的外部形象脱离，却在内心建立起这两个形象。

健康人格者因为爱有了创造力，弗洛姆把这种创造力称为创造力定向。这概念类似于奥尔波特的"成熟的人"和马斯洛的"自我实现的人"。它表现出人的潜能最充分的利用或现实化。同时，健康人依靠他们生来具有的全部潜能，通过形成他们所能形成的能力，通过实现他们的所有能量，创造了他们的自我。

健康人格者除具备创造性的爱的能力外，还具备创造性思维、幸福感和道德心。

创造性思维包含智慧、推理和客观性。创造性思维者由对思维对象的强烈兴趣所促动，由此产生巨大的发现和领悟。

幸福是与创造性定向相一致的，它是生活的一个有机组成部分和结果，伴随着所有的创造性活动。幸福不仅仅是愉快的感觉和状态，而且也是增强整个有机体、带来日益增加的活力、生理健康，以及实现一个人的潜力的状态。创造性的人是快乐的人。

弗洛姆区分出两种类型的道德心，即权威主义的道德心和人本主义的道德心。权威主义的道德心，体现着一种内化了的外部权威，这个权威指挥着人的行为。这个权威可能是父母、国家或任何别的团体，它通过人害怕由于违反权威的道德规范而受到惩罚来调节人的行为。因此，行为和思想的仲裁者，对自我来说是外部的，而且对自我的充分活动和成长起着阻碍作用，权威的道德心与创造性生活是对立的。而人本主义的道德心，是自我的声音，而不是外部代理人的声音。健康人格对行为的指导是内在的、个人的。这种健康人是按照适宜人格充分发挥作用和全面展开的方式而行动的,他们的行为是能引起内部赞同感和幸福感的。

(四)"自我实现的人"理论

大家都知道这是马斯洛的理论。马斯洛是出生在一个犹太人家庭中的美国著名心理学家,第三代心理学开创者,是位智商高达194的天才。他的"自我实现"理论已广为流传,此处只作简要介绍。

马斯洛的心理学理论,将研究焦点放在心理健康的个体上,特别是那些所谓"自我实现的人"身上,尝试归纳出那些对生命感到满意、能发挥潜能又具有创造力的人的共同点。马斯洛发现,这些人之所以较不易受到焦虑与恐惧影响,是因为他们对自己及他人都能抱着喜欢及接纳的态度。他们虽然也有缺点,但因为能够接受自己的缺点,所以较一般人更真诚、更不防卫,也对自己更满意。人本主义的心理学家及教育家相信,每个人天生均具有自我实现的倾向,而自我实现能得以实现的人具备相应的人格特征。

自我实现的人有什么样的人格特征呢?人本主义学者概括出如下要义:

一是了解并认识现实,持有较为现实的人生观。

二是悦纳自己、别人以及周围的世界。

三是在情绪与思想表达上较自然。

四是有较广阔的视野,就事论事,较少考虑个人利益。

五是能享受自己的私人生活。

六是有独立自主的性格。

七是对平凡事物不觉厌烦,对日常生活永感新鲜。

八是在生命中曾有过引起心灵震动的"高峰体验"。

九是爱人类并认同自己为全人类之一员。

十是有至深的知交,有亲密的家人。

十一是只相信现实和自己,而不相信"三人成虎"的成见和社会的偏见。

十二是具有民主风范,尊重别人的意见。

十三是有伦理观念,能区别手段与目的,绝不为达到目的而不择手段。

十四是带有哲理气质,有幽默感。

十五是有创见,不墨守成规。

十六是对世俗不轻易苟同。

十七是对生活环境有时时改进的意愿与能力。

人自我实现后,便会产生一种"高峰体验"。所谓的"高峰体验",是指人处于最激荡人心的时刻,是人的存在的最高、最完美、最和谐的状态。这时的人具有一种欣喜若狂、如醉如痴、销魂的感觉。实验证明,当人处于美丽的风景之中会显得比在简陋的环境里更活泼、更健康、更富有生气;一个善良、真诚、美好的人比其他人更能体会到存在于外部世界中的真、善、美。当人们在外界发现了最高价值时,就可能同时在自己的内心中产生或加强这种价值。

(五)"自我超越的人"理论

"自我超越"是奥地利心理学家维克多·弗兰克所提出的一个概念。他认为,健康的人真正应追求的不是实现自我而是超越自我。自我超越才能够更好地把握人生,过更有意义的生活。人对人生的意义不仅仅在于把握自我的平衡,而且在于不断地创造、敢冒风险、勇于承担责任。

在弗兰克看来,我们生活上的主要动机不是探索自我,而是探索意义,在一定意义上说,这包含"忘掉"我们自己的意思。心理健康的人已经前进到自我中心之中,或已经超越自我中心,成为一个完全的人,在他看来,所谓心理健康,就是前进到超出自我中心,达到超越自我,使自我全神贯注在意义和目的上。这时,自我就会自动地和自然而然地被实现和现实化。弗兰克的健康人格有着如下几方面特点:

一是在选择他们自己的行动方向上是自由的。

二是亲自负责处理他们的生活,亲自负责实施他们命运的态度。

三是不被他们自己之外的力量决定。

四是缔造了适合他们的有意义的生活。

五是有意识控制他们的生活。

六是能够表达出创造性的态度和价值。

七是超越了对自我的关心。

上述大师们对健康人格的阐述,真是各有精彩,亮点纷呈,无异是对此类课题研究有兴趣者的学术大餐。然而,站在这些大师巨匠肩上,我们是不是可以突破一些局限,就健康人格的界定作点另类思考呢?

二、健康人格是对立统一的有机体

在对健康人格的探讨中,笔者认为,与健康人格相对应的是病态人格,而病态人格形成的心理原因主要是人格发展的内在不协调以及各种冲突所导致的焦虑、挫折等感受,当这些感受达到一定强度而个体难以承受时,就可能引起人格病变。所以,健康人格必须是以内部协调发展和具有处理各种矛盾和冲突能力为依据的。因此,必须在各种矛盾统一中来把握健康人格的要义。因此,健康人格是以下对立统一面的复合体。

一是共性与个性的统一。人格健康者首先应是合格的社会成员,他应在社会根本规范、行为方式上与其他社会成员大体一致。若没有这种一致性,就可能使其与他人毫无共同之处,缺乏正常人所拥有的人格特征——社会人格,但是,一个人在各方面若都与他人一样,也是有缺陷的人格——不具有个人的独立人格。因此,健康人格者既注意内化社会的根本规范,在思想信念、目标及行为诸方面都力图跟上时代的发展;同时又有强烈使命感和鲜明个性,不随波逐流,人云亦云,富有主见。在注重与社会协调的同时,也强调自我奋斗。

二是客观性与超越性的统一。人格健康者能客观地分析、评价社会的得失,冷静地承认和接受所面临的客观事实,理智地接受成功与失败,具有较强的心理承受能力,敢于承担责任和压力,不怨天尤人,不沉于幻想。但是,对现实的承认与接受,并非表态的满足而是力求超越、变革和发展。他们敢于冒险,具有开拓精神,具有强烈的社会变革意识,乐于接受新生事物及社会的发展。而心理脆弱,偶遇挫折便萎靡不振,或谨小慎微、优柔寡断,则常是心理不健康的表现。

三是独立性与合群性的统一。独立性,是现代人的重要品质,也是健康人格的特征。在一般的情况下,他们不依靠别人,自己能想的不让别人代想,自己能干的不让别人代劳。当然,独立性并不非要人离群索居。而真正健康的人,一方面是高度的独立自主,另一方面又是高度的社会化。他们乐于与人合群共事,不封闭自己而愿意敞开胸怀;他们能真诚地接受别人,同时也为别人和社会所接受;他们在与人相处时的肯定态度(尊敬、信任、友爱)明显多于否定态度(憎恨、怀疑、恐惧),能建立良好的人际关系,具有较强的沟通能力,有较多的知心朋友。

四是丰富性、灵活性和稳定性的统一。人格健康者精神世界丰富,思维敏捷,谈吐幽默,爱好广泛,兴趣多样,为人热情开朗;在行为上具有灵活性和多样性的特点,能根据自身的需要、社会刺激的变化及具体行为目标的改变而增强行为的选择性,使之能多维、多向、多层次地进行探索,及时地进行比较并力图获得最佳成果。但是丰富的思想与灵活的行为方式并不影响人格健康者具有稳定性的特点。他们情感专一,思路清晰,办事有条不紊,情绪语调平稳,目标坚定,自制力强,遇到挫折会寻求适当的解脱方式,整个人格结构开放而有序。

五是自我评价与社会评价基本一致。人们自我的评价与社会对自我的评价常有一定的差距和矛盾,这些差距和矛盾若处理不好,有可能导致人格病变。健康人格者关注社会对自己的评价,力求协调二者之间的关系;同时也重视自我认识,对自己有着比较明确的了解,能客观地评价自己,主动地进行自我教育和自我判断,有协调自我评价与社会评价间差距和矛盾的能力,以力求客观的我(社会对"我"的评价)与主观的我(自己对"我"的评价)趋于一致。

六是要素与结构具有统一性。前面,我们已分析了完整的人格结构是以社会性亚结构为中心的生理的、心理的亚结构和要素的统一体。在这个统一体中,人格健康的各种亚结构及元素,具有很强的统一性和协调性,因而使其在思想意识与行为方式上表现出惯常性和一致性。如在社会观念方面能尊重他人、与人为善的人,在个性心理方面就不可能表现出强烈的以自我为中心的性格特征,在生理制约的亚结构方面,就可能使其生理本能更符合社会的要求和顾及他人的感受。

以上,大致勾勒了健康人格所具有的特征及几个相互对立而又必须协调的方面(实际远不止这几个方面)。需要强调的是,必须在对立统一中、平衡发展中来把握,才能在本质上把握人格的健康之所在。

三、人格健康与人生快乐

快乐的人生与个体人格的健康有着必然联系,一个人格有着缺陷或病态的人,不排除在某个方面具有特殊的能力和相应的成就,但很难想他有着快乐的人生和幸福的生活。健康人格对个体人生快乐有着重要的促进作用。

(一)有助于心理和谐

心理和谐是心理以及直接影响心理的各要素之间在总体意义上的协调统一、相对稳定的关系。其特点是:一是心理构成要素上的协调性。表现为人在认知、情感、意志、个性上的协调一致。二是为人处世上的理智性。表现为没有或很少有过激行为。三是心理体验上的愉悦性。心理和谐的人也有喜怒哀乐,但积极愉悦的体验占主导地位。四是表征意义上的总体性。心理和谐的人也有心理矛盾、冲突的时候,心理的某些成分之间也有一定程度的不和谐,但他能将这样的冲突和矛盾控制在尽可能短的时间和尽可能小的范围内。五是持续时间上的稳定。总体意义上的心理和谐在一定时期相对稳定地表现出来,甚至构成了一个人相对稳定的特质。

健康人格者将会有效地协调自身心理要素间的关系,做到知、情、意、行的和谐统一,在待人处世方面,收放有度,鲜有过激,对人对己抱有一种开放、积极的心态,并能对内心的矛盾与冲突适时调整,愉悦感强。对挫折感、压力感能做较好的控制,使心理处在较稳定的和谐状况。因此,有助于和谐心理的建立。

(二)有助于自我悦纳

自我悦纳是快乐人生的重要内容,一个自己都不接受自己的人,不能指望别人接受他;一个自己都不尊重自己的人,不能指望别人尊重他;一个自己不能让自己快乐的人,同样不可能期望别人让其快乐。

健康人格者有自知之明。对自己能作出恰当评价,既能了解自我,又能接受自我,体验自我存在的价值。一个悦纳自己的人,并不意味着他的一切都是完美的,而是说他在接受自己优点的同时,也了解自己的缺点,很坦然地承认了自己的不足之处。他能接受自己的全部,无论优点还是缺点,无论成功还是失败。其次,无条件地接受自己,接受自己的程度不以自己是否做错事有所改变。同时,喜欢自己,肯定自己的价值,有愉快感和满足感。只有能够真正地做到如此,我们才能真正地悦纳、认识自我。因此,使自己在人生旅途上,能够有效地缓冲各种矛盾,心胸更加开阔,更加能获得快乐的感受。

(三)有助其人际交往,建立良好的人际关系

马克思有句名言:"人的本质不是单个人所固有的抽象物,在其现实性上,它是一切社会关系的总和。"人就是由各种社会关系所构成。人格健康者,在人际交往中,不仅顾及自我,同时也会充分考虑

到社会和他人的感受;在自我充分发展时,能建立与社会、与他人良好的互动关系,从而更好地融入社会,在社会生活中充分发挥发展其个性,势必得到更多的快乐感受。

(四)有助于实现自我,超越自我

无论是马斯洛"自我实现的人"还是弗兰克"超越自我的人",都是人格健康者的重要标志。健康人格者,能找到自己的人生定位,做自己该做的事;健康人格者,总有不断追求的目标,善于不断地发掘自身的潜力,不断地超越自我。为此,将不断地获得自身价值得以体现、奋斗目标得以实现的人生快乐。

因此,我们说,人格健康必将有助人生快乐。而人生快乐者,也必将要求自身培养为健康的人格。

第三节 健康人格的培养

个体健康人格的培养,既是个人顺利生存与发展、追求快乐人生之需,也是社会应有之责,只有社会成员人格发展健康,社会才能和睦相处,社会也才能和谐发展。因此,健康人格的培养,必须从社会与个体自身两个方面着手。

一、健康人格的社会培养

我们的社会,提倡建立社会主义的和谐社会,和谐社会包括了人与自然的和谐、人与社会的和谐、人与人的和谐、经济发展与社会发展的和谐等。但归根到底不外是人与人的和谐以及人与自然的和谐,而这一些关系的主体都又集中到一点,即人的和谐。只有这个社会的成员都心理和谐、人格健康,才可促进社会各种关系的和谐协调,才可能推动社会的和谐进步。

从社会的角度,应怎样强化社会成员健康人格的培养呢?

(一)倡导良好的社会风气

人们天天生活在特定的社会环境中,社会风气将对人们的思想、行为及人格的形成具有一种无形的、潜移默化的影响。好的社会风气可以陶冶、滋养人们的境界和情操,培育健康人格的发展,而不良的观念和行为一旦形成风气,就会腐蚀社会的机体,影响社会成员健康人格的形成。所以古人曰:"风俗者,天下之大事。"

加强社会成员的道德素质,是形成良好社会风气的基础。目前,我国的社会生活正在经历着一场深刻的历史性变革,人们受各种思想观念和行为方式影响的渠道明显增多,思想观念和价值取向的独立性、选择性、多变性、差异性明显增强。在新形势下,整合多样化的社会意识,对凝聚人心,构建和谐社会是十分必要的。要积极探索把民族精神和时代精神全面融入经济、政治、文化、社会建设各个方面的有效途径和办法,使全体社会成员始终保持昂扬向上、开拓进取的精神状态,对良好社会风气的形成极为重要。

(二)注重大众传播媒介的作用

大众传播媒介主要是电视、电影、广播、杂志、图书等信息传播工具,而在当前的情况下,互联网、手机、短信、微信莫过于最为重要的传播媒介了。这些传播媒介,同样潜移默化地刺激、影响和制约社会成员人格的发展。

(三)依托学校对健康人格的培养

学校是人才成长的场所,是个体社会化的重要设置,也是人格形成的重要场所。在学校里,教师的教导及示范作用,同学们的相互作用、相互影响,学校的校风、班风,无时无刻都在感染着、影响着学生人格的状况和发展方向。所以,在学校里,要营造良好的校风、班风,老师要为人师表,同学们之间相互传递积极的正能量,必将有助于个体健康人格的形成。

学校对于青年期学生有着更为重要的意义,社会学中把这一时期称为"角色准备"时期。它与青年各种富有幻想的选择(职业、恋人、生活目标等)联系在一起,对青年今后生活道路的确立,关系极大。因此,帮助青年作好选择,确立正确的生活目标和道路,是学校教育的重要内容,也是健康人格培养的重要内容。

(四)充分发挥家庭在人格形成中的作用

家庭是个体生活的起点,也是人格形成的主要场所。家庭中,父母及年长的家庭成员的品格、技艺、生活目标等往往是成员人格形成的重要来源。

作为人格形成的重要场所,家庭有如下三个特点:

一是直观性。成员在这里所获得的社会信息都是从所熟悉的家庭成员身上直观地表现出来的。

二是可接受性强。在社会学中,常根据团体与本人的关系把团体概括为"我团体"和"他团体",家庭即为一种"我团体",它与本人休戚相关,有着十分密切的利害关系。由于婚姻关系、血缘关系、共同经济生活,常为此产生"我群感",因而使家庭成员间的思想、信念、兴趣和爱好等,常常相互影响、相互内化,可接受性很强。

三是成员在家庭中社会化主要是通过潜移默化的方式来实施的。一般来说,家庭对成员的教化,并不是要对他们一些硬性的规定,该做什么、不该做什么,该怎么做、不该怎么做,而是通过对家庭成员的言谈举止、思想信念、行为方式耳濡目染,并根据自己的价值取向潜移默化来实现。

家庭对个体健康人格的形成,在其幼年、童年时尤其重要。这个时候孩子的心灵如同一张白纸,任何经历都会留下较深的痕迹。如这时家长过于严厉,经常呵斥甚至恐吓、打骂,都会在其心灵留下阴影。哪怕随着后天的经历,将这些痛苦压抑,以至"遗忘"了,但它仍存在心灵深处,不时让人隐隐作痛,莫名其妙地恐惧、烦恼,严重地将影响人格健康发展。

因此,家庭状况如何,特别是父母和其他年长成员的榜样好坏,对青年能否顺利地实现社会化有着重要的意义。调查证明,在人格出现病态的青年中,有相当一部分都存在着家庭教化(或家庭本身)的缺陷,就是一个很好的反证。

此外,还有许多社会因素对人格形成都具有重要作用。如社会群体,包括正式群体和非正式群体,特别是同龄的非正式群体,成员间由于生理、心理发展的相近性,因而能相互感染和心理卷入,对各自的人格形成的影响极大。另外,远亲不如近邻。一些经常涉身其中的社会环境,都可能制约或影响个体的形成和发展,都是需要高度重视的。

二、健康人格的自我培养

社会相关因素为人格的养成和健康发展提供了外部环境和相关条件,但根据外因必须通过内因才能起作用的唯物辩证法原理,健康人格的形成,还必须依靠自身的努力。

如何培养自我健康人格,其途径与其定义一样,也是多种多样的。但是,笔者认为以下几条是最为重要的:

(一)把健康人格作为一个整体来培养

人格是一个有机的整体,健康人格就是一种健康的复合体。所以,对健康人格的培养,就必须从知、情、意、行各个方面,进行统一协调的培养。

在认知方面,要客观准确地反映所面临的客观世界,对人对事不过分夸大也不随意缩小,感知准确、全面,思维深刻,判断准确,尽可能杜绝各种社会知觉偏差。

在情绪情感方面,善于控制和支配自己情绪,稳定而平衡,不大起大落,忽喜忽悲,乐观开朗,与人相处始终保持阳光心态,令人欢乐和愉悦。在情感结构和层次上努力追求高级情感,如道德感、美感、理智感等。

在意志品质方面,能自觉地支配自己的行动,不随波逐流,不屈服外在的压力,能独立地判断和决定自己的行动,遇到机会会当机立断,不失时机。能树立远大的目标,培养不懈地克服困难的毅力,善于管理自己的情绪和行为,因而具有较强的自制力和意志力。

(二)正确认识自己

培养健康人格,应正确地认识自己,树立良好的自我意识。自我意识也称自我观念,是个体对自身的状态及心理活动变化的感知及控制活动。作为主体对自我的意识,自我意识是意识的一个重要方面,也是人的意识区别于动物心理的重要标志。在个体健康人格的培养中,自我意识具有十分重要的地位。它影响和制约个体人格的形成。人格的形成,既是社会化的产物,同时在一定意义上还是自己塑造的产物。每个人的人格是在其自我意识的参与和作用下形成的。在生活中我们可以看到，众多的个体，面对同一社会环境，接受同一社会信息，但最后却形成了无一相同的人格，其重要原因就是社会环境、社会信息都必须通过自我意识为中介才能作用于人格。而且，其他的人格要素，如兴趣爱好、能力性格、理想信念以及人生观的形成等，无一不受自我意识影响和制约。个体自我意识水平的提高，对人格发展的指导与调节的作用也就越大；相反，缺乏正确的自我意识，是人格异常的重要原因之一。由于不能正确地认识自己，常常就用一种歪曲的眼光来看待自己，要么自信心不足，自卑自怜；要么过于夸大自我而自负，以至自傲、自大。因此可以说，自我意识制约着人格发展的速度方向以及实际进程。培养良好的自我意识，对健康人格的培养具有极为重要的意义。

(三)友善对待他人

人格健康的人，不仅善待自己，更要善待他人。因为，善待他人常常就是善待自己。我们怎么看别人，常常折射出自己的心态和人格特征，史上有名的佛印和苏东坡的故事，就说明了这一点。

北宋大文豪苏东坡，一生都十分不顺利，他在政治上既不同意新党王安石的改革，又不同意旧党司马光的守旧，因此新旧两党都不待见他。新党执政排挤他，旧党执政也把他边缘化。他非但政治抱负无法实现，还一次次地从京城贬到外地甚至还被贬到海南岛。那时的海南岛还是蛮荒之地。其状况，也应该与其人格缺陷有关。他总是有点恃才傲物，任何人都不放在眼里。有一次他被贬到瓜州(今扬州南郊)做地方官，与瓜州一水相隔的是著名的金山寺，金山寺的住持佛印和尚是非常有佛性禅心的，东坡却经常与其调侃抬杠。有一天傍晚,东坡与佛印和尚泛舟长江。正举杯畅饮间,苏东坡忽然用手往江岸一指,笑而不语。佛印顺势望去,只见一条黄狗正在啃骨头,顿有所悟,随将自己手中题有苏东坡诗句的扇子抛入水中。两人面面相觑,不禁大笑起来。原来,这是一副哑联。苏东坡的上联是:狗啃河上(和尚)骨。佛印的下联是:水流东坡尸(东坡诗)。一天两个人在一起打坐。苏东坡问佛印:"您看我打坐的形象如何?"佛印对苏东坡说:"观君坐姿,酷似如来佛祖。"苏东坡听了很受用。佛印又问东坡:"那么您看我像什么呢?"东坡看到佛印坐在那里,身上的褐色袈裟堆在地上,说:"上人坐姿,活像一堆牛粪。"虽语出伤人,但是佛印不愧是高僧,对苏东坡的出言不逊,没有任何过激的反应,一笑置之。苏东坡心想自己这回占了个大便宜,回到家里,仍然按捺不住得意,便对妹妹苏小妹炫耀:"今天我可占了佛印一个大便宜。"苏小妹问:"你占了人家什么便宜?"苏东坡答道:"他说我像一尊佛,我说他像一堆牛粪。"不料苏小妹立刻抢白:"你占什么便宜了?没听过佛经吗,心有所想,目有所见。一个人心里有什么,看对方就是什么。人家佛印心里有一尊佛,因此看你就像一尊佛。你心里就那么一堆粪,当然看人家就像一堆粪了!"苏东坡听了,羞愧难当。

所以,我们说,苏东坡的人生失意,除了政治上失意外,应该和其人格缺陷有点关系吧。

正确对待他人,是要培养同理心和换位思考意识。同理心是一个心理学概念,是EQ理论的专有名词,指正确地了解他人的感受和情绪,进而做到相互理解、关怀和情感上的融洽。简单地说,就是你要想真正了解别人,就要学会站在别人的角度来看问题。

用同理心沟通,就是以心换心、换位思考,除此,没有更多的技巧。在同样时间、地点、事件里,把当事人换成自己,设身处地去感受、去体谅他人——这就是同理心。这一过程,首先是要能理解对方,完整地接收到对方的信息。再深层的发展就进入对方的思维情感中去,并能与其沟通。同时,应使用对方最能理解的语言、文字、语气以及肢体动作来呼应他。所以,同理心沟通应包括两个层面:一是感同身受;二是用对方习惯的模式来表达,以让其顺利接收,做到同理同步。要多发现别人的优点。常看到人家优点的人,说明心态阳光,充满积极因素,自然有助健康人格的形成。否则,像苏东坡那样,将一尊佛看成一堆牛粪,也只能说明满心都是牛粪了。

(四)培养与时俱进的时代观

健康人格者,一定是能适应社会的发展,与时代共进步的。而相反的"刻舟求剑",看不到事物是发展的,社会是进步的;抱残守缺者只想保守,不求改进,抱着残缺陈旧的东西不放,除反映出一种自甘落后的思想状况外,还折射出不能对客观现实正确的感受知觉以及思维判断等,呈现为一种明显的人格缺陷。

为此,一定要注意培养与时俱进的时代观,以积极、能动进取的心态去面对新情境,努力克服阻碍,解决新问题。只有这样,才能跟得上时代的步伐,做一个健康且永葆青春活力的人。

(五)培养好的习惯与爱好

习惯是一种久而久之养成的思维方式、行为方式乃至生活方式。习惯一旦养成,是很难改变的。一些不良的思维模式、行为方式及生活方式,都可能会对健康人格的形成造成重大影响。爱好是对某些事物的喜爱和关注,具有浓厚的兴趣并积极参加的良好习惯

和强烈喜好,对健康人格的培养有重要的意义。在良好习惯和强烈爱好的养成上,以下几方面可供借鉴:

一是读好书多体验。好的书籍无异于精神营养,经常读好书能充实心灵,丰富思想,增强认识自己和待人处世的能力,有助健康人格的形成。常带着一种开放的心境去体验自然、体验社会、体验艺术,用优美的自然景色、鲜活的社会情境、高尚的艺术享受来陶冶自己的情操,培养健康的人格。

二是学思结合,善于静思。孔子说:"学而不思则罔,思而不学则殆。"学习是重要的,但学习后不认真思考,不深刻理会,也会令人迷茫。所以,要善于静思,静思能看到自己内心的冲突,帮助排解内心的矛盾,发现自己的不足,辨析自己发展的方向。"淡泊以明志,宁静而致远","吾日三省吾身",就是这个意思。

三是养成好的生活方式。健康的生活方式,对个体人格的形成有直接的影响,这是众所周知的。所以,有规律的作息时间,合理搭配的膳食结构,适度的运动与锻炼,都是十分必要的。

另外,马斯洛关于如何成为"自我实现的人"的论述,对个人培养健康人格也极具参考价值:

一是把自己感情出口放宽,莫使心胸像个瓶颈。

二是在任何情境中,都尝试从积极乐观的角度看问题,从长远的利害关系作决定。

三是对生活环境中的一切,多欣赏、少抱怨;有不如意之处,设法改善;坐而空谈,不如起而实行。

四是设定积极而有可行性的生活目标,然后全力以赴求其实现,但不能期望未来的结果一定不会失败。

五是对是非之争辩,只要自己认清真理正义之所在,纵使违反众议,也应挺身而出,站在正义的一边,坚持到底。

六是莫使自己的生活僵化,为自己在思想与行动上留一点弹性空间,偶尔放松一下身心,将有助于自己潜力的发挥。

七是与人坦率相处,让别人看见你的长处和缺点,也让别人分享你的快乐与痛苦。

听人一千遍,不如做一遍。"学而时习之,不亦说乎。"学过之后,用一定的时间来实践它,不是一件很愉快的事吗?

第十章 身体健康者快乐

所有的快乐,都离不开一个基础——健康的身体。没有健康的身体,目不明、耳不聪、食无味,能快乐起来吗?

第一节 快乐基于身体健康

有了健康的身体,便有了快乐的基础。身不健,乐何来?

一、身不健,乐何来

人们为什么能感受到自己的快乐,是因为我们还活着。如果生命已经结束,你还能感受到快乐吗?

(一)生命是我们快乐的源泉

人的生命开始于受精卵,经过生长,变成胚胎,再变成胎儿。胎儿从母亲体内出来后第一次靠自己呼吸的同时改称为婴儿。从此,我们便来到了这个世界,经历着人生的各个发展阶段,从幼年、童年、少年、青年、中年、壮年再到老年,同时感受着人世的各种悲欢离合:有成功的喜悦,也有失败的悲伤……我们为什么能经历这么丰富的人生阶段,感受那么多人世情感?是因为我们拥有了生命。

对每一个人来说,你所有的一切,都没有什么比拥有生命更可贵。拥有了生命,我们就经历着、体验着人生的一切,就能拥有阳光,感受快乐。所以,生命是快乐的源泉。没有了生命,人生的经历将戛然而止,拥有的财富将拱手送人,所有的情绪情感将烟消云散。

生命是人们拥有一切的基础,失去生命就会失去一切。也许,当你生机勃勃时,旺盛的精力会使你忘却生命的珍贵而不去珍惜它,甚至无视它存在的价值。但是,当你站在生与死的交叉路口时,你就会真正地发现,任何透支生命的努力,赚钱买房、祈盼买车等,都是浮云。生命都没有了,你又拿什么去享受它们?只有当它即将逝去的时候,才更加显出它的珍贵。不珍惜生命,生命就不会给我们更多的机会。失去了生命,还剩下什么?什么都没有了。当生命不存在的时候,所有的一切都将化为乌有,不复存在了。如果这样,快乐还能存在吗?

生命是唯一的、宝贵的,也是脆弱的。生命,是知恩图报的,如是善待它,它将给你以丰富的人生回报;你忽视它,它将很快结束你短暂的人生。那么,我们怎样才能善待它呢?就是让它依附于一个健康的身体。

(二)健康是生命基本的保障

健康是介体在身体、精神和社会适应方面的一种良好状态,而其中的身体健康、生理机能健全,则是生命存在的最基本保障。

如果没有健康的身体、健全的生理机能,纵然个体生命存在,但会有好的生活质量吗?生命珍贵,但如果失去健康,生命也会变得暗淡无光。因为健康是生命活力的基本前提和保障。失去了健康的生命,其质量无疑会大打折扣,所以,保持健康是让生命更精彩、更完美的重要前提。而失去健康的生命是没有质量的生命,是没有意义的生命,是艰难的、苦涩的生命。因为,健康是生命存在的基础,是生命质量的体现。有了健康,生命才能焕发出勃勃生机;失去了健康,生命也会变得毫无意义。健康就是太阳,没有健康,白天也是黑夜,晴天也是阴天;拥有健康,黑夜也是白天,阴天也有太阳。美国作家爱默生说:"健康是人生的第一财富。"

再推而论之,如果健康继续失去、生理机能继续衰竭,总有一天,你会因为健康的失去而失去生命。

没有健康,生命将没有质量;没有健康,个体会失去生命。

因而,健康是生命的基本保障。

(三)健康是快乐的载体

没有健康,人将失去生活质量;失去健康,人的生命将不复存在,那么,没有健康,还会有快乐吗?答案是不言而喻的。没有健康便没有快乐,健康是快乐赖以依存的必备载体。因此,我们在探讨快乐、追寻快乐时,不探讨健康,不追求身体健康,这样的快乐能乐起来吗?

二、自己身体知多少

希望拥有健康的身体,首先得了解自己的身体。现有句流行的话叫我的身体我做主。事实上,你的身体你能做主吗?你了解自己的身体吗?其实,我们相当多的人,对自己的身体并非十分了解,当然也就很难真正自己为自己做主了。"认识你自己",除了是对个体自我意识和心理的要求外,也是对自己身体的要求。

(一)身体的基本元素

人的身体的基本元素由水、蛋白质、脂肪、无机质四种成分构成,其比例是水占55%、蛋白质占20%、体脂肪占20%、无机物占5%。人体成分的均衡是维持健康状态的基本条件。

另外一种统计认为,人体是由水、血液、骨骼、蛋白质、脂肪、肌肉所组成,其中水占重要位置,分析认为,人体由24种不同的化学元素组成,但组成人体96%体重的仅仅是其中的四种。这四种元素包括氢和氧,二者可以结合形成水。水占体重的45%到75%(依年龄与性别不同而不同)。健康成年人的血液量大约是体重的8%,如果体重50公斤,血液就约有4000毫升。这些血液约80%参与血液循环,其余约20%贮存在肝、脾、肺和毛细血管等被称为人体的"小血库"中。如果一次献血200毫升,这只占全身血液的1/20,而且"小血库"中的血液很快地会释放出来,参与血液循环。所以一次献血200毫升至400毫升对一个健康的人是不会有不良影响的。人全身共有大小206块骨骼。成年人骨骼肌占人体体重的40%(女性为35%)左右。成人体内蛋白质约占15%至18%,分散在各器官、组织和体液中。我国成年男子平均体脂含量为10%至15%,女性为18%至25%。一般人的肌肉占体重的35%至45%。

(二)身体的基本结构

从生理学的角度来看,人体是由细胞构成的。细胞是构成人体形态结构和功能的基本单位。形态相似和功能相关的细胞借助细胞间质结合起来构成的结构称为组织。几种组织结合起来,共同执行某一种特定功能,并具有一定的形态特点,就构成了器官。若干个功能相关的器官联合起来,共同完成某一特定的连续性生理功能,即形成系统。人体共有九大系统,人的各种生理机能,便是在这九大系统协调配合下完成的。由于系统的丰富性和重要性,此处着重介绍这九大系统。

人体的九大系统分别是运动系统、消化系统、呼吸系统、泌尿系统、生殖系统、内分泌系统、免疫系统、神经系统和循环系统。

运动系统由骨、关节和骨骼肌组成,约占成人体重的60%。全身各骨由关节相连形成骨骼,起支持体重、保护内脏和维持人体基本形态的作用。骨骼肌附着于骨,在神经系统支配下收缩和舒张,收缩时,以关节为支点牵引骨改变位置,产生运动。骨和关节是运动系统的被动部分,骨骼肌是运动系统的主动部分。

消化系统包括消化道和消化腺两大部分。消化道是指从口腔到肛门的管道,可分为口、咽、食道、胃、小肠、大肠和肛门。通常把从口腔到十二指肠的这部分管道称为上消化道。消化腺按体积大小和位置不同可分为大消化腺和小消化腺。大消化腺位于消化管外,如肝和胰。小消化腺位于消化管内黏膜层和黏膜下层,如胃腺和肠腺。

呼吸系统由呼吸道、肺血管、肺和呼吸肌组成。通常称鼻、咽、喉为上呼吸道。器官和各级支气管为下呼吸道。肺由实质组织和间质组成。前者包括支气管树和肺泡,后者包括结缔组织、血管、淋巴管和神经等。呼吸系统的主要功能是进行气体交换。

泌尿系统由肾、输尿管、膀胱和尿道组成。其主要功能是排出机体新陈代谢中产生的废物和多余的液体,保持机体内环境的平衡和稳定。肾产生尿液,输尿管将尿液输送至膀胱,膀胱为储存尿液的器官,尿液经尿道排出体外。

生殖系统的功能是繁殖后代和形成并保持第二性特征。男性生殖系统和女性生殖系统包括内生殖器和外生殖器两部分。

内生殖器由生殖腺、生殖管道和附属腺组成,外生殖器以性交的器官为主。

内分泌系统是神经系统以外的一个重要的调节系统,包括弥散神经内分泌系统和固有内分泌系统。其功能是传递信息,参与调节机体新陈代谢、生长发育和生殖活动,维持机体内环境的稳定。

免疫系统是人体抵御病原菌侵犯最重要的保卫系统。这个系统由淋巴结、扁桃体、免疫细胞,以及免疫球蛋白等免疫分子组成。免疫系统分为固有免疫和适应免疫,其中适应免疫又分为体液免疫和细胞免疫。

神经系统由脑、脊髓以及附于脑脊髓周围的神经组织组成。神经系统是人体结构和功能最复杂的系统,由神经细胞组成,在体内起主导作用。神经系统分为中枢神经系统和周围神经系统。中枢神经系统包括脑和脊髓,周围神经系统包括脑神经、脊神经和内脏神经。神经系统控制和调节其他系统的活动,维持机体以外环境的统一。

循环系统是生物体的细胞外液(包括血浆、淋巴和组织液)及其借以循环流动的管道组成的系统。循环系统分心脏和血管两大部分,叫做心血管系统。循环系统是生物体内的运输系统,它将消化道吸收的营养物质和由肺吸进的氧输送到各组织器官并将各组织器官的代谢产物通过同样的途径输入血液,经肺、肾排出。它还输送热量到身体各部以保持体温,输送激素到靶器官以调节其功能。

我们的身体,就是在这九大系统协调配合下运转起来的,生理机能得以发挥,经历着人生的每一个阶段,感受着人世间的每一段情感。

(三)男女有别

作为人,都有人这个有机体的共性,但作为个体,是具有不同他人个性的,其中最明显地表现在性别差异方面。

人类体细胞中含有23对携带遗传物质的染色体,其中22对为常染色体。22对染色体所含的所有基因就是遗传信息,另1对为性染色体,决定胎儿的性别。常染色体上所含性状基因种类男女都一样,没有性别差异。性染色体则不同,男性的1对性染色体由X染色体和Y染色体组成(男性的染色体组成为22+XY),女性的1对性染色体均为X染色体(女性的染色体组成为22+XX)。胎儿性别由性染色体决定,YX代表男,XX代表女,就这样,人来到世上,就有了男女之分。

由于性别差异,男女的确在很多地方上是有差别的。除了外表、解剖结构、机能或体能等有着明显的差异外,女性的抗病能力比男性强得多,因为雌激素具有降低患病率的奇异功能。因此,女性得心脏病的年龄比男性晚10年,实际发作时间要晚20年。

可见,男女有别,但各有优劣。

(四)老少有异

除了性别以外,不同年龄的人在各方面的差异也是很大的。

从胎儿到老人,体型的变化很大。最显著的变化,是身体比例上的差别。从出生到成年人的发育过程中,头部只长了一倍,躯干增长了两倍,上肢增长了三倍,下肢增加了四倍,这样就从一个头颅特大、躯干较短、两腿短小的胎儿,发展为头颅较小、躯干较短、两腿甚长的成年人。到了老年,虽然外形比例上没有变化,但随着年老而来的缓慢衰退,骨头变脆,肌肉变弱,水分变少,关节变硬,反应变慢,视力变差,听力变钝,思维变滞,体型也可能变得佝偻萎缩。假如从青少年时代就坚持体育锻炼,就可能延缓衰老的到来,能在老年期仍能保持比较理想的体型。

人到了不同的年龄,其身体状况和生理机能都会发生不同的变化。

英国《每日邮报》报导,英国研究人员最近确认了人体各个部位在同时光较量中开始败下阵来的年龄。我们曾会认为,白发和皱纹是衰老的早期迹象,实际上,人体一些部位在我们外表变老之前功能就开始退化。

下面将根据年龄的排序将其整理如下:

大脑:20岁开始衰老。随着我们年龄越来越大,大脑中神经细胞(神经元)的数量逐步减少。我们降临人世时神经细胞的数量达到1000亿个左右,但从20岁起开始逐年下降。到了40岁,神经细胞的数量开始以每天1万个的速度递减,从而对记忆力、协调性及大脑功能造成影响。

肺:从20岁开始衰老。肺活量从20岁起开始缓慢下降,到了40岁,一些人就出现气喘吁吁的状况。部分原因是控制呼吸的肌肉和胸腔变得僵硬起来,使得肺的运转更困难,同时还意味着呼气之后一些空气会残留在肺里——导致气喘吁吁。30岁时,普通男性每次呼吸会吸入2品脱(约合946毫升)空气,而到了70岁,这一数字降至1品脱(约合473毫升)。

皮肤:25岁左右开始老化。随着生成胶原蛋白(充当构建皮肤的支柱)的速度减缓,加上能够让皮肤迅速弹回去的弹性蛋白弹性减小,甚至发生断裂,皮肤在25岁左右开始自然衰老。死皮细胞不会很快脱落,生成的新皮细胞的量可能会略微减少,从而带来细纹和薄而透明的皮肤,即使最初的迹象可能到我们35岁左右才出现。

肌肉:30岁开始老化。肌肉一直在生长、衰竭,再生长、再衰竭。年轻人这一过程的平衡性保持很好。但是,30岁以后,肌肉衰竭速度大于生长速度。过了40岁,人们的肌肉开始以每日0.5%到2%的速度减少。经常锻炼可能有助于预防肌肉老化。

乳房:从35岁开始衰老。人到了35岁,乳房的组织和脂肪开始丧失,大小和丰满度因此下降。从40岁起,女人乳房开始下垂,乳晕(乳头周围区域)急剧收缩。尽管随着年龄增长,乳腺癌发生的几率增大,但是同乳房的物理变化毫无关联。

生育能力:35岁开始衰退。由于卵巢中卵子的数量和质量开始下降,女性的生育能力到35岁以后开始衰退。子宫内膜可能会变薄,使得受精卵难以着床,也造成了一种抵抗精子的环境。男性的生育能力也在这个年龄开始下降。40岁以后结婚的男人由于精子的质量下降,其配偶流产的可能性更大。

骨骼:35岁开始老化。儿童骨骼生长速度很快,只需2年就可完全再生。成年人的骨骼完全再生需要10年。25岁前,骨密度一直在增加。但是,35岁骨质开始流失,进入自然老化过程。绝经后女性的骨质流失更快,可能会导致骨质疏松。骨骼大小和密度的缩减可能会导致身高降低。椎骨中间的骨骼会萎缩或者碎裂,80岁的时候我们的身高会降低2英寸。

牙齿:40岁开始老化。我们变老的时候,我们唾液的分泌量会减少。唾液可冲走细菌,唾液减少,我们的牙齿和牙龈更易腐烂。牙周的牙龈组织流失后,牙龈会萎缩,这是40岁以上成年人常见的状况。

眼睛:从40岁开始衰老。随着视力下降,眼镜成了众多年过四旬中年人的标志性特征——远视,影响我们近看物体的能力。随着年龄的增长,眼部肌肉变得越来越无力,眼睛的聚焦能力开始下降。

心脏:从40岁开始老化。随着我们的身体日益变老,心脏向全身输送血液的效率也开始降低,这是因为血管逐渐失去弹性,动脉也可能变硬或者变得阻塞,造成这些变化的原因是脂肪在冠状动脉堆积形成——食用过多饱和脂肪。之后输送到心脏的血液减少,引起心绞痛。45岁以上的男性和55岁以上的女性心脏病发作的概率较大。

肾:50岁开始老化。肾过滤量从50岁开始减少,肾过滤可将血流中的废物过滤掉,肾过滤量减少的后果是,人失去了夜间憋尿功能,需要多次跑卫生间。75岁老人的肾过滤量是30岁壮年的一半。

前列腺:50岁开始老化。前列腺常随年龄而增大,引发的问题包括小便次数的增加。这就是良性前列腺增生,困扰着50岁以上的半数男子,但是,40岁以下男子很少患前列腺增生。前列腺吸收大量睾丸激素会加快前列腺细胞的生长,引起前列腺增生。正常的前列腺大小有如一粒胡桃,但是,增生的前列腺有一个橘子那么大。

听力:在55岁左右开始老化。60多岁半数以上的人会因为老化导致听力受损。这叫老年性耳聋,是因"毛发细胞"的缺失导致,(内耳的毛发感官细胞可接收声振动,并将声振动传给大脑)。

肠:从55岁开始衰老。健康的肠可以在有害和有益细菌之间起到良好的平衡作用。而肠内友好细菌的数量在步入55岁后开始大幅减少,这一幕尤其会在大肠内上演。结果人体消化功能下降,肠道疾病风险增大。随着年龄的增大,胃、肝、胰腺、小肠的消化液流动开始下降,发生便秘的几率便会增大。

味觉和嗅觉:60岁开始退化。人一生中最初舌头上分布有大约10000个味蕾。到老了之后这个数可能要减半。过了60岁,味觉和嗅觉逐渐衰退,部分是正常衰老过程的结果。它可能会因为诸如鼻息肉或窦洞之类的问题而加快速度,也可能是长年吸烟累积起来的结果。

膀胱:从65岁开始衰老。65岁时,有可能丧失对膀胱的控制。此时,膀胱会忽然间收缩,即便尿液尚未充满膀胱。女人更易遭受膀胱问题,步入更年期,雌激素水平下降使得尿道组织变得更薄、更无力,膀胱的支撑功能因此下降。人到中年,膀胱容量一般只是年轻人的一半左右。如果说30岁时膀胱能容纳两杯尿液,那么70岁时只能容纳一杯。这会引起上厕所的次数更为频繁,尤其是肌肉的伸缩性下降,使得膀胱中的尿液不能彻底排空,反过来导致尿道感染。

声音:从65岁开始衰老。随着年龄的增长,声音会变得轻声细气,且越来越沙哑。这是因为喉咙里的软组织弱化,影响声音的音质、响亮程度和质量。这时,女人的声音变得越来越沙哑,音质越来越低,而男人的声音越来越弱,音质越来越高。

肝脏:70岁开始老化。肝脏似乎是体内唯一能挑战老化进程的器官。因为肝细胞的再生能力非常强大。手术切除一块肝后,3个月之内它就会长成一个完整的肝。如果捐赠人不饮酒不吸毒,或者没有患过传染病,那么一个70岁老人的肝也可以移植给20岁的年轻人。

亲爱的读者,看了这段数据以后,如果有兴趣,可以按自己的年龄对号入座。此后,不知你是高兴还是惊叹。笔者是深感在规律面前,我们谁都是无法回避的,这不取决你愿意还是不愿意。但是,注不注重保养及怎样保养,结果又可能有新的不一样了。

三、健康身体的标准

健康的身体是有一定的衡量标准的,下文着重介绍世界卫生组织的标准和中医的标准。

(一)世界卫生组织的标准

说到健康标准自然会想到世界卫生组织给健康标准下的定义:"健康乃是一种在身体上、精神上的完满状态,以及良好的适应能力,而不仅是没有疾病和衰弱的状态。"显然,这是个完整意义上的健康标准,而我们要探讨的,则主要是个体身体方面的健康标准。

在这个问题上,世界卫生组织又提出了身心健康的八大标准,比较偏重于个体躯体方面的健康状况了。这八大标准是:

一是食得快。进食时有很好的胃口,能快速吃完一餐饭而不挑剔食物,这证明内脏功能正常。

二是便得快。一旦有便意时,能很快排泄大小便,且感觉轻松自如,在精神上有一种良好的感觉,说明胃肠功能良好。

三是睡得快。上床能很快熟睡,且睡得深,醒后精神饱满,头脑清醒。

四是说得快。语言表达正确,说话流利,表示头脑清楚,思维敏捷,中气充足,心、肺功能正常。

五是走得快。行动自如,转变敏捷,证明精力充沛旺盛。

六是良好的个性。性格温和,意志坚强,感情丰富,具有坦荡胸怀与达观心境。

七是良好的处世能力。看问题客观现实,具有自我控制能力,适应复杂的社会环境,对事物的变迁能始终保持良好的情绪,能保持对社会外环境与机体内环境的平衡。

八是良好的人际关系。待人接物能大度和善,不过分计较,能助人为乐,与人为善。

而在这个问题上,笔者比较倾向于中国传统医学中中医关于身体健康的标准。可以说,这是中国版的健康标准。

(二)中医的健康标准

中医就健康评价提出以下十条标准:

一是双目有神。神藏于心,外候在目。眼睛的好坏不仅能够反映出心脏的功能,还和五脏六腑有着密切的关联。眼睛是脏腑精气的会聚之所在。因此,眼睛的健康也就反映出了脏腑功能的强盛。

二是脸色红润。脏腑功能良好则脸色红润,气血虚亏则面容也显得没有光泽,脸色就是人体五脏气血的外在反映。

三是声音洪亮。人的声音是从肺里发出来,声音的高低自然决定于肺功能的好坏。

四是呼吸匀畅。"呼出心与肺,吸入肝与肾。"人的呼吸和五脏的关系非常密切,呼吸要不急不缓、从容不迫,才能证明脏腑功能的良好。

五是牙齿坚固。"齿为骨之余","肾主骨",牙齿的好坏反映着肾气和肾精的充足与否。

六是头发润泽。"发为血之余","肾者,其华在发"。头发的状况是肝脏藏血功能和肾精盛衰的外在反映。

七是腰腿灵活。腰为肾之府,肾虚则腰惫矣。灵活的腰腿和从容的步伐是筋肉经络和四肢关节强健的标志。

八是体型适宜。胖人多气虚,多痰湿;瘦人多阴虚,多火旺。过瘦或者过胖都是病态的反映,很容易患上糖尿病、咳嗽、中风和痰火等病症。

九是记忆力好。脑为无神之府,为髓之海,人的记忆全部依赖于大脑的功能,髓海的充盈是维持精力充沛、记忆力强、理解力好的物质基础,也是肾精和肾气强盛的表现。

十是情绪稳定。情绪过于激烈是致病的重要原因。大脑皮质和人体的健康有着密切的关系,人的精神恬静,自然内外协调,能抑制心理疾病的发生。

上述十条,若我们都能有所作且有所为,还会不健康吗?

第二节 养生学说与道术

既然健康的身体如此重要,我们就一定要注重对健康的追求,保持一个健康的身体,这也就是人们常说的养身。

养生,就是对身体的保养。有五千年历史的中华民族,在这个问题上,进行了广泛深入的探讨,形成了诸多理论流派,对人类健康作出了重大贡献。

一、养生之学

中国古代的医家和养生家分别有一系列养生原则,其养生之道在顺应、养性、动形、静神、温补、培元、调气、药饵、食养等方面各有所长,从而形成了各有侧重、自成体系的诸多学术流派,如顺应学派、养性学派、动形学派、静神学派、温补学派、培元学派、调气学派、药饵学派及食养学派等。

这些学派各有特色。养性学派,重在修养道德,调摄精神;动形学派,强调动以养形,动则不衰;顺应学派,主张顺应自然,因时养生;静神学派,要求静以养神,无欲则安;温补学派,认为温养阳气,补益脾土;培元学派,建议养元节欲,固本培元;药饵学派,主张药物养生,轻身延年;调气学派,强调调摄真气,保养生命;食养学派,主张饮食有节,药膳调养。

这些养生流派相互影响、相互融合,共同构建起了传统养生学的文化宝库。而纵观各大流派,其探讨的内容不外都是养生的理论以及方法,即养生之道与养生之术。

二、养生之道

养生之道为中国几千年养身理论的概括。尽管内容极为丰富,但学界认为归纳起来不外在顺其自然、形神兼养、动静结合以及审因施养四个方面。

(一)顺其自然

顺其自然本属道家哲学,认为自然以千姿百态存于一切万事万物之中,是故人常以体自然、用自然,最后归复于自然。面对自然适者生存,物种之间及生物内部之间,物种与自然之间,能适应自然者被选择存留下来。环境,不管在哪里都需要个人与环境的协调适应,这个"适"不仅是你适应所处的环境特别是人,还包括周围的人的理解、配合和互助。首先要"适",然后才谈更好地生存。只有你慢慢地学会适应这个世界,才可以改变这个世界。

其实顺其自然,包含着尊重客观规律,按规律行事的哲理,引申到养生之中,体现了中国的传统医学提供的"天人合一"理论,认为"人身小宇宙,宇宙大人身",一个人的生命、身体、健康和疾病都与周围的自然环境有着密切的关联。人体的健康是离不开天的,更不能逆天而行,只有符合"天人合一"的规律,才算是真正的健康。强调在养生的过程中,既不可违背自然规律,同时也要重视人与社会的统一协调性。正如《内经》主张:"上知天文,下知地理,中知人事,可以长久。"因而,现不少医者对转基因食品、反季节蔬果以及冬天到温暖之地御寒、夏天到凉爽之处避暑的生活方式提出了批评,认为这有悖顺应自然的养生原则。

(二)形神兼养

养生必须明白一个道理:人的身心、形神是不可分离的。调心养神始终是养生的前提和基础。拥有一颗什么样的心就会不由自主地选择什么样的生活方式。因此古人认为:"形恃神以立,神须形以存。"《内经》指出:"食饮有节,起居有常,不妄作劳,故能形与神俱,而尽终其天年。"也就是说,必须重视生活规律、调节饮食、锻炼身体,保证身体健康,精神才能健旺。所以,保持精神愉快、乐观开朗、戒怒、慎思,避免各种不良精神刺激,是调养精神的重要方面。

形神兼养要求在养生过程中,既要注重形体养护,更要注意心理精神方面的调整。正所谓"守神全形"、"保形全神"。如是,保精养神精充则精神健壮,精气不足则神浮躁而不安。所以,可采用修身养性、加强营养、节制性欲、调整睡眠等方法以保精养神。如此,方可做到形神兼养。

(三)动静结合

动静结合系道家境界之一,本意主要是指在练功方式上强调静功与动功的密切结合,练动功时要掌握"动中有静",练静功时要体会"静中有动"。动,指形体外部和体内"气息"(感觉)的运动,前者可视为"外动",而后者可视为"内动"。静,指形体与精神的宁静,前者可视为"外静",后者可视为"内静"。

动与静是相对的,也是辩证的。

静功主要是锻炼身体内部,而没有肢体活动、肌肉骨骼的锻炼。动功有不少肢体活动及肌肉骨骼的锻炼,这有利于初步疏通经络,气血疏通后有利于入静。肢体的动作有助于使注意力集中,通过动而达到静。静功的静不是绝对的静,虽然没有形体的动作,但气血在大脑高度入静状态下按它本身的规律运行,它的种种微妙变化,都是动功所不能体会到的。没有形体动作,更能专心一意。入静的程度越深,机体感受能力和反映能力就更敏锐,这是更高级的状态。在这种状态下,我们对主客观世界的认识,对人自身各种功能的开发都会有进一步的提高。

因此,在养身中,提倡动静结合。现代医学主张"生命在于运动",中医也主张"动则生阳",但也主张"动中取静"、"不妄劳作"。其实动与静都不可或缺,只是要把握好一个度,做到一张一弛,动静有度。

(四)审因施养

中医历来就十分强调因人、因地、因时的"三因制宜"。人与人因为先天、后天、职业、经历、年龄、性别等因素存在着形形色色的个体差异。所以要根据自体情况,进行相宜的补益措施,采取科学的对治方式。养生的途径复杂,不拘于一招一式,包括形、神、动、静、食、药等多种方式。审因施养,就是因人、因地、因时的不同采取不同的养生法,正所谓具体分析、辩证施养。

审因施养的"三因制宜"主要内容是:

因人制宜,是指因人的年龄、体质、职业不同,饮食应有差异。一是不同年龄的饮食要求。二是不同体质的饮食要求。三是不同职业的饮食要求。因人制宜是审因施养最根本的特点,它要求在养生之道和养生之术基础上的因人施养,在群体中并不强求统一性。例如,甲需要着重形体养护,乙需要着重调理饮食,而丙则需要着重调摄精神等,如果我们对甲、乙、丙三人不分青红皂白,一律要求他们加强形体锻炼或一律改变某种饮食结构,或一律静坐练习气功,就不一定符合每个人的养生需要了。

因地制宜,是指人的生存受制于地理环境,并因环境的差异患有不同的地方病,因此,"不用地之理,则灾害至矣"。环境养生有三大要素:一是自然环境;二是居住环境;三是室内环境。

因时制宜,就是按照时令节气的阴阳变化规律,运用相应的养生手段保证健康长寿的方法。因时养生的原则:一是春夏养阳,秋冬养阴;二是春捂秋冻,慎避虚邪;三是冬病夏治,冬令进补。

其实,对养生的研究并非限于中国,国外也同样注重这方面的研究。

德国一位医学专家经过数十年的研究,最近告诫人们,想健康长寿,务必动用"保、活、转、参、睡、调、听"这七个字。

"保"即保持大脑的活力用进废退。故中老年人要多用脑,如坚持读报看书、绘画下棋,培养各方面的兴趣爱好。研究表明,一个经常用脑的65岁老人,其脑力并不比不爱动脑的35岁的青年人差。

"活"是指活动手指。俗话说心灵手巧,经常活动手指,做两手交替运动可以刺激大脑两半球,有健脑益智、延缓大脑衰老的作用。

"转"即转换不同性质的运动。在较长时间的单调工作或读书、写作后,应及时转换另外不同性质的活动,使大脑神经松弛而不过分疲劳,使脑力保持最佳状态。散步、做体操等是较好的转换活动的方式。

"参"即参加社会活动和体育活动,结交年轻朋友,以接受青春活力的感染,经常保持愉快的情绪,脱离孤僻的生活环境。积极有趣的体育活动,可促进疲劳消除、体质增强,让身体更健康。

"睡"即睡好觉,保证睡眠充足。中老年人要学会有规律地生活,合理安排作息时间,保证一天有8小时(老年人10小时左右)的睡眠时间。

"调"是调节饮食做到粗细混杂,荤素搭配,兼收并蓄,多吃维生素和矿物质丰富的食物以及蔬菜水果,少吃些动物脂肪和含糖类食物。

"听"即听优美动听的歌曲。优美的旋律有调节中枢神经系统的功能,使人有一种心旷神怡的欢乐感觉。

可见,对养生的研究,已成世界性的潮流。

三、养生之术

养生之术即养生的具体方法,如能在养生之道的指导下,运用这些方法进行科学养生,便成了养生有术了。学界与医界一般认为,常用的养生之术包括神养、行为养、气养、形养、食养、药养、术养七个方面。笔者认为,当前业已流行的辟谷也应属一种重要的养身之术,所应加上"辟养",将"七养"变为"八养"。下面分别介绍之:

(一)神养

神养就是通过对个人的精神心理的调养、情趣爱好的调整以及道德品质方面的追求,以达到养生的目的。神养之本主要是通过净化人的精神世界,使自己的心态平和、乐观、开朗、豁达,以求得健康长寿的方法。中医学认为,精神因素可以直接影响人体脏腑、阴阳、气血的功能活动。一个人如果精神愉快、性格开朗、对人生充满乐观情绪,就会阴阳平和、气血通畅、五脏六腑协调,身体也就自然健康;反之,不良的精神状态,可以使人体脏腑功能失调、气血运行阻滞、抗病能力下降、正气虚弱,导致各种疾病。此外,抑郁的情绪还会引起人体免疫功能明显下降,从而导致感染性疾病以及肿瘤。所以,静神养生在防治心身疾病方面有着重要的意义。而且,从养生的全面平衡协调来说,必须与保养精、气、神结合起来。只有精、气、神并重,才是真正的养生。精、气、神三者是不能分开的。养精是养生的基础,养气是养生的路径,养神是养生的关键。一个缺乏神韵的人,不管怎么调养,都不能说养生成功了。

(二)行为养

人们常将行为姿态作为社交形象的评价指标。在这里,行为姿态主要指的是站、坐、行的姿态。在站立、行走、坐卧这些日常生活中最常见、最基本的动作里,都包含着对一个社交形象的评价。古人曰"站如松,坐如钟,行如风,卧如弓",今人道"站有站相,坐有坐相",都是对行为姿态的要求和评价。现在,我们有些人比较注意追求自己的体形美,而忽视了动作、姿态的美,其实后者比前者有着更为重要的意义。优雅端庄的姿态,敏捷准确的动作,不仅本身就是一种美,而且还可以弥补其身体的某些缺陷;优美的举止使人显得有修养、有风度,充分显出你内在气质。这些对于你在交往中的形象树立,必将增色不少。

但同时,人们的行为状况,也对其养生有着深刻的影响,有助于身心愉快和身心健康;反之,一些不好的生活习惯和行为方式,将严重地影响着我们的身体健康。如人们总结的现代人的六种时髦病,就是如此。这六种时髦病分别是:夜生活过于丰富;上网时间过长;长期处在空调环境;热衷于塑身生活;过于喜欢排毒养颜;出门打伞关注防晒。这些生活方式和行为习惯都可能让我们付出健康的代价。

(三)气养

气养主要涉及到健身气功,运用特定的方法配合呼吸和意念来调节人体身心健康的一种祛病延年的身心锻炼方法。它与现代科学的预防医学、心身医学、运动医学、自然医学、老年医学以及体育、武术等,都有一定的联系。它通过自我调控意念、呼吸和身躯,来调整内脏活动,加强自身稳定机制,从而达到祛病益寿的目的。

气功又分动功与静功两大类,前者也叫外功,后者也叫内功。外功以内功为基础,静极才能生动,所谓"内练精气神,外练筋骨皮",精气神充足了,筋骨才能强壮。静功并非静止,而是"外静内动",是机体的特殊运动状态。正如王船山所说:"静者静动,非不动也。"静以养神,以吐纳呼吸为主要练功方法;动以练形,以运动肢体为主要练功方法。无论静功还是动功,都离不开调心、调息、调身这三项练功的基本手段,也就是意守、呼吸、姿势三个环节。静则生阴,动则生阳,动静兼练,"三调"结合,于是阴阳调和,祛病延年。"能动能静,所以长生。"由此可知,气功是在中医养生理论指导下产生的一种祛病延年的身心锻炼方法。

(四)形养

形养主要是通过形体锻炼及体育健身活动来达到养生的目的。它是用活动身体的方式维护健康、增强体质、延长寿命、延缓衰老的养生方法。运动养生特色是：以中医的阴阳、脏腑、气血、经络等理论为基础，以养精、练气、调神为运动的基本特点，强调意念、呼吸和躯体运动相配合的保健活动。传统的运动养生，经过历代养生家的不断总结和补充，逐渐形成了运动肢体、自我按摩以练形，呼吸吐纳、调整鼻息以练气，宁静思想、排除杂念以练意的保健方法。

运动养生，运动是形式，养生是目的。形式灵活多样，且可以自创，只要能够达到健身的目的即可。散步，每日慢步，讲规律，讲持久，持之以恒，方可见功。跑步，提倡以适当的速度跑适当的距离，太短、太慢难于起到健身作用，太快、太长则以竞赛为目的而非健身了，须量力而行，要持之以恒。健身操和健美操，徒手操如早操、工间操、课间操，均属健身操类，目的在于全民健身，人人可行。而健美操，则要求更高，运动量更大，可以增强肌肉，使体形匀称健美，主要适应于中青年人。健身、健美器械有哑铃、杠铃、单杠、双杠、爬绳（爬杆）及各种健身器等，可选择自己适合和喜爱的项目进行锻炼。但杠铃不适于未成年人，以免影响身高的发育。单杠、双杠中一些复杂动作须有专人指导及保护，以免练习不当而受伤。踢毽跳绳，简单易行，可以大力推行。登山是良好的户外运动，取其景致自然，空气新鲜，于怡情中健身，孔子曰"仁者乐山，智者乐水"，登山之乐，由来已久。游泳，四季皆行，但春江水暖，更宜游水，沐浴自然。武术，可分徒手及持械两大类，其目的既有技击格斗、御敌防身的一面,亦有强健体魄、养生延年的一面。

(五)食养

食养为中医养生之术的主要内容之一,其应用范围较广,适应人群也较多。主要内容为养生食品的选配调制与应用,以及饮食方法与节制等。内容包括了医、药、食、茶、酒以及民俗等文化,其目的皆是从食物中摄取相应的营养物质以达到强身健体的作用。因为营养不仅是构成人体的重要成分,也是生命细胞和个体生长、活动的必要物质。人要生存,就必须在饮食中取得机体所需要的能量,用以供给心脏跳动、肺脏呼吸、肾脏排泄,以及维持适宜于生存的体温,维持骨骼、肌肉的生物紧张度等。这是人体维持生命和器官正常生理功能所需的最基本的基础代谢能量。

概括地讲,在人体内起作用的营养大概有五大类,即碳水化合物、蛋白质、脂肪、矿物质和维生素。供给人体能量营养素的比例要适当,过多则易引发慢性病。碳水化合物其实质上就是一些糖类,这不仅仅是指我们平时吃的糖类,还包括按类别分的多糖、双糖和单糖。多糖是维持体能的米、面、淀粉之类的主食的主要成分;双糖是指蔗糖、白糖和麦芽糖等;单糖则是葡萄糖和果糖之类。蛋白质是人体骨肉、血液、内脏、神经、骨骼、韧带、毛发、指甲和皮肤等组织的主要成分,人体许多与生命活动有关的活性物质,都是由蛋白质或蛋白质的衍生物构成的。脂肪内含的脂肪酸分为饱和脂肪酸、单不饱和脂肪酸和多不饱和脂肪酸。多不饱和脂肪酸对人体健康最有益,能降低血管硬化水平,减少冠心病的发生。多不饱和脂肪酸是人体不能合成的,必须从食物中摄取。矿物质包括无机盐和微量元素,微量元素有14种,人容易缺乏的微量元素有钙、铁、锌、硒、碘等。维生素分脂溶性维生素和水溶性维生素两大类,不管是哪种维生素,对健康都有重要的影响。

在食养问题上,尤其要因人而异,要根据人的不同体质、年龄、性别以及气候、地理等环境因素的差异,选择适宜的饮食以调节人体脏腑功能、滋养气血津液、强身健体、预防疾病。中国古代养生家、医家从长期的实践中认识到,人们只要能根据自身的需要,选择适宜的食物进行调养,就能保证健康,益寿延年。

(六)药养

药养主要内容为养生药剂的选配调制。其制剂多为纯天然食性植物药,其制法也多为粗加工调剂,其剂型也多与食品相融合,因此常有"药膳"之说。

适度的药养,对个体主要是通过药物的偏胜来纠正人体气血阴阳的偏颇,以治疗疾病或通过药物的作用保持健康,延年益寿。具体作用可有以下几方面:一是补虚救偏。人体气血阴阳、脏腑经络总系全身,维系人的正常活动,任何部位、任何物质、任何功能出现虚亏,都会影响人体健康,因此需要用药填补修复。二是美容驻颜。人当青年,精血充足、蓬勃之生机;相反,则面容苍老,目涩无光,头发斑白、稀疏、焦脆,乃精血亏虚、生机衰退之象。药养能使之恢复青春活力,或保持青春状态。三是防病保健。药物的防病保健作用主要在于两方面:保持人体处于正常状态,如补虚强身、防御外邪侵袭人体、祛邪气、除瘴疠、避杀毒虫等。

药养中,要贯彻因顺自然的原则,将天然食品及植物药材等与现代生物科技结合,科学调理机体平衡,为此,要注意以下几个方面的协调:一是以防代治。以预防为目的,以即时的体质监测和有效的健康管理方法，科学配伍天然食材，打造出优质的健康产品，让大众在日常生活中管理健康，享受健康。二是以食代药。秉承中国药源的思想，结合西方对天然植物营养的研究，以天然食材为原料，根据食物的寒、热、凉属性和食养功效，均衡营养，阴阳平衡，并能提高人体的抵御能力和修复能力。三是以养代医。基础调理产品与分类改善产品科学组合，分周期食用，通过健康的生活方式和饮食干预，改善营养失衡引起的诸多不适，达到养生的目的，营造绿色健康新生活。

(七) 术养

术养是以上养生之术以外的一种非食非药的养生方法，即利用按摩、推拿、针灸、沐浴、熨烫、磁吸、器物刺激等疗法进行养生。这些方法如使用得当，当能对养生起到重要的促进作用。上述方法中，推拿、按摩、针灸是比较常见的方式。推拿按摩其义大致是相同的，都是医者运用自己的双手作用于病患的体表、受伤的部位、不适的所在、特定的腧穴、疼痛的地方，具体运用推、拿、按、摩、揉、捏、点、拍等形式多样的手法，以期达到疏通经络、推行气血、扶伤止痛、祛邪扶正、调和阴阳的疗效。此为一种非药物的自然疗法、物理疗法。

推拿按摩经济简便，因为它不需要特殊医疗设备，也不受时间、地点、气候条件的限制，随时随地都可施行；且平稳可靠，易学易用，无任何副作用。正由于这些优点，按摩成为深受广大群众喜爱的养生健身方式。对正常人来说，能增强人体的自然抗病能力，取得保健效果；对病人来说，既可使局部症状消退，又可加速恢复患部的功能，从而收到良好的治疗效果。

针灸是在中医理论的指导下把针具(通常指毫针)按照一定的角度刺入患者体内,运用捻转与提插等针刺手法来刺激人体特定部位,从而达到治疗疾病的目的。刺入点称为人体腧穴,简称穴位。根据最新针灸学教材统计,人体共有361个正经穴位。灸法是以预制的灸炷或灸草在体表一定的穴位上烧灼、熏熨,利用热的刺激来预防和治疗疾病。针灸由"针"和"灸"构成,是东方医学的重要组成部分之一,其内容包括针灸理论、腧穴、针灸技术以及相关器具,在形成、应用和发展的过程中,具有鲜明的汉民族文化与地域特征,是基于汉民族文化和科学传统产生的宝贵遗产。

(八)辟术

辟术即辟谷之术。按惯常分类,辟谷常归类于气功。但笔者认为,辟谷之法虽具有不少气功的特征,但有更多的独特性,而且在很多时候都是在没有气功辅助的情况下进行的,所单列为一术。

"辟谷"源自道家养生中的"不食五谷",是古人常用的一种养生方式。它源于先秦,流行于唐朝,作为一种延年益寿的养生法则,辟谷在很多古书典籍里都有记载。传统的辟谷分为服气辟谷、自然辟谷、服药辟谷三种主要类型。

服气辟谷主要是通过绝食、调整气息(呼吸)的方式来进行,辟谷食气主要是采用绵长柔细的呼吸方法。这一方法来源于仿生吐纳,所以又叫做龟息。道家认为,乌龟之所以长寿,是因为它食气。气在人体内循环不止,不可或缺。气的运行包含着人体最深奥的秘密。古籍中说:"食肉者勇敢而悍,食谷者智慧而巧,食气者神明而寿,不食者不死而神。"在辟谷之前首先练习服气,不仅能抵御断食带来的饥饿与虚弱,还能使人精力旺盛,益寿延年。

自然辟谷是通过静心后内气充足，自然不思饮食，有时喝点水即可。

服药辟谷则是在不吃主食（五谷）的同时，通过摄入其他辅食（坚果、中草药、辟谷丸、辟谷汤等），对身体机能进行调节。该派认为辟谷在食气的同时，还需进食杂食和药饵。

三种类型的辟谷如是在科学的指导下有针对性地进行，确实有利于身体的健康，但其功效不应过分夸大，其中的科学原理仍有待研究。辟谷养生与饥饿有本质区别，所以在正确的指导下进行服气、吞气、静坐冥想，吸收能量才是辟谷养生的核心，否则没有能量作保证，就会出现副作用，甚至导致不安全因素。

各种道与术，哪样有效果，最终还得因人而异，因人施养。所以，每个人都根据个人实际情况，选择适合自己的养生之道与养生之术。

第三节　我的健康我负责

既然健康这么重要。那么，谁能为我们的健康负责呢？当然是我们自己。因此我们必须了解自己的体质，维护其正常运转，适时进行维护保养。

一、熟悉体质，因质施养

我们要熟悉自己的体质，才能做到因质施养，因人施养。

（一）体质

体质，即身体的质量。由先天遗传和后天获得所形成，个体在形态结构和功能活动方面所固有的、相对稳定的特性，与心理性格具有相关性。个体体质的不同,表现为在生理状态下对外界刺激的反应和适应上的某些差异性,以及对某些致病因子的易感性和疾病发展的倾向性。所以,对体质的研究有助于个体了解自己以及有效地维护保养自己。

体质有多种分类,世界各种分类大约有30多种。我国2009年发布了《中医体质分类与判定》,此标准是我国第一部指导和规范中医体质分类和体质辨识研究及应用的规范性文件。对中医体质九种基本类型与特征进行了详细介绍,每种体质分别在总体特征、形体特征、心理特征等六大方面进行判定。现择其要点介绍如下:

一是平和质。特征:正常的体质。调节:饮食有节制,不要常吃过冷过热或不干净的食物,粗细粮食要合理搭配。

二是气虚质。特征:肌肉松软,声音低,易出汗,易累,易感冒。调节:多食用具有益气健脾作用的食物,如黄豆、白扁豆、鸡肉等,少食空心菜、生萝卜等。

三是阳虚质。特征:肌肉不健壮,常感到手脚发凉,衣服比别人穿得多,夏天不喜欢吹空调,性格多沉静、内向。调节:平时可多食牛肉、羊肉等温阳之品,少食梨、西瓜、荸荠等生冷寒凉食物,少饮绿茶。

四是阴虚质。特征:体型多瘦长,不耐暑热,常感到眼睛干涩,总想喝水,皮肤干燥,经常大便干结,容易失眠。调节:多食鸭肉、绿豆、冬瓜等甘凉滋润之品,少食羊肉、韭菜、辣椒等性温燥烈之品;适合太极拳、太极剑、气功等项目。

五是血瘀质。特征:皮肤较粗糙,眼睛里的红丝很多,牙龈易出血。调节:多食山楂、醋、玫瑰花等,少食肥肉等滋腻之品;可参加各种舞蹈、步行健身等。

六是痰湿质。特征：体型肥胖，腹部肥满而松软，易出汗，且多黏腻，经常觉得脸上有一层油。调节：饮食应以清淡为主，可多食冬瓜等；因体形肥胖，易于困倦，锻炼应循序渐进，长期坚持。

七是湿热质。特征：面部和鼻尖总是油光发亮，脸上易生粉刺，皮肤易瘙痒，常感到口苦、口臭，脾气较急躁。调节：饮食以清淡为主，可多食绿豆、芹菜、黄瓜、藕等甘寒食物；适合中长跑、游泳、爬山等。

八是气郁质。特征：体型偏瘦，常感到情绪低沉，无缘由地叹气，易失眠。调节：多食黄花菜、海带、山楂等具有行气解郁作用的食物；人不要总待在家里，多参加群众性运动项目。

九是特禀质。特征：这是一类体质特殊的人类，其中过敏体质的人易对药物、食物、气味、花粉过敏。调节：少食荞麦、蚕豆等；居室宜通风良好，保持室内清洁，被褥、床单经常洗晒，可防止对尘螨过敏。

既然体质有多样性，而什么样的体质常不由我们自己所决定，因而只能顺其自然，因人因质而养了。

(二)体质测试

体质测试主要是了解人在不同的环境中，不同人的体质会有明显的个体差异和阶段性，所以体质测试应包括以下五个方面：

一是身体形态发育水平，即体格、体型、姿势、营养状况以及身体成分。

二是生理功能水平，即机体新陈代谢水平与各器官系统达到的工作效能。

三是身体素质和运动能力的发展水平，即速度、力量、耐力、灵敏柔韧等素质和走、跑、跳、投、攀登、负重等身体活动能力。

四是心理素质发展水平,即人体的感知能力、个性特征、意志品质等。

五是对内外环境的适应能力,包括对自然环境、社会环境、各种生活紧张事件的适应能力,对疾病和其他有碍健康的不良应激源的抵抗能力等。

体质测定一般包括如下内容和指标:

一是身体形态,包括身高、体重、胸围、上臂围、坐高和身体等。

二是身体功能,包括安静心率、血压、肺功能及心血管运动试验等。

三是身体素质,包括力量指标、爆发力指标、悬垂力指标、柔韧性、灵敏和协调性、平衡性、耐力等。

四是运动能力,包括跑、跳、投等。

(三)体质指数

体质指数即BMI指数(即身体质量指数,称简体质指数,又简称BMI),是用体重公斤数除以身高米数平方得出的数字,是目前国际上常用的衡量人体胖瘦程度以及健康状况的一个标准。当我们需要比较及分析一个人的体重对于不同高度的人所带来的健康影响时,BMI值是一个中立而可靠的指标,世界卫生组织(WHO)也以BMI来对肥胖或超重进行定义。此处引用,也仅是供读者作一参考。

身高体重指数这个概念,是由19世纪中期比利时的凯特勒最先提出。它的定义如下:

体质指数(BMI)=体重(kg)÷身高^2(m^2)

例如:一个人的身高为1.75米,体重为68千克,他的BMI=68/

$(1.75^2)=22.2$(千克/米^2)。当BMI指数为18.5到24.9时属正常。

成人的BMI数值标准如下：

过轻：低于18.5；正常：18.5到24.9；过重：25到28；肥胖：28到32；非常肥胖，高于32。

由于存在误差，所以BMI只能作为评估个人体重和健康状况的多项标准之一。根据世界卫生组织定下的标准，亚洲人的BMI若高于22.9便属于过重。亚洲人和欧美人属于不同人种，世界卫生组织的标准不是非常适合中国人的情况，为此制定了中国参考标准：

表10-1 中国BMI标准参考表

	WHO标准	亚洲标准	中国标准	相关疾病发病危险性
偏瘦	<18.5			低（但其他疾病危险性增加）
正常	18.5~24.9	18.5~22.9	18.5~23.9	平均水平
超重	≥25	≥23	≥24	
偏胖	25.0~29.9	23~24.9	24~27.9	增加
肥胖	30.0~34.9	25~29.9	≥28	中度增加
重度肥胖	35.0~39.9	≥30	—	严重增加
极重度肥胖	≥40.0			非常严重增加

最理想的体质指数是22。但是，还是那句老话，一切都不是绝对的，一切都是因人而异、因质而异的。

二、健康生活养健康身体

对多数人而言，养生之道与术由于繁忙的工作及琐碎的生活，便没有多少时间来进行研习。其实,养生并非那么地专业和一定要花专门的时间,其过程常常就在日常生活中,在我们的衣、食、住、行之中,在健康生活方式中。只要我们注意培养健康的生活方式,就能够养出健康的身体。

(一)着装要健康

衣食住行,衣在首位。着装打扮,不仅对个人形象气质、保暖御寒有重要作用,对其健康也有重要影响。着装促健康,主要应注意以下几个方面:

首先,注意衣物防毒。衣物上有毒,是很多人都不留意的事,但事实证明,人们从衣物上获得的毒素其实并不比我们从食物中获得的毒素要少。辽宁省曾对市场上流行的服装商品进行随机质量抽检,竟有114种不合格,其中不乏市面上流行的大牌产品。一件服装从原料的生产、贮藏、加工制作过程,"留毒"的机会随处可见。如棉、麻等服装原料,在种植过程中为了控制病害虫及杂草的侵蚀,确保其产量和质量,需大量使用杀虫剂、化肥和除草剂等,导致农药残留于棉花、麻纤维之中;在储存时,也要使用防腐剂、防霉剂、防蛀剂等等;加工中,要进行染色、防缩、防皱、漂白等,无一不会使大量的化学原料及重金属残留于服装。这些都可能因皮肤接触、呼吸吸入而成为健康的杀手。因此,买新衣时,一定要闻闻有无化学味道,其次要先浸泡、洗涤后方可穿戴,以防"毒品"裹身。

再次,合理合身。社会生活中,人们常常为了形象塑造,穿一些紧身、塑身衣服及高跟鞋等。如用得恰到好处,那自然为你锦上添花,但如过多过滥,则可能适得其反,因为健康没有了,其美貌气质自然也失去了。所以,生活中,高硬衣领不可穿,因为它影响人的颈部两侧的颈总动脉的行走;牛仔裤不宜常穿,因为它对男女下身自由与正常都有影响;领带不能打得太紧,因为它对人的喉部及声音有影响;塑身衣不可穿得太久,它其实对人的肺部及呼吸有影响;鞋跟不能太高,因为它易造成应力性骨折和踝关节扭伤。

(二)饮食要健康

合理的饮食,充足的营养,能提高人的健康水平,还能预防多种疾病的发生发展,延长寿命。不合理的饮食,营养素过度或不足,都会给健康带来不同程度的危害。饮食的卫生状况与人体健康密切相关,食物上带有的细菌和有毒的化学物质,随食物进入人体,可引起急、慢性中毒,甚至可引起恶性肿瘤。总之,饮食得当与否,不仅对自身的健康和寿命影响很大,而且影响到后代的健康。因此,只有合理的饮食,才能从营养和卫生两方面把好"病从口入"关。

那么,怎样才能做到合理健康的饮食呢,有以下八个方面的基本要求:

一是食物多样化,谷类为主。各种各样的食物所含的营养成分不同,没有一种食物能供给人体需要的全部营养。谷类食物是我国传统膳食的主体,是人体能量的主要来源。在各类食物中,应当以谷类为主,并需注意粗细搭配。

二是吃清洁卫生、不变质的食物。应当选择外观好,没有泥污、杂质,没有变色、变味并符合卫生要求的食物。进食注意卫生条件以及供餐者的健康状况。

三是经常吃适量鱼、禽、蛋、瘦肉,少吃肥肉和荤油。鱼、禽、蛋及瘦肉是优质蛋白质、脂溶性维生素和某些矿物质的重要来源。

四是常吃奶类、豆类或其制品。经常吃适量奶类可提高儿童、青少年的骨密度,减缓老年人骨质丢失的速度。经常吃豆类食物,既可改善膳食的营养供给,又有利于防止吃肉类过多带来的不利影响。

五是饮酒应限量。白酒除能量外,不含其他营养素。过量饮酒可增加患高血压、中风等疾病的风险。若欲饮酒,可少量饮用低度酒。孕妇和儿童忌酒。

六是吃清淡、少盐的食物。膳食不应太油腻、太咸或含过多的动物性食物及油炸、烟熏食物。每日食盐量以不超过6克为宜。少吃高钠食品及加工食品等。

七是食量与体力活动要平衡,保持适宜体重。进食量与体力活动要平衡,食量过大而活动量不足会导致肥胖;反之会造成消瘦。体力活动较少的人应进行适量运动,使体重维持在适宜的范围内。

八是多吃蔬菜、水果和薯类。蔬菜、水果和薯类都含有丰富的维生素、矿物质、膳食纤维和其他生物活性物质。红、黄、绿等深色蔬菜中维生素含量超过浅色蔬菜和水果,而水果中的糖、有机酸及果胶等又比蔬菜丰富。新鲜的蔬菜、水果对健康有很大益处。

除了上述八项基本要求外,饮食促健康,有三个方面需要特别加以强调。

一是早、中、晚三餐要合理搭配,即早餐要吃好,中餐要吃饱,晚餐要吃少。

早餐要吃好,这是因为清晨是一天的开始,人们经过一夜的休息后体内食物已被消化吸收完毕,而上午又是思维最活跃、体能消耗最多的时候,整个身体迫切需要得到补充。因此,早餐应吃好,多吃些高热量、高蛋白的食物,如果不吃早餐,胃酸就会因为没有食物中和而刺激胃黏膜,导致胃部不适,久而久之就会引起胃炎、溃疡病等。

午餐是一日中最主要的一餐,进食量为全天量的40%至50%。

晚餐后人们的活动量大为减少,若吃得太多会给身体带来许多危害因此晚餐要少吃,进食量为全天量的20%至30%为宜。

二是不能沾染上不良嗜好。

在饮食问题上有碍健康的不良嗜好,主要就是吸烟及酗酒。

吸烟所产生的烟雾中含有大量的有害成分,如尼古拉丁、焦油、一氧化碳等,都对人体健康极为有害。

吸烟能使人体免疫力下降。所谓免疫,是机体在识别自己的基础上,去识别、消灭和消除异物的生理功能。吸烟还可致癌。这是因为烟草中的焦油煤燃烧后会产生煤焦油类物质,含有多种有机化合物,其中含有很强的致癌作用。吸烟会使血液中的血小板黏性增加,这使血液更容易凝固,从而容易在冠状动脉中形成血栓。吸烟还会使血液中低密度胆固醇增加,这使脂肪物质容易在血管内沉积而形成冠状动脉粥样硬化。因吸烟而导致的心脏病死亡率占全部心脏病死亡的25%。50岁以上吸烟人士的患病率提高2倍,如果你没有吸烟,看了这些,你还会吸烟吗？如果已经吸烟,为了自己的健康,能够听从医生劝告吗?

酗酒是一种不节制而过量的饮酒。在日常生活中,适当的饮酒,对舒筋活血、解乏减压、交朋结友、公务应酬都有一定益处,但过量就成了酗酒了,危害就很大了。

医学界将酗酒定义为:一次喝5瓶或5瓶以上啤酒,或者血液中的酒精含量达到或高于0.08。由于大量酒精会杀死大脑神经细胞,长此以往,会导致记忆力减退,还可能引起脂肪肝、肝硬化等肝脏疾病,还会引起、诱发、恶化氧化应激类疾病如二型糖尿病、高血压、血脂异常(如甘油三酯高等)、痛风等。

酗酒对社会也具有极大危害,因为酗酒可能成为一种病态或异常行为,构成严重的社会问题。酗酒者通常把酗酒行为作为一种因内心冲突、心理矛盾造成的强烈心理势能发泄出来的重要方式和途径,通过酗酒来消除烦恼,减轻空虚、胆怯、内疚、失败等心理感受,并可能危害社会治安。我国每年因酗酒肇事立案的高达400万起;另外,全国每年有10万人死于车祸,而1/3以上的交通事故的发生与酗酒及酒后驾车有关。

酗酒者,害己害人。为自己健康,为他人幸福,为社会安定,请别酗酒。

三是远离垃圾食品。

垃圾食品是指仅仅提供一些热量,别无其他营养素的食物,或是提供超过人体需要,变成多余成分的食品。世界卫生组织公布的十大垃圾食品包括:油炸类食品、腌制类食品、加工类肉食品(肉干、肉松、香肠、火腿等)、饼干类食品(不包括低温烘烤和全麦饼干)、汽水可乐类饮料、方便类食品(主要指方便面和膨化食品)、罐头类食品(包括鱼肉类和水果类)、话梅蜜饯果脯类食品、冷冻甜品类食品(冰淇淋、冰棒、雪糕等)、烧烤类食品。

长期摄入高油、高糖、低纤维的食物,如汽水、可乐、罐装饮料、汉堡、薯条等,为以后慢性病的发生埋下了隐患。肉类腐坏所产生的细菌,普通烧煮的温度不能将其全部杀死,患有血癌的牛和鸡越来越多,所以长期吃这些食物患血癌的几率就很高。

很多疾病都是吃出来的,不安全的饮食是健康的最大敌人。所以,我们一定要会吃,要科学地吃,要安全地吃。唯有如此,我们才能有效地预防疾病,与健康相伴。

(三)居住要健康

人的一天24小时,至少有1/3的时间是待在家里的。所以,其居住情况,对其健康有着重要影响。

住房影响健康的因素较多,但重点不外是两项:住房的环境和室内装修及起居条件。

首先,要确保住房环境健康。购买住宅时应首先考虑健康的因素。主要包括通风、日照、空气质量、室内温度和噪声等诸多方面的要求。目前不少住宅的环境还存在着许多不健康的地方,如日照不足、通风不良、噪声污染、大气污染、建筑材料污染等。所以,选房时应考虑建筑密度不能太大;确保每天日照在3小时以上;通风要好,以保证空气的流通;防震性能要好,以确保抵御自然灾害的能力;周边的噪声不能高于50分贝。其绿化状况也非常重要,很多植物不仅让人赏心悦目,还有一定的保健作用。如由樟树群组成的樟树园,能散发植物芳香,有帮助人们祛风湿、止痛等作用;由松柏类植物群组成的松柏园,对结核病等有防治作用;由三尖杉、长春花等植物组成的长寿园,有抑制癌细胞的作用。

其次,室内装修与起居条件要确保健康。在装修中,要尽量少用易散的化学物质胶合板、墙体装修材料,以减少室内化学物质的浓度,并在装修后隔一段时间才入住,其间要加强空气的流通。设有性能良好的换气设备,能将室内污染物质排至室外,特别在厨房灶具或吸烟处,要设置排气设备,设有足够亮度的照明设备。

(四)出行要健康

保持一定的户外活动,是人体健康的重要需求。美国健康保健部门研究后向人们推荐,成年人每周至少花两个半小时进行有氧运动。意大利是世界第二长寿国,人们在探索其长寿秘诀时,其中一项就是热爱散步和骑车。在我国,越来越多的人也喜欢上了户外活动,既可与大自然亲密接触,又可锻炼身体、增强体质,有利于健康。但是在户外活动时,一定要有安全意识,准备充分。

户外活动,平时的出行要注意以下"四防",防急性胃肠道疾病、防呼吸道疾病、防血栓类疾病、防心血管疾病,以确保出行安全健康。

一是防急性胃肠道疾病。外出时卫生环境和条件会较平时差,这就容易导致急性腹泻的发生。还有的乘客喜欢在车上吃一些以油炸、膨化食品为主的零食,而旅途久坐或久站缺乏运动,若过多摄入这类食物容易影响胃肠道正常消化,导致胃肠道不适或急性胃肠炎。所以外出首先应注意饮食卫生,不吃不洁或包装欠佳的食品。同时注意少吃油炸、膨化和油腻食品,不要吃太冷的食物,有慢性消化道疾病史者更应注意。

二是防呼吸道疾病。如乘坐公共交通出行,可能会出现人流密集、密闭车厢内环境干燥、人多拥挤、通风不好的问题,这都为感冒等呼吸道疾病的传播埋下了隐患。为此,要做到多通风,有条件的应勤开窗通风,不能开窗通风的,应利用车到站的机会,下车呼吸新鲜空气。再者,应了解目的地的天气条件,下车前及时增减衣物,避免着凉感冒。

三是防血栓类疾病。出行时长时间保持一个坐姿会使下肢静脉血流速度减缓,易形成血栓,造成血管堵塞。这些血栓有的会自行溶解,但当其进入心血管或肺部血管时,就会引起心梗或肺栓塞,严重时将导致猝死。因此,避免久坐不动,多起身活动,要勤换坐姿,多活动小腿、脚趾,还可用手从上往下按摩下肢以帮助血液回流。

四是防心血管疾病。旅途劳累、精神紧张、环境嘈杂等均易使人产生焦虑、烦躁的情绪,可能会诱发急性心血管病。平时有冠心病、高血压、高胆固醇血症、高血糖等疾病者尤其老年患者,出行时应格外小心,提前在医生指导下服用预防性药物,并随身携带硝酸甘油等急救药物,以防万一。

在日常的衣、食、住、行中,如果我们都能养成一些良好的生活习惯,那么健康就有了最基本的保障。但是,仅有好的习惯还是不够的,还应强化健康管理意识,把维护健康由自发习惯养成为一种有意识的管理活动。

三、加强健康管理,适时对身体维护检修

除了养成良好的习惯,我们还应时时关注身体的健康状况。

(一)个人健康管理

健康管理是指一种对个人或人群的健康危险因素进行检测、分析、评估和干预的全面管理过程。健康管理是以控制健康危险因素为核心,包括可变危险因素和不可变危险因素。前者为通过自我行为改变的可控因素,如改变不合理饮食、缺乏运动、吸烟酗酒等不良生活方式。后者为不受个人控制因素,如年龄、性别、家族史等因素。作为个人,我们不可能像一个机构这样具备完整的健康管理能

力。但如能具备一定健康管理意识,培养一定相关的能力,对自身健康的维护是大有裨益的。

健康管理重在疾病预防,这种预防分为三级:一级预防,即无病预防,又称病因预防,是在疾病尚未发生时针对病因或危险因素采取措施,降低有害暴露的水平,增强个体对抗有害暴露的能力、预防疾病的发生或至少推迟疾病的发生。二级预防,即疾病早发现早治疗,这一级的预防是通过早期发现、早期诊断而进行适当的治疗,来防止疾病临床前期或临床初期的变化,能使疾病在早期就被发现和治疗,避免或减少并发症、后遗症和残疾的发生。三级预防,即治病防残,又称临床预防。三级预防可以防止伤残和促进功能恢复,提高生存质量,延长寿命,降低病死率。

据世界卫生组织研究报告:人类1/3的疾病通过预防保健可以避免,1/3的疾病通过早期的发现可以得到有效控制,1/3的疾病通过信息的有效沟通能够提高治疗效果。因此,及时了解掌握自己的身体存在哪些疾病或是隐患十分重要。因为很多时候,身体虽然没有什么异常,但是可能会有处于潜伏期的病变,如高血脂或糖尿病,及早发现就能够及时治疗。有一些简单而实用的健康检测方法,能够让我们随时随地对自己的身体状况进行检查,随时掌控身体的健康动向,及时采取相应对策。

(二)善于自测,掌握健康动向

我们不可能天天到医院去看医生,但却可以经常自测,掌握自身健康与否的相关动向。以下是几种常用的自测方法:

一是自测肺功能。吹熄蜡烛或带火苗的东西时,是否感觉有一刹那的眩晕。如果感到眩晕,可能是肺源性眩晕,常见于各种原因引起的肺功能不全。对此,屏气呼吸锻炼很有效,年轻人可屏气2分钟至3分钟换气1次,中年人约1分钟左右换气1次。呼吸锻炼随时都可进行,每天至少5次至8次。

二是自测头发健康。拔下一根头发,用一只手快速地将头发拉一遍,待头发变成螺旋状时放入一碗水中,如果头发能快速恢复成直线,则说明头发健康、弹性好;如果在水中仍保持螺旋状,则说明头发弹性差。头发出现问题有两个原因,即发质和体质变差。毛发的生长、枯荣与精、气、血、脏腑、经络均有关系,其中任何一处有障碍,均可导致毛发病变。

三是自测胃肠功能。是否总想打嗝,自觉烧心,吐酸水,不觉得饿,吃点东西就感觉胃部饱胀,口干、苦、涩并伴有异味,大便或稀或干或不畅。这说明你肠胃有疾病。胃溃疡病人常在饭后30分钟至60分钟开始胃胀痛;十二指肠球部溃疡病人常在饭后3小时至4小时开始胃痛;慢性胃炎引起的胃痛无规律,疼痛位置不固定,且时痛时止。

四是自测身高状况。脱下鞋袜,量量身高,精确到小数点后两位数,和去年的身高比较一下,看看身体高矮的微弱变化是不是很明显。如果发现自己变矮了,说明身体的钙质在流失,骨骼的健康正受到威胁。

五是自测腰围状况。测测自己的腰围,测算体重没有变化,腰围持续增长也不正常。年龄介于20岁至40岁的人,假如腰腹部正在快速地囤积脂肪,就有可能出现高血压、糖尿病、脂肪肝等多种疾病。

对自己起居饮食的观察,也是一种有效的自测方法,具体如下:

一是饮食。成年人每日食量不超过500克,老年人不超过350

克。如出现多食多饮应考虑糖尿病、甲亢等病的存在。每日食量不足250克,食欲丧失达半个月以上,应检查是否有潜在的炎症、癌症。

二是排便。健康人每日或隔日排便一次,为黄色成形软便。老年人尤其高龄老人,少吃、少动者可2天至3天排便一次。只要排便顺利,大便不干,就不是便秘。大便颜色、性状、次数异常可反映结肠病变。

三是排尿。成年人每日排尿1升至2升左右,每隔2小时至4小时排尿一次,夜间排尿间隔不定。正常尿为淡黄色,透明状,少许泡沫。如尿色尿量异常、排尿过频、排尿困难或疼痛均为不正常表现,应就医。

四是睡眠。成年人每日睡眠6小时至8小时,老年人应加午睡。入睡困难、夜醒不眠、白天嗜睡打盹均为睡眠障碍的表现。

五是精神。健康人精神饱满,行为敏捷,情感合理,无晕无痛;否则应检查是否有心脑血管和神经骨关节系统疾病。

此外,还有一些自测方法,此处就不一一介绍了。每个人都可根据自己的实际情况和需求,因人而异地进行一些自测,以便更好地掌握自己身体状况的动态。

但是,自测及对其结果的判定,毕竟是简易和感性的,具有较多的随意性。因而,要真正掌握自己身体的信息和动态,还是得到医院通过专业人员借助科学仪器进行,这就是必须按时到医院去体检。

(三)按时体检,真实掌握身体状况

正常情况下,一年一次的全面体检对每个人来说都很重要,它可以早期发现疾病,为治疗赢得宝贵的时间,还能发现引发疾病的危险因素,使我们防患于未然,降低很多种疾病的发生率。可以说,它是我们主动防止疾病、保持健康的最有效方法。通过体检,可帮助人们了解自己在以下几个方面的状况:一是生命征象,如身高、体重、血压、呼吸次数、心跳等身体外观与整体状况。二是器官的功能性,如血液检查、尿液检查、心电图、听力、视力、肺功能等各项在器官功能检定方面的状况。三是器官的结构性,如胸腹X光、上肠胃道摄影、超音波等在器官结构上的状况。

可通过对下列指标了解的身体状况:

一是体温。正常体温为36度至37度,高于此为发热,低于此称为"低体温"。后者常见于高龄体弱老人及长期营养不良患者,也可见于甲状腺机能减退症、休克疾病患者。

二是脉搏。成人脉搏每分钟60次至100次,如发现过速、过缓、间歇强弱不定、快慢不等均为心脏不健康的表现。老年人心率一般较慢,但只要不低于每分钟55次就属正常范围。

三是呼吸。健康人呼吸平稳、规律,每分钟15次左右,如发现呼吸的深度、频率、节律异常,呼吸费力、有胸闷、憋气感受,则为不正常表现,应就医。老年人心肺功能减退,活动后可有心悸气短的表现,休息后很快就能恢复不应认为是疾病的表现。

四是血压。成年人血压不超过140/80mmHg。老年人随年龄的增长血压也相应上升,但收缩压超过160mmHg时,不论有无症状均应服药。

五是体重。长期稳定的体重是健康的指标之一。短时间内的消瘦见于糖尿病、甲亢、癌症、胃、肠、肝疾患。更年期女性该胖不胖也往往算病。体重短期内增加很可能与高血脂、糖尿病、甲状腺机能减退症等疾患有关。关于健康体重的公式、体重指数,即为体质指数,前面已经叙述。

  事实,我们得到的体检报告,并非这么简单且一目了然。而相当多的指标对应的健康状况,对多数人来讲,皆是似懂非懂的。为了帮助读者对照检查报告了解自己的健康情况,现特将常规体检的相关指标收集于下,供其参考:

表10-2　血化验常规项目及参考值

项目	单位	参考值
白细胞总数	10^9/L	4.00~9.20
红细胞	10^{12}/L	4.09~5.74
血红蛋白	g/L	131.0~172.0
红细胞比容	%	38.0~50.8
平均红细胞体积	fL	83.9~99.1
平均红细胞血红蛋白量	Pg	27.8~33.8
平均红细胞血红蛋白浓度	g/L	320.0~335.0
血小板	10^9/L	85~303
血小板分布宽度	fL	10.0~18.0
平均血小板体积	%	7.6~13.2
血小板比容	%	0.10~0.50
中性粒细胞百分比	%	60.0~80.0
淋巴细胞百分比	%	20.00~40.00
单核细胞百分比	%	3.00~10.00
嗜酸性粒细胞百分比	%	0.500~5.000
嗜碱性粒细胞百分比	%	0.00~1.00
中性粒细胞绝对值	10^9/L	2.00~7.00
淋巴细胞绝对值	10^9/L	1.30~3.30
单核细胞绝对值	10^9/L	0.10~0.40
嗜酸性粒细胞绝对值	10^9/L	0.05~0.50

续表

项目	单位	参考值
嗜碱性粒细胞绝对值	10^9/L	0.00~0.07
红细胞分布宽度	%	12.00~16.00
大血小板比率	%	10.00—60.0

表10-3 尿化验常规项目及参考值

项目	参考值
尿比密	1.005~1.030
尿pH	4.5~8.0
尿白细胞	Neg
尿亚硝酸盐	Neg
尿蛋白定性	Neg
尿葡萄糖	Neg
尿酮体	Neg
尿隐血	Neg
尿胆原	Normal
尿胆红素	Neg

表10-4 肝功能检查项目及参考值

项目	单位	参考值
前白蛋白	Mg/L	200~400
总蛋白	g/L	60~85
白蛋白	g/L	35~55
总胆红素	μmol/L	342~2052
直接胆红素	μmol/L	00~68
丙氨酸氨基转移酶	u/L	0~40
天门冬氨酸氨基转氨酶	u/L	0~40

续表

项目	单位	参考值
碱性磷酸酶	u/L	40~150
r-谷酰转移酶	u/L	0~50

表10-5 肾功能检查项目及参考值

项目	单位	参考值
尿素	mmol/L	29~82
血肌酐	μmol/L	59~104
尿酸	μmol/L	1550~4280
钙	mmol/L	203~254
镁	mmol/L	067~104
无机磷	mmol/L	090~134

表10-6 血脂检查项目及参考值

项目	单位	参考值
总胆固醇	mmol/L	0.00~5.20
甘油三酯	mmol/L	0.35~1.70
高密度脂蛋白胆固醇	mmol/L	0.90~1.80
低密度蛋白胆固醇	mmol/L	1.60~3.60
载脂蛋白A1	g/L	1.20~1.60
载脂蛋白B	g/L	0.80~1.05
脂蛋白(a)	Mg/L	0~300
超敏C反映蛋白	Mg/L	0.00~3.00

表10-7　血糖检查项目及参考值

项目	单位	参考值
糖	mmol/L	3.9—6.1

表10-8　乙肝三对检查项目及参考值

项目	参考值
乙肝表面抗原	阴性<1.00
乙肝表面抗体	阴性<1.00或阳性>1.0
乙肝e抗原	阴性<1.00
乙肝e抗体	阴性>1.00
乙肝核心抗体	阴性>1.00
乙肝前S1抗原	阴性<1.00

通过检测,了解自己的身体状况,应做到有针对性的维护保养。该询医的询医、该用药的用药,对一些比较重大的损伤,该治疗的要治疗。在这个问题上,一是不要讳疾忌医;二是不要大而化之,不当回事;三是不宜过度紧张。只要有正确的态度,加上现代的科技及医疗技术,多数问题是可以解决的。

四、与健康常相守,与快乐常相伴

关于健康的重要性,已作了很多叙述。但最形象的比喻不外就是把健康比为一个1,而个人拥有的其他一切都是后面的0。如果1没有了,再多的0还是等于0,因此,没有健康便没有个人的一切。因此,我们多么希望与健康长相守啊！要与健康长相守,以下几点是必须做到的,即远离疾病和延缓衰老以及杜绝亚健康和不健康。

(一)远离疾病

疾病常是夺走健康的元凶,对于疾病一定要防治结合,予以远离。

疾病是对人体正常状况的偏离,可分为普通疾病和遗传病。心里感到不适,人就得病了。由自体内遗传系统存在疾病基因或环境刺激因素等的作用下引发或诱发生命机能发生有害改变,引发代谢、功能、结构、空间、大小的变化,表现为症状、体征和行为的异常,称之为疾病。疾病可通过药物或手术来减轻或消除。普通疾病的诊断治疗常见且容易。人类遗传病是由受精卵或母体受到环境或遗传等的影响,引起下一代的基因组发生有害改变而产生的疾病。近亲或有血缘关系的夫妇也会生下遗传病患者。

疾病种类很多,按世界卫生组织1978年颁布的《疾病分类与手术名称》第九版(ICD-9)记载的疾病名称就有上万个,新的疾病还在发现中。概括起来有生物病原体和非传染性疾病两大类。

俗话说:"吃五谷,生百害。"我们每个人都要患上一些疾病。得病的原因也是林林总总的,有七情六欲所致,有不卫生的环境所致,有气候变化所致,有天灾人祸所致。了解之后,凡事预则立,就多加以预防。其次,有病尽快治,不让其蔓延扩大。

远离疾病,健康就有保证。

(二)延缓衰老

衰老是人体随着时间的推移,自发的必然过程,它是复杂的自然现象,表现为结构和机能衰退,适应性和抵抗力减退。从病理学上,衰老是应激和劳损、损伤和感染、免疫反应衰退、营养失调、代谢障碍以及疏忽和滥用药物积累的结果。其实质就是身体各部分器官系统的功能逐渐衰退的过程,其最终结果是死亡,它是生命的终止。它的主要特征是心脏、肺、大脑停止活动,其中大脑停止活动是死亡的主要标志,即人死亡的标准是脑死亡。

衰老是一种自然规律,因此,我们不可能违背这个规律。

但是,当人们采用良好的生活习惯和保健措施并适当地运动,就可以有效地延缓衰老。

经研究,人们提出衰老的十大原因,了解这些原因,对延缓衰老极有意义。

一是慢性炎症。随着年龄增长,人体器官发炎越来越多,如关节炎。患病的不只是关节,还有脑细胞、动脉壁、心瓣等。梗死和中风等也跟炎症有关。

二是基因突变。许多自然的和人为的因素能引起基因突变。随着年龄增长,细胞"处理"机制越来越不规律,从而引起基因恶性退化变质。

三是细胞能量枯竭。细胞的"供电站"——线粒体需要一定的化学物质来保证细胞的活力和清除细胞的毒素。如果这个"充电"过程减弱,心梗、肌肉组织衰退、慢性疲劳、神经性疾病等就会发展。

四是激素失衡。我们身体里的亿万个细胞正是有了激素,才能准确地同步工作。随着衰老,这种平衡变得不规则,从而引起各种疾病,包括抑郁症、骨质疏松、冠状动脉硬化。

五是钙化作用。通过细胞膜里的特殊管道,钙离子进出细胞。身体衰老,钙离子进出的通道遭到破坏,导致脑细胞、心瓣、血管壁里积聚过多的钙。

六是脂肪酸不平衡。为了产生能量,身体需要脂肪酸。年龄越来越大,必需脂肪酸的酶开始不足,结果,心律不齐、关节退化、容易疲劳、皮肤发干等开始出现。

七是非消化酶不平衡。细胞内经常进行多种同步的酶反应。年复一年,渐渐失去平衡,首先发生在脑部和肝脏。这是造成神经学疾病或中毒性组织损伤的原因。

八是消化酶不足。胰腺渐渐枯竭,无法产生足够的酶,结果,消化系统慢性机能不全。

九是血液循环衰竭。多年之后,毛细血管的渗透性遭到破坏,包括大脑、眼睛和皮肤。由此,引起大、小中风,视力减退,出现皱纹。

十是氧化应激反应。给任何年龄的人们带来不少麻烦的自由基给已过中年的人带来的麻烦更多。它影响许多生理过程的正常流向,从而加重身体负担,引起各种疾病。

那么,针对这些原因,我们可以通过增加个体营养、防止基因突变、适当加强运动、增强新陈代谢等方式,延缓衰老。

(三)杜绝亚健康和不健康

在健康保卫战中,有两种现象常被忽视,即亚健康和不健康。

亚健康是介于健康状态和疾病状态之间和一种游离状态,世界卫生组织认为,亚健康状态是健康与疾病之间的临界状态,各种仪器及检验结果为阴性,但人体有各种各样的不适感觉。所以对于亚健康状态的诊断很难界定。比如疲劳、失眠,健康的人经过适当的休息与调理就可以得到纠正与克服,但若长期处于疲劳、失眠状态就可视为亚健康。

在压力管理部分已探讨过亚健康问题,那么,怎么知道自己是否亚健康了呢?对此,有人专门罗列出30种亚健康状态的症状提供给人们作自我检测。如果在以下30种现象中,您感觉自己存在六项或六项以上,则可视为进入亚健康状态。包括:精神焦虑,紧张不安;忧郁孤独,自卑郁闷;注意力分散,思维肤浅;遇事激动,无事自烦;健忘多疑,熟人忘名;兴趣变淡,欲望骤减;懒于交际,情绪低落;常感疲劳,眼胀头昏;精力下降,动作迟缓;头晕脑涨,不易复原;久站头晕,眼花目眩;肢体酥软,力不从愿;体重减轻,体虚力弱;不易入眠,多梦易醒;晨不愿起,昼常打盹;局部麻木,手脚易冷;掌腋多汗,舌燥口干;自感低烧,夜常盗汗;腰酸背痛,此起彼安;舌生白苔,口臭自生;口舌溃疡,反复发生;味觉不灵,食欲不振;反酸嗳气,消化不良;便稀便秘,腹部饱胀;易患感冒,唇起疱疹;鼻塞流涕,咽喉疼痛;憋气气急,呼吸紧迫;胸痛胸闷,心区压感;心悸心慌,心律不齐;耳鸣耳背,晕车晕船。

如同亚健康一样,身体检测并无大碍,但就感到身体不适,这种状态叫做不健康。以下十种情况应属不健康:

一是小便增多,常上厕所,晚上口渴;或小便频繁,尤其是夜尿增多,尿液滴沥不净。要小心是否得了糖尿病或前列腺疾病。

二是上楼梯或斜坡时气喘、心慌,经常感到胸闷、胸痛。要小心是否得了高血压、脑动脉硬化症。

三是近日来常为一点小事发火,焦躁不安,时常头晕。要小心是否得了高血压、脑动脉硬化症等疾病。

四是咳嗽痰多,时而痰中带有血丝。要小心是否得了支气管扩张、肺结核等肺部疾病。

五是食欲不振,吃一点油腻或不易消化的食物,就感到上腹部闷胀不适,大便也没有规律。要小心是否得了胃肠疾病或肝胆疾病。

六是酒量明显变小,稍喝几口便发困、不舒服,第2天还晕乎乎的。要小心是否得了肝脏疾病或动脉硬化。

七是胃部不适,常有隐痛、反酸、嗳气等症状。要小心是否得了慢性胃溃疡或其他胃部疾病。

八是变得健忘起来,有时反复做同一件事。要小心是否得了脑动脉硬化、脑梗塞等。

九是早晨起来时关节发硬,并伴有刺痛,活动或按压关节时有疼痛感。要小心是否得了风湿性骨关节病。

十是脸部眼睑和下肢常浮肿,血压高,多伴有头痛,腰酸背痛。则可能是患了肾脏疾病。

不健康已隐含着疾病的前兆,如有发现,就应尽早治疗。

我们渴望身体健康,我们守卫着身体的健康。现在,再回头从生理结构方面看看,什么样的状况下,我们身体才是健康的,那就是食得快、便得快、睡得快、说得快、走得快、适量运动、不疲惫。如果这几个特征你都具备,那么恭喜您,你具备健康的身体。同时,拥有了快乐最为重要的基础。

只有与健康常相守,才能与快乐常相伴!

亲爱的读者,祝您身体健康,快乐幸福!

参考文献

1. 辉浩:《有一种境界叫放下,有一种心态叫舍得》,中国商业出版社2009年版。

2.〔美〕韦恩·戴尔:《正能量修成手册》,金九菊译,中国友谊出版公司2013年版。

3. 甘永祥:《人际沟通心动论》,重庆出版社2014年版。

4. 李晓霄:《职场心灵疏导术》,中国纺织出版社2012年版。

5.〔美〕奥里森·马登:《成功的基本法则》,广东旅游出版社2013年版。

6.〔美〕马斯洛等著,林方主编:《人的潜能和价值》,华夏出版社1987年版。

7. 弘韬:《人体寻秘》,华艺出版社1992年版。

8. 王燕玲、倪平、欧阳伦:《关爱生命,关注健康》,新世界出版社2014年版。

9. 唐汶:《学会选择,学会放弃》,乾华出版社2009年版。

10. 重庆就医指导编委会编:《重庆就医指南》,重庆出版社2010年版。

11. 马文有、蔡向红:《自己是最好的医生》,天津科学技术出版社2014年版。

12.〔奥〕弗洛伊德:《梦的解析》,符传孝等译,作家出版社1986

年版。

13. 李中莹:《重塑心灵》,世界图书出版公司2001年版。

14. 〔美〕玛西·西莫夫、卡罗尔·克琳:《快乐人生7步骤》,蒋旭峰、马翔云译,广西科技出版社2008年版。

15. 吕宁:《哈佛心理公开课》,北京工业大学出版社2013年版。

16. 陈健:《大学生心理健康教育》,北京理工大学出版社2011年版。

17. 王晓萍、胡世发、毛晓川、梁丰:《心理潜能》,中国城市出版社1997年版。

18. 陈仲庚、张雨新:《人格心理学》,辽宁人民出版社1986年版。

19. 杨琛:《靠自己去成功》,北京理工大学出版社2014年版。

20. 金马:《青年生活向导》,贵州人民出版社1984年版。

21. 张松辉:《老子译注与解析》,岳麓出版社2008年版。

22. 〔美〕马斯洛等:《自我实现的人》,许金声、文锋译,三联书店1987年版。

23. 〔美〕莫里森·斯威特·马登:《做内心强大的自己》,胡彧译,海峡文艺出版社2012年版。

24. 〔英〕安妮·佩森·考尔:《心灵减压手册》,胡彧译,新世界出版社2013年版。

25. 千智莲:《心态就是本钱》,新世界出版社2008年版。

26. 减压小分队:《无压力更快乐》,人民邮电出版社2014年版。

27. 王薇华:《公民幸福手册》,东方出版社2013年版。

28. 〔美〕安东尼·罗宾:《激发无限潜能》,李成岳译,中国城市出版社2013年版。

29. 〔德〕尼古拉斯·B.恩格尔曼:《潜能量》,高玉译,北京联合出版公司2014年版。

30. 〔加〕玛丽莲·阿特金森:《唤醒沉睡的天才》,王岑卉译,科学技术文献出版社2013年版。

31. 赵士林:《国学六法》,江苏文艺出版社2010年版。

32. 〔美〕舒尔兹等:《成长心理学》,李文湉译,三联书店1988年版。

33. 许金声:《走向人格新大陆》,工人出版社1988年版。

34. 〔日〕安藤俊介:《不生气的情绪掌握术》,中森译,北京理工大学出版社2013年版。

35. 融智:《情绪掌控术》,中国华侨出版社2013年版。

36. 黎昕:《潜意识》,中国商业出版社2014年版。

37. 李树荫:《成功心理》,知识出版社1995年版。

38. 〔美〕卡尔文·S.霍尔等:《荣格心理学》,冯川译,三联书店1987年版。

39. 黄希庭等:《健全人格与心理和谐》,重庆出版社2010年版。

40. 〔美〕戴尔·卡内基:《人性的优点》,谢彦、郑荣编译,中国文联出版社1987版。

41. 〔美〕罗伯特·M.希拉姆斯:《怎样与难以相处的人打交道》,王波译,新华出版社1991年版。

42. 庄继禹:《动作语言学》,湖南文艺出版社1988年版。

43. 黄希庭:《心理学导论》,人民教育出版社2012年版。

44. 〔美〕杰勒德·尼伦伯格等:《微动作读心术》,龙淑珍译,新世纪出版社2013年版。

45. 李会影:《中层领导必备实务全书》,中国纺织出版社2011年版。

后 记

我对积极与健康心理的关注是从20世纪80年代开始的。1984年,在撰写《青年社会学》(1987年出版)及随后合著出版的《青年行为学》中,都用了专门的章节和较多的篇幅来分析、论述健康心理及积极心态在青年顺利实现社会化进程,成为合格有为的社会成员中的作用。1988年5月,又在《青年研究》发表了《关于青年健康人格的探讨》,对健康人格的定义发表了自己的意见,认为健康人格应是以内部协调发展和具有处理各种矛盾与冲突能力为依据的,因此,必须从矛盾的统一体中来把握健康人格的要义。至今,我还坚持这样的观点。随后,又发表了相应的论文并应邀在一些大学作了"健康心理、快乐人生"的演讲,其反响热烈超出了我的预期。

1989年初,我从学校调到市级政府机关工作15年,随后又到市属重点国企任高管11年。随着工作岗位的变化,这方面的研究工作暂时停了下来,但关注未有中断。

积极心理学的兴起以及人们对快乐与幸福的渴求,证明了这种研究与关注的意义。但我同时认为,快乐的感受并非仅仅靠积累心理资本、培养积极心态即可行的,还涉及人生智慧、人际沟通与自我沟通、压力管理以及健康人格与健康的身体等。人必须用整个身心,才能承接快乐,感知幸福。基于此,我把这些年对积极心理的思考和感悟,梳理后写下了这本《身心合一快乐学》。

积极心理学作为一门新兴学科,正方兴未艾,学者们提出了许多卓有建树的见解,令人获益匪浅。以人形为寓意进行身心合一的快乐学体系的构建,仅为个人的探索,可能是标新,更可能是立异,因而欢迎拍砖斧正。但能为具有中国特色的积极心理学的发展与完善,添一砖加一瓦,也就乐在其中了。

本书的写作既然是自己对这一课题思考与感悟的梳理,就自然有相应的印记。如序言的主体部分就是曾经演讲的开场白,在人格部分也有自己曾见诸于学术刊物的观点,在沟通的篇章中也部分地采用了拙作《人际沟通心动论》的内容。以此,体现出思考与感悟的连贯性。

促使这本书写作还有一个重要的动因,就是希望给同事和朋友们祝福及快乐。因为年龄原因,今年年底我将从现在的工作岗位退下来并退休,开始新的生活。作为重咨集团创建的参与者之一,十余年的时间里,与之心相系共奋进,见证了集团公司的产生、发展与壮大,与同事及朋友们结下了深厚的情谊。临退之际,写下了这本书,并希望将其编入《重咨研究丛书》,以示眷念。同时,亦借此衷心祝愿我们的企业做大做强,做优做久;衷心地祝愿我亲爱的同事、朋友们事业有成,快乐幸福。

其实,快乐与幸福,并不遥远,也不稀有,与我们天天相逢相见。它就在我们的今天,我们的身边,我们的心间。艺术家罗丹说得好:"生活中不是缺少美,而是缺少发现美的眼睛。"只要我们善于感悟,善于寻找,快乐与幸福就会天天都在身边围绕。

本书写作中,参阅了大量资料,吸收了不少学者的研究成果及许多鲜活的事例,在此谨表谢意。所参考书目,尽可能列出,但不少文章在网上参阅，无法一一注明出处，望作者拨冗联系，将专致谢意。

在此，永祥对本书写作中给予了关心、帮助的领导、同事、朋友，表示深深的谢意。

2015年2月24日

（农历乙未羊年正月初六）

《重咨研究丛书》已出版书目

1. 重庆现代服务业发展研究
    白渝平　重庆出版集团·重庆出版社
2. 工程建设项目招投标理论与投标策略
    杨树维　中国出版集团·现代出版社
3. 全球竞争战略论——中国军事外交与经济文化策略
    谭大樑　中国出版集团·现代出版社
4. 人际沟通心动论
    甘永祥　重庆出版集团·重庆出版社
5. 陆学艺评传
    吴怀连　中国言实出版社
6. 社会风险与社会稳定风险评估
    甘永祥等　重庆出版集团·重庆出版社
7. 李远诗集译释
    白渝平总编　孙善齐等校注　中国文史出版社
8. 滇西风云
    白渝平总编　中国文史出版社
9. 身心合一快乐学
    甘永祥　重庆出版集团·重庆出版社
10. 企业知识库系统建设与应用
    杨树维　中国出版集团·现代出版社

11. 地区投资结构优化研究——基于重庆市"十三五"期间投资结构预测的应用

　　白渝平、张银政等　中国出版集团·现代出版社

12. 琉球国志略校注

　　吴建华、白渝平等校注　中国文史出版社